Jörg Blech / Matthias Rillig

Mutter Erde

JÖRG BLECH
MATTHIAS RILLIG

Mutter ERDE

Wie der Verlust des Bodens unseren Planeten bedroht

Ullstein

ISBN 978-3-550-20295-7

Bei Fragen zur Produktsicherheit wenden Sie sich bitte an
produktsicherheit@ullstein.de
Abbildung im Innenteil nach einer Vorlage von www.freepic.com
Gesetzt aus der Quadraat
Satz: LVD GmbH, Berlin
Druck und Bindearbeiten: GGP Media GmbH, Pößneck
Printed in Germany

Gewidmet dem Boden und seinen Bewohnern,
denen wir so viel verdanken

Inhalt

Worum es geht:
Den Boden heilen, die Welt retten

Wir trafen uns zum ersten Mal im August 2009. Unsere Söhne gingen in Berlin in dieselbe Klasse und spielten bald darauf in derselben Fußballmannschaft von Hertha 03 Zehlendorf. Einmal davon abgesehen, dass wir unsere Jungs am Spielfeldrand leidenschaftlich anfeuerten, merkten wir sogleich, dass wir gemeinsame Interessen haben.

Matthias studierte Biologie und hat sich der Erforschung der Bodenökologie verschrieben. Nach der Doktorarbeit (Ph. D.) in Kalifornien und der ersten Professur in Montana wurde er von der Freien Universität Berlin auf die Professur für Ökologie der Pflanzen berufen. Seine Laborräume, Gewächshäuser und Versuchsfelder liegen im grünen Südwesten Berlins, direkt am Botanischen Garten.

Jörg studierte in Köln und Brighton ebenfalls Biologie und wandte sich nach dem Diplom dem Journalismus zu. Nach einer Ausbildung an der Henri-Nannen-Schule in Hamburg wurde er Mitglied der *Spiegel*-Redaktion.

Unsere Jungs haben die Fußballschuhe inzwischen an den Nagel gehängt und die Schule abgeschlossen, wir blieben

Freunde. Bei unseren Treffen geht es, wie unter Freunden üblich, um Privates und Berufliches – und wir sprechen auch immer wieder über den Boden. Der Journalist kann gar nicht genug hören, wenn der Forscher von den neuesten Entdeckungen in seinem Fachgebiet erzählt.

Das Faszinierende: Der Boden ist eine wundersame Schicht aus organischem Material, Mineralien, winzigen Organismen sowie Luft und Wasser, die allem terrestrischen Leben zugrunde liegt. Ihre Bedeutung wird von vielen leider übersehen. Sie halten Boden für etwas, an dem man sich nur schmutzig macht.

Das Erschreckende: Die Menschheit ist gerade dabei, dieses Wunderwerk kaputtzumachen. Bis zu 40 Prozent der weltweiten Landflächen sind durch allzu intensive Nutzung bereits erheblich geschädigt.[1] Die Krume stirbt ab, sie verliert den Halt und wird dann abgetragen durch Wolkenbrüche und Winde, die durch den Klimawandel immer häufiger auftreten. Damit ist jenes Ökosystem in Gefahr, das unser Leben trägt.

Wenn niemand etwas gegen diesen Schwund unternimmt, werden laut der Ernährungs- und Landwirtschaftsorganisation der Vereinten Nationen (FAO) im Jahr 2050 weltweit mehr als 90 Prozent der fruchtbaren Böden bedroht sein.[2] Die Versorgung der Menschheit mit Nahrungsmitteln steht damit auf dem Spiel.

Eine globale Krise bahnt sich also an, die von der Öffentlichkeit bislang so gut wie gar nicht wahrgenommen wird. Das Fundament unserer Existenz könnte in sich zusammenbrechen, wenn wir nicht bald gegensteuern. Vielen ist zudem nicht klar, wie sehr unsere Gesundheit schon heute durch kranke

Böden bedroht ist. Schadstoffe aus kontaminierten Flächen gelangen in Blutgefäße, ins Gehirn und in andere Organe. Sie führen zu Millionen von Todesfällen – pro Jahr.[3]

Zieht sich die Menschheit gerade den Boden unter den Füßen weg? Klar ist: Wenn es so weitergeht, könnten wir jene Generation sein, die den fruchtbaren Boden auf Erden ruiniert hat.

Dieses Buch will Sie mitnehmen auf eine spannende Entdeckungsreise, auf der Sie den Boden von Grund auf kennenlernen. Es berichtet auf anschauliche Art und Weise aus diesem unterirdischen Universum und ist zugleich wissenschaftlich gültig. Es präsentiert nicht nur die wichtigsten Befunde aus der Bodenökologie, sondern es beschreibt an Beispielen aus dem Labor von Matthias außerdem, wie Erkenntnisse in der Forschung überhaupt erst entstehen.

Wir haben für dieses Buch einen neuen Blickwinkel gewählt: Wir stellen die fundamentale Bedeutung des Bodens für die Erde in ihrer Ganzheit heraus. Denn Boden ist von Natur aus niemals öde oder gar lebenslos. Vielmehr ist er über und über von winzigen Lebewesen besiedelt. Die Biodiversität im Boden erscheint unermesslich. Unser Buch will deutlich machen, warum wir gut beraten sind, die mitunter geheimnisvollen Bewohner im Boden zu erhalten. Und so ernst die Lage ist: Unsere Zuversicht haben wir nicht verloren. Wir zeigen daher auch Wege auf, wie der drohende Kollaps des Bodens noch abgewendet werden kann, wenn wir ihm die Wertschätzung entgegenbringen, die er verdient.

Die größte Bühne des Lebens 1

Im Universum gibt es schätzungsweise 720 Trillionen verschiedene Planeten. Doch bisher kennen wir nur einen einzigen, dessen Landmasse von Boden bedeckt ist. Das ist unser Heimatplanet – die Erde.

Der Name unseres Planeten und die geläufige Bezeichnung für Boden lauten gleich, vielen fällt das nicht weiter auf. In Kindertagen haben wir mit Erde gespielt und ihre Krümel durch unsere Finger rieseln lassen. Im Garten schippen und harken wir sie. Vom Salat waschen wir sie ab. Im Wald, auf einem Spaziergang nach einem Regenguss, riechen wir sie. Und wenn wir sie in unseren vier Wänden finden, fegen wir sie weg.

Jeder hat den Boden also schon berührt; ihn zu vermeiden ist fast unmöglich, es sei denn, man würde nicht mehr nach draußen gehen oder den Rest seiner Tage nur noch auf asphaltierten oder betonierten Wegen wandeln. Der Boden ist etwas, das jeder erkennt. Doch woraus besteht er eigentlich?

Boden ist ein Gefüge aus verwittertem Gestein, organischer Substanz, Luft und Wasser – ein Gefüge, das von zum Teil unsichtbar kleinen Lebewesen besiedelt sind. Die organische Substanz umfasst übrigens nicht nur abgestorbenes Pflanzenmaterial und Ausscheidungen und Überreste toter Mikroorganismen und Tiere, sondern auch jene Bodenbewohner, die am Leben sind. Im fruchtbaren Boden machen Lebewesen zwar nur ungefähr 0,5 Prozent der gesamten Masse aus, jedoch ist die Zahl der einzelnen Bewohner unfassbar groß.[1] Ein Gramm Boden enthält zehn Milliarden verschiedene Lebewesen.[2] Das sind 10 000 000 000 Exemplare von Bakterien, Pilzen, Algen, Urtierchen (Protozoen) oder Fadenwürmern, um nur einige Bodenbewohner zu nennen. Sie hauchen dem Ursprungsmaterial des Bodens gleichsam das Leben ein – und machen ihn erst zu Boden.

Die Komponenten in diesem Mini-Universum muss man sich in drei Dimensionen angeordnet vorstellen. Boden ist ein Gebilde aus unzähligen Krümeln (oder: Bodenaggregaten), die in ihrer Form jeweils so einzigartig sind wie Schneeflocken, die vom Himmel fallen. In diesen Aggregaten liegen wiederum Poren, die mit Luft oder Wasser gefüllt sind und die eine riesige Oberfläche darbieten, auf der selbst die winzigsten der Bodenbewohner eine Heimat finden. Die größeren Vertreter leben in den Räumen und Lücken zwischen den Bodenaggregaten.

Leben ist für das Vorhandensein von Boden unabdingbar, und daher ist unser Planet bislang der einzige Ort, von dem wir sagen können, dass es auf ihm Boden gibt. In der direkten Nachbarschaft, in unserem Sonnensystem, haben wir kein Leben gefunden. Der hellgraue Staub auf dem Mond und der rötliche Staub auf dem Mars sind deshalb aus Sicht der Bodenkunde keine Böden, denn es fehlt dort der Nachweis des Lebens. Bisher können sie nur in der Fiktion dort entstehen, wie etwa in einem Science-Fiction-Film mit dem Titel *Der Mar-*

sianer, der 2015 in die Kinos kam. Ein vom US-Schauspieler Matt Damon gespielter Astronaut bleibt allein auf dem Mars zurück, wo er sich Boden herstellt, indem er seine eigenen Exkremente benutzt, um organisches Material und Mikroorganismen in das sterile Substrat zu bringen. Darauf baut er Kartoffeln an.

Die Erde ist mit ihrer Erde also ein besonderer Flecken. Während alle anderen Planeten in unserem Sonnensystem Namen von griechischen oder römischen Göttern tragen, ist sie nicht nur in der deutschen Sprache nach dem sie bedeckenden, lebenden Material benannt. Das lateinische »terra« meint nicht nur den Planeten, sondern auch Land, Erde, Erdreich; das englische »earth« meint analog auch Erde, Erdreich, Boden.

Dabei ist der Boden nur eine hauchdünne Schicht auf der Oberfläche unseres Planeten: Er ist in der Regel bloß ein paar Dezimeter dick, manchmal auch ein paar Meter. Wenn man bedenkt, dass die Erde einen Durchmesser von 12700 Kilometern hat, könnte man versucht sein zu glauben, die schmächtige Schicht falle nicht ins Gewicht. Das Gegenteil ist wahr: So wie die Haut für unseren Körper lebenswichtig ist, so ist die dünne Bodenschicht unabdingbar, damit die ganzen Ökosysteme auf dem Land funktionieren und die Stoffkreisläufe in Wäldern, Wiesen und Äckern überhaupt ablaufen können.

Baumeister und Bewohner zugleich

Die zentrale Eigenschaft des Bodens ist also das Lebendige: Ohne Leben gibt es keinen Boden. Der Boden ist ein lebendiges

Ding. Selbst in Matthias' Vorlesungen zur Bodenökologie an der Freien Universität sind viele Studierende überrascht, wenn sie das hören. Aber warum ist das so? Warum ist Leben für den Boden so wichtig?

Der Grund dafür ist, dass Lebewesen der unterschiedlichsten Art, vom Bakterium bis zum Maulwurf, dazu beitragen, dass der Boden seine jeweiligen Eigenschaften erhält und seine vielfältigen Funktionen erfüllen kann. Mehr noch, sie sind es, die ihn erst aus verwittertem Gesteinsmaterial und organischer Substanz zusammenfügen; sie sind es auch, die die Eigenschaften des Bodenwassers und der Bodenluft mitbestimmen. Sie sind Baumeister und Bewohner zugleich.

Wenn wir eine Stadt sehen, dann können wir folgern, dass die ganzen Häuser von Menschen gebaut wurden und von Menschen bewohnt werden. Wenn wir einen Boden sehen, dann können wir folgern, dass die ganzen Krümel oder Aggregate von Bodenlebewesen gebaut wurden und von Bodenlebewesen bewohnt werden. Regenwürmer und Maulwürfe durchpflügen diesen selbst geschaffenen Lebensraum, Pflanzen durchwurzeln ihn, Pilze ziehen ihre Fäden durch ihn, und Mikroorganismen, von denen die meisten wissenschaftlich noch gar nicht erfasst sind, bestimmen seine chemische Beschaffenheit. Alle Bodenbewohner tragen im Zusammenspiel mit den lokalen Gegebenheiten entscheidend bei zur Entstehung dieser dreidimensionalen Welt, dem Bodengefüge.[3] Da jeweils sehr viele Baumeister gemeinsam am Werk sind, kann niemand wissen, wie genau das Bodenaggregat am Ende aussehen wird.

Da die meisten Bodenbewohner Mikroorganismen sind, erfahren sie diese Umwelt natürlich aus dieser mikroskopischen

Perspektive. Einem Bodenbakterium – sagen wir, es ist vier Mikrometer groß (und das wäre schon eher ein dicker Brocken unter den Bakterien) – muss ein Gramm Boden wie ein riesiger Kontinent vorkommen. Es kann diesen aber nicht erkunden, sondern es erfährt nur, was im Umkreis von einigen Mikrometern passiert. Weil das Bodengefüge porös und sehr kleinteilig strukturiert ist, liegen auf kleinstem Raum verschiedene Welten zusammen, in denen völlig unterschiedliche Bedingungen herrschen.

In einem Gramm Boden, ungefähr so viel, wie man zwischen zwei Fingern halten kann, können zum Beispiel Sauerstoffsättigung und die völlige Abwesenheit von Sauerstoff zur gleichen Zeit vorkommen. Dadurch entstehen unfassbar viele verschiedene Lebensräume: In einer Pore leben aerobe Bakterien, die also Sauerstoff benötigen. In der nächsten Pore leben anaerobe Bakterien, die keinen Sauerstoff benötigen oder ihn gar nicht vertragen. Die wieder nächste Pore könnte leer sein – weil sie so klein ist, dass nicht einmal Bakterien hineinpassen. Wenn Boden schon so heterogen ist, was Gase betrifft (die ja relativ beweglich sind), dann kann man sich leicht vorstellen, dass es bei gelösten Substanzen und Feststoffen genauso sein muss.

Die Prozesse, die im Boden durch das Zusammenspiel dieser gigantischen Biodiversität entstehen, nehmen wir aus unserer menschlichen Perspektive als Ökosystemprozesse wahr. Die Böden und ihre Bewohner leisten also etwas, damit das Ökosystem intakt bleibt und es der Mutter Erde gut geht.

Teil eines größeren Ganzen sind die ineinander verschachtelten Vorgänge im Boden gewiss: Sie sind im Laufe der Evolution entstanden, weil sie die Fitness der beteiligten Organismen erhöhen. Am Ende kommen jene Leistungen heraus, die der Boden für das Ökosystem erbringt. Er speichert etwa Kohlenstoff und spielt eine Schlüsselrolle im Stickstoffkreislauf. Das alles läuft sehr dynamisch ab. Die Bodenbewohner müssen ständig auf immer neue Umweltbedingungen reagieren, an deren Entstehung sie teilweise selbst beteiligt waren. Es ist eine Rückkopplungsschleife, ein ständiges Wechselspiel zwischen den unbelebten Komponenten und den Bodenbewohnern.[4]

Wann kam die Erde zu ihrem Boden?

Die Wissenschaft ist sich noch uneins, wann genau auf der Erdoberfläche der Boden entstanden ist. Allerdings können wir uns einer Antwort annähern. Wie wir gesehen haben, braucht Boden per Definition Leben, und so können wir zunächst fragen, seit wann es zumindest mikrobielles Leben auf der Oberfläche der Kontinente gibt.[5] Sehr wahrscheinlich siedeln Mikroorganismen dort schon seit mehr als 3,2 Milliarden Jahren; aus dieser Zeit datieren die ersten Fossilien, die wahrscheinlich nicht vom Meer stammen, sondern terrestrischen Ursprungs sind.[6]

Es liegt von diesem Zeitpunkt an wohl auch organische Substanz vor, nämlich zumindest die Reste der abgestorbenen Bakterien. Sehr wahrscheinlich trug die zersetzende Kraft von Mikroorganismen dazu bei, dass Felsen und Steine verwitterten. Das geschah in der Gegenwart von Wasser und unter Einfluss der Atmosphäre und führte vermutlich dazu, dass erste

Krümelchen entstanden. Ob man da schon von einem richtigen Boden reden kann, ist Ansichtssache. Die strenge Definition in der Bodenkunde besagt, dass bei einem Boden auch Vegetation vorhanden sein muss, die zur Ausbildung von Bodenhorizonten beiträgt – den vertikal aufgebauten und horizontal verlaufenden Schichten, aus denen ein Bodenprofil besteht. Die Geschichte des Bodens beginnt demnach mit der Besiedlung durch Landpflanzen.

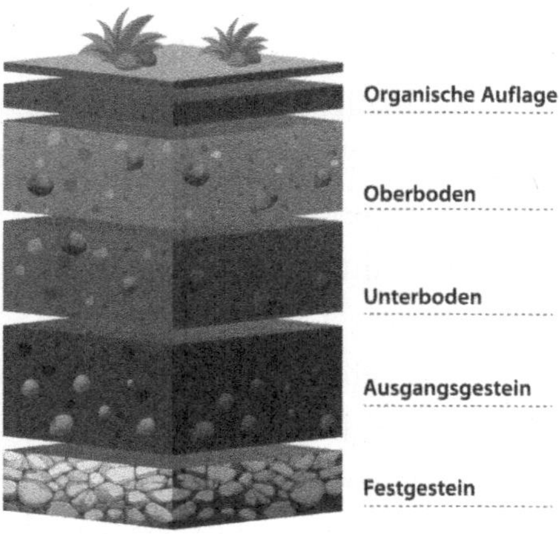

Ein exemplarisches Bodenprofil

Doch wie konnten sich die Landpflanzen überhaupt etablieren, wenn es noch gar keinen Boden gab? Tatsächlich gab es davor schon etwas, nämlich frühe mikrobielle Ökosysteme an Land. Aus diesem Grund findet Matthias die folgende Definition passender: Boden ist schon durch das Zusammenspiel von mineralischem Material (also verwitterndem Gestein), Wasser, Luft, Lebewesen und organischer Substanz gegeben.

Dieser Zustand wird manchmal auch als »Proto-Boden« bezeichnet, als ein Boden-Vorläufer. Wenn man diese breitere Definition von Boden akzeptiert, dann gab es solche Böden im Mikroformat vielleicht schon mehrere Hundert Millionen Jahre vor dem Erscheinen der Landpflanzen.

Einigkeit besteht darin, dass mit der Ankunft der Landpflanzen ein neues Kapitel der Böden eingeleitet wurde; das geschah vor ungefähr 500 Millionen Jahren. Die ersten Exemplare der Landpflanzen hatten allerdings keine Wurzeln und konnten nicht sehr tief in den Boden vordringen, der seinerseits noch längst nicht so entwickelt war, wie Böden es heute unter dem Einfluss von Pflanzen mit ausgeprägten Wurzelsystemen sind. Fossilien von über 400 Millionen Jahren alten Pflanzen zeigen zudem, dass diese schon damals mit Pilzen zum gegenseitigen Nutzen zusammenlebten, in einer Symbiose.

Die Hypothese, dass Böden sehr viel älter sind als Landpflanzen, ist angetan, unsere Vorstellung von ihnen zu verändern. Wiesen und Wälder, Gräser und Kräuter sind heute so allgegenwärtig, dass wir uns Pflanzen vom Boden gar nicht mehr wegdenken können. Doch wenn man die breitere Definition von Boden akzeptiert, dann wurde er die meiste Zeit von nicht pflanzlichen Lebewesen geprägt – die Pflanzen kamen als Nachzügler erst spät hinzu. Die nicht pflanzlichen Bodenbewohner hatten einen Vorsprung von mehreren Hundert Millionen Jahren, in denen sie sich ungestört entwickeln konnten. Vielleicht ist das sogar der wichtigste Grund dafür, dass der Boden an Artenreichtum alle anderen Lebensräume in den Schatten stellt.

Keine Krume gleicht der anderen

Aus Gründen der Verständlichkeit kann es hilfreich sein, vom Boden in der Einzahl zu sprechen. Allerdings gibt es den »einen« Boden nicht. Genauso wie einzelne Bodenaggregate sich voneinander unterscheiden, so unterscheiden sich auch Böden. Die Vielfalt an Böden auf der Erde ist gewaltig. Selbst im kleinen Deutschland, dessen Anteil an der globalen Landfläche ungefähr 0,24 Prozent beträgt, finden wir enorm viele Bodenarten. Hiesige Wissenschaftlerinnen und Wissenschaftler, die sich der Bodensystematik verschrieben haben, sind damit beschäftigt, diese Fläche nach bestimmten Kriterien zu sortieren, sie in eine systematische Ordnung zu bringen und die riesige Diversität von Böden sinnvoll zu organisieren und zu benennen. Die Bundesanstalt für Geowissenschaften und Rohstoffe (BGR) mit Hauptsitz in Hannover gibt die Bodenübersichtskarte heraus, in der Flächen mit verschiedenen Bodentypen in unterschiedlichen Farben dargestellt sind.[7] Sie ist ein ebenso beindruckender wie bunter Flickenteppich – und selbst der ist eine Vereinfachung, denn man kann nicht jeden Quadratmeter Boden einzeln darstellen, sondern muss kleinere Abschnitte zu größeren Flächen zusammenfassen. Die Karte ist in verschiedenen Maßstäben auf der Website der BGR einsehbar, man kann sie aber auch als Ausdruck auf Papier bestellen. Wer möchte, kann sie im Wohnzimmer aufhängen; damit ist der Gesprächseinstieg bei jeder künftigen Party gesichert.

Die deutsche Bodenklassifikation unterscheidet 56 Bodentypen. Von diesen gibt es wiederum jede Menge Varianten.

Kartierer des Instituts für Agrarklimaschutz am Thünen-Institut – dem Bundesforschungsinstitut für Ländliche Räume, Wald und Fischerei mit Sitz in Braunschweig[8] – erfassten sieben Jahre lang die landwirtschaftlich geprägten Böden, also die vielen Äcker und Wiesen, die ungefähr die Hälfte der Fläche Deutschlands bedecken. Sie hoben dazu an mehr als 3000 Standorten Gruben aus, um an den jeweiligen Boden zu gelangen und seine Eigenschaften im Detail zu erfassen. Diese Inventur mit dem Namen »Bodenzustandserhebung Landwirtschaft« wurde vor 2018 abgeschlossen, ihre Ergebnisse sind auf der Website des Thünen-Instituts zugänglich.[9] (Darüber hinaus präsentieren die an der Inventur beteiligten Wissenschaftler Axel Don und Roland Prietz sie in einem reich bebilderten Buch.[10])

Wenn Sie das nächste Mal an einer Baugrube vorbeikommen, könnten Sie einmal genauer hinschauen. Selbst darin ist die Vielfalt enorm: die Farbe, die Tiefe, der vertikale Aufbau der Bodenschichten, die Lockerheit des Bodens, die Steine, die Wurzeln – all das kann man schon mit bloßem Auge wahrnehmen und auch, welche Unterschiede es da gibt. Wenn man die physikalischen und chemischen Eigenschaften des Bodens untersucht und in die Biologie des Bodens einsteigt, dann wird diese Diversität noch beeindruckender.

Auf jedem Weltkongress der Bodenkunde, den eine Vereinigung namens International Union of Soil Science alle vier Jahre veranstaltet, wird ein Preis vergeben, um Forscherinnen und Forscher zu ehren, die sich um die Bodenkunde verdient gemacht haben. Er ist benannt nach Wassili Wassiljewitsch Dokutschajew (1846–1903), einem russischem Gelehrten. Er war hauptsächlich als Geologe ausgebildet, verfügte aber auch über Fachkenntnisse in Botanik und Zoologie und gilt als einer der Begründer der modernen Bodenkunde. Insbesondere hat er sich um Konzepte der Bodenentstehung verdient gemacht.[11] Dokutschajew erkannte als Erster, dass Böden natürliche Körper sind, die man separat in einer eigenen wissenschaftlichen Disziplin untersuchen müsste: in der Bodenkunde. Indem er unterschiedliche Böden systematisch miteinander verglich, kam er zu dem Schluss, dass sie unter dem Einfluss von fünf verschiedenen Faktoren entstehen. Diese sind das Klima, das mineralische und organische Ausgangsmaterial am Standort, die Besiedlung mit Mikroorganismen und Tieren, die Form und Lage des Geländes (Topografie) und die Zeit.

Der aus der Schweiz stammende und in den USA forschende Bodenkundler Hans Jenny (1899–1992) verpackte diese Erkenntnis in eine Art Formel, die nun in jedem Lehrbuch der Bodenkunde steht:

> Bodeneigenschaften = Funktion von (Klima, Ausgangsmaterial, Organismen, Topografie, Zeit und ...).

Die Formel wirkt zugegebenermaßen nicht gerade präzise, schon wegen der drei Pünktchen, die als Platzhalter für einen nicht weiter benannten Faktor stehen. Gleichwohl ist sie gut geeignet, um zu erklären, warum kaum eine Krume der anderen gleicht. Böden sind wandelbare Gebilde, denn sie verändern sich im Laufe der Zeit. Es gibt also junge, eher wenig entwickelte Böden mit wenig Kohlenstoff und ältere Böden, die verschiedene Schichten ausgeprägt haben, die waagerecht verlaufen, übereinanderliegen und unterschiedliche Konsistenzen und Farben haben: die Bodenhorizonte.

Diese waagerechten Schichten sind nicht hermetisch voneinander getrennt, sondern durchlässig. Hier kommt der Faktor Zeit ins Spiel: Verschiedene Bestandteile können aus bestimmten Bodenhorizonten ausgetragen werden und sich mit der Zeit in anderen anreichern. Man kann solche und alle anderen Veränderungen von Böden im Laufe der Zeit in sogenannten Chronosequenzen untersuchen. Als Datenpunkte für diese Abfolge dienen unterschiedliche Flächen in einer Landschaft, deren Alter jeweils recht genau festgestellt werden kann, zum Beispiel weil hier einst ein Gletscher zurückgewichen ist und nach und nach mehr Boden freigegeben hat. Auf diese Weise entsteht eine zeitliche Rekonstruktion, wie sich Böden entwickelt haben. Allerdings beruht dieser Ansatz darauf, dass nur die Zeit verstrichen ist und sich nicht auch andere Veränderungen, etwa im Klima, abgespielt haben.

Das Klima, also Niederschlag und Temperatur, bestimmt, welche Böden überhaupt erst entstehen können. Es ist insbesondere auf der größten Skala, nämlich der Erde insgesamt, der bestimmende Faktor für die gröbste Aufteilung der Böden, die Bodenordnungen. Temperatur und Wasser beeinflussen ganz allgemein, wie schnell chemische Reaktionen und biologische Prozesse ablaufen. Die tiefsten Böden auf der Erde findet man in den feuchten Tropen, die flachsten dort, wo es sehr trocken oder sehr kalt (oder beides) ist, etwa in Wüsten oder in Polarregionen.

Das Ausgangsmaterial ist der Faktor, der beschreibt, aus welchem ursprünglichen Gesteinsmaterial ein Boden entsteht, und auch, auf welche Weise das Material an den Ort gekommen ist, an dem der Boden sich entwickelt. Berlin etwa liegt in einem Urstromtal, das während der letzten Eiszeit vor ungefähr 18 000 Jahren entstand; das Ausgangsmaterial für die Entwicklung von Böden hier ist vom Fluss abgelagertes, sandiges Material. Wenn feineres Material vom Wind verweht wird und sich woanders wieder ablagert, können auch daraus Böden entstehen, in diesem Fall Lössboden.

Der Faktor Ausgangsmaterial ist also ungemein vielfältig. Man muss sich nur vorstellen, auf welch mannigfache Weise diese riesigen Mengen von verschiedenstem geologischem Material durch Wind, Wasser und Gletschereis bewegt wurden.

Ein weiterer Faktor sind die Organismen. Damit sind die Pflanzen gemeint sowie die mikrobiellen und tierischen Bodenbewohner. Auch hier ist ein immenser Raum für Variabilität: Man denke an unterschiedliche Wälder, zum Beispiel Nadelwald oder Laubwald, an Wiesen oder Steppen, an das Vorhandensein (oder die Abwesenheit) von Regenwürmern oder anderen Tiergruppen im Boden. Tiere können Bodeneigenschaften durch Durchmischung maßgeblich beeinflussen, und Pflanzen können durch Blattstreu chemische Bodenwerte verändern, etwa den sauren oder basischen Charakter, der durch den pH-Wert angegeben wird.

Die Topografie beschreibt die Lage im Gelände, an der sich Böden entwickeln, zum Beispiel einen Standort an einem Hang. Unten am Hang entwickeln sich andere Böden als oben, weil durch Schwerkraft und Wasser zum Beispiel feineres Material von oben nach unten ausgetragen wird. Oben sind die

Böden deshalb typischerweise flacher und unten tiefer. Wie steil der Hang ist, bestimmt Bodeneigenschaften ebenso wie die Ausrichtung des Hangs in der Himmelsrichtung, von der abhängt, wie sehr der Boden den Sonnenstrahlen ausgesetzt ist oder im Schatten liegt.

Nun kann man sich leicht vorstellen, dass all diese angesprochenen Faktoren, jeder für sich schon vielfältig, bei der Entstehung von Boden jeweils in immer neuen Konstellationen auftreten, wodurch eine sehr, sehr große Diversität von Böden entsteht – einfach aufgrund der quasi endlosen Kombinationsmöglichkeiten der Faktoren.

Und mehr noch: Als weiteren Faktor, der, erdgeschichtlich betrachtet, erst vor Kurzem aufgetaucht ist, müssen wir den menschlichen Einfluss berücksichtigen. Der Platzhalter, das geheimnisvolle ... in der Formel von Hans Jenny, steht für diese menschlichen Einflussfaktoren. Keine andere biologische Art modelliert die Oberfläche der Erde so sehr wie der Homo sapiens. In Deutschland ist so gut wie kein Boden mehr unberührt, Menschen haben ihn fast überall verändert, zum Beispiel durch Bewirtschaftung, Pflügen, Anbau von Kulturen, Entwaldung, Aufforstung sowie durch Einbringung von verschiedenen Materialien wie Kompost, mineralischem Dünger, Plastikpartikeln und anderen menschengemachten Chemikalien, aber auch durch eine Vielzahl von anderen Prozessen wie Versalzung oder Bodenverdichtung. Es ist ein Prozess, an dem zum Beispiel jeder mitwirkt, der im Garten düngt, gräbt, kompostiert oder pflanzt. Durch die Aktivitäten der Menschen entstehen weitere Varianten von Böden, die es unter natürlichen Umständen so niemals gegeben hätte. Und damit ist jede Scholle, jeder Acker, jeder Garten von einem Boden bedeckt, den es so nur einmal auf der Welt gibt.

Bedingungslose Bewunderung

Um es einmal zu sagen: Man könnte und sollte Böden auch schön und spannend finden, wenn man noch gar nicht wüsste, was sie alles für uns Menschen leisten. Man kann sie ästhetisch finden und sich um ihrer selbst willen für sie interessieren wie auch für das vielfältige Leben in ihnen. Bedingungslose Bodenbewunderung – das beschreibt ziemlich genau, was Matthias Rillig schon seit mehr als dreißig Jahren jeden Tag gern ins Labor gehen lässt, wo er als Forscher immer noch mehr über den Boden herausfinden will. Es ist eine Affektion, die durchaus ansteckend ist, wie Jörg Blech erfuhr, als er aus journalistischer Neugier in das Thema eintauchte. Wir wissen schon eine ganze Menge, aber es gibt immer noch so unglaublich viel über die geheimnisvolle Welt der Böden zu entdecken, und darüber werden wir in diesem Buch berichten.

Die Liste der Dinge, die Böden für uns Menschen leisten, ist lang und beeindruckend. Hier ein kurzer Überblick: Böden sind das Substrat für die Produktion von Nahrungsmitteln, sie regulieren das Klima, sie dienen als Reservoir für biologische Arten. Darüber hinaus erfüllen sie noch viele andere Funktionen: Sie bauen Schadstoffe ab oder überführen sie in ungiftige Stoffe, regeln den Wasserhaushalt, und Bodenorganismen treiben fast alle Nährstoffzyklen an, wie zum Beispiel den Stickstoffzyklus, eine Abfolge von Prozessen, bei denen zum Beispiel aus Streu wieder für Pflanzen verfügbare Formen von Stickstoff entstehen. Zur Freude der Archäologen ist der Boden auch ein Archiv: Skulpturen wie die aus Kalkstein gefertigte Venus von Willendorf und andere Artefakte können darin lange überdauern – im Fall der Venus waren es ungefähr 29 500 Jahre.

Denken wir darüber nach, wie der Boden uns ernährt. Menschen betreiben seit ungefähr 11 000 Jahren Landwirtschaft – ohne Kenntnisse über den Boden und über Bodenbearbeitung wäre das nicht möglich gewesen. Landwirtschaft spielt auch in Deutschland eine große Rolle: Ungefähr die Hälfte der Fläche des Landes wird landwirtschaftlich genutzt. Der Boden liefert die Nährstoffe für die Ackerpflanzen oder die Pflanzen auf der Weide und stellt auch das Wasser dafür zur Verfügung. Darüber hinaus gehen die Wurzeln von Kulturpflanzen eine Reihe von symbiotischen Beziehungen mit Pilzen und Bakterien ein, die zur Produktivität beitragen können. Beispielhaft seien hier die Mykorrhizapilze genannt. Der Begriff »Mykorrhiza« bezeichnet eine Symbiose von Pilzen und Pflanzen, bei der ein Pilz mit den feinen Wurzeln einer Pflanze zum gegenseitigen Nutzen in Kontakt steht. Mykorrhizapilze bieten Pflanzen eine Reihe von Dienstleistungen: Sie verbessern die Aufnahme von Phosphaten, Nitraten, Zink, Kupfer und anderen Nährstoffen durch die Pflanze und erhalten im Gegenzug organischen Kohlenstoff von ihr.

Ebenfalls in Symbiose mit Pflanzen leben bestimmte Bakterien, die Rhizobien. Sie halten sich in speziellen abgegrenzten Räumen, in Kompartimenten in der Pflanzenwurzel auf, also in den Knöllchen, in denen sie Stickstoff aus der Atmosphäre fixieren und der Pflanze zur Verfügung stellen. Während

Mykorrhizapilze mit einem breiten Spektrum von Pflanzenarten eine Symbiose eingehen können, interagieren Rhizobien mit Leguminosen, also Hülsenfrüchtlern wie Bohnen, Erbsen, Klee, Linsen und Lupinen.

Bei der Ernährung geht es nicht nur um Kalorien und Biomasse, es geht auch um die Qualität der produzierten Nahrungsmittel. Auch diese wird in entscheidendem Maße durch den Boden bedingt. Qualität und Lagerungsfähigkeit von Lebensmitteln und deren Geschmack werden durch den Boden und seine Bewohner geprägt.[12] Verschiedene Gruppen von Wurzel-Symbionten haben einen Einfluss auf die Nährstoffqualität von Nutzpflanzen zum Zeitpunkt der Ernte. Dies umfasst den Gehalt von Makroelementen wie Calcium oder Magnesium, von Mikroelementen (auch Spurenelemente genannt) wie Mangan oder Molybdän, aber auch von Antioxidantien, Vitaminen und sekundären Pflanzenstoffen, die für die menschliche Ernährung und Gesundheitsförderung von Interesse sind.

Ein bekanntes Beispiel ist der Geschmack von Wein, der durch »Terroir« beeinflusst wird. Der aus dem Französischen stammende Begriff Terroir bedeutet Gegend. Er leitet sich vom lateinischen Begriff für Erde (»terra«) ab und beschreibt folgendes Phänomen: Neben Faktoren wie Wetter, Gelände, Geologie drückt insbesondere der Boden dem Wein einen Stempel auf. In Weinanbaugebieten haben auch Hefen, die vom Boden kommen und auf den Trauben landen, einen Einfluss darauf, wie der hier erzeugte Rebensaft schmecken wird.

Ein weiterer Aspekt ist die Sicherheit der Nahrungsmittel bei deren Produktion. Hier wird die Gesundheit des Bodens selbst bedeutsam.[13] Schadstoffe aus dem Boden, zum Beispiel Schwermetalle, können in die Pflanze gelangen. Auch Bodenbakterien, die Gene für Antibiotikaresistenz in sich tragen, können diese an Pflanzen oder Tiere übertragen. Wenn sie von dort in Menschen gelangen, kann dies dazu führen, dass Antibiotika bei ihnen nicht mehr wirken.[14]

Ohne Boden könnte die Menschheit sich also nicht ernähren. Und er ist überdies unabdingbar für die Produktion von nachwachsenden Rohstoffen wie Holz sowie von Energiepflanzen, also Kulturpflanzen, die angebaut werden, um daraus Gas oder Brennstoff zu gewinnen.

Wir werden auf das wichtige Thema Klima und Boden noch genauer eingehen und bieten hier einen Appetizer: Das farblose Gas Kohlenstoffdioxid (CO_2) entsteht bei der Zellatmung, beim Zerfall toter Organismen und bei der Verbrennung von Holz, Kohle, Öl oder Erdgas. Derzeit macht das Kohlenstoffdioxid einen Anteil von ungefähr 0,042 Prozent (420 parts per million) in der Luft aus. Das erscheint nicht viel, doch zu Beginn der Industrialisierung lag der Wert viel niedriger. Der zunehmende Eintrag von Kohlenstoffdioxid hat eine dramatische Auswirkung. Weil Wärmestrahlen, die sonst die Erde Richtung Weltall verlassen hätten, in der Atmosphäre von Kohlenstoffdioxid absorbiert, also eingefangen werden, heizt sich die Erde mehr und mehr auf. Deshalb ist es ein Treibhausgas.[15]

In diesem Szenario spielen Böden einen wichtigen Part. Sie enthalten viel Kohlenstoff, der gasförmig als Kohlenstoffdioxid entweichen kann – es würde dann noch wärmer. Böden können aber auch Kohlenstoffoxid aus der Luft aufnehmen und als organischen Kohlenstoff binden – das würde dem Treibhauseffekt entgegenwirken.

Im globalen Maßstab sind die Böden eine bedeutsame Senke für Kohlenstoff: In ihnen ist derzeit so viel Kohlenstoff als organisches Material gebunden wie in der Biomasse der Pflanzen sowie in der Luft (dort eben als Kohlenstoffdioxid) zusammen. Das ist überraschend und beeindruckend, denn es gibt wahrlich viele Pflanzen, und die Atmosphäre erscheint uns riesig. In Deutschland etwa sind im oberen Meter der landwirtschaftlichen Böden ungefähr 2,5 Milliarden Tonnen an organischem Kohlenstoff gespeichert.[16]

Wenn wir Böden nicht nachhaltig bewirtschaften, dann atmen sie gleichsam Kohlenstoffdioxid aus. Der Verlust von Kohlenstoff ist für den Boden selbst schlecht, denn die organische Substanz ist ein Baustein des Bodengefüges und unverzichtbarer Bestandteil eines gesunden Bodens. Umgekehrt können wir, jedenfalls bis zu einem bestimmten Punkt, Kohlenstoffdioxid aus der Atmosphäre über die pflanzliche Fotosynthese (die ja mithilfe von Licht Kohlenstoffdioxid und Wasser in Zucker verwandelt) in den Boden holen und dort speichern.

Allerdings ist die Aufnahmekapazität von Böden begrenzt, wie wir noch sehen werden. Böden allein werden den Klimawandel nicht stoppen oder gar rückgängig machen. Wer die Erderwärmung wirksam bekämpfen will, wird nicht darum herumkommen, die Emissionen von Kohlenstoffdioxid massiv zu senken oder andere Maßnahmen zu finden. Und natürlich müsste man mit den Böden so umgehen, dass sie ihren Vorrat an organischem Kohlenstoff behalten. Ohne diesen Beitrag als Senke wäre die Erderwärmung jetzt schon viel schlimmer.[17]

Terra incognita

Ausgerechnet die spannendste Eigenschaft des Bodens ist noch vergleichsweise wenig erforscht: seine Rolle als Lebensraum. Von allen Mikroorganismen, die auf der Erde leben, ist bislang vermutlich nur ein Prozent der Wissenschaft bekannt, in dem Sinne, dass die betreffenden Arten formal beschrieben sind und dass man etwas über ihre Biologie weiß. Der riesige, unbekannte Rest der Mikroorganismen lebt im Boden: Arten, die noch nicht beschrieben sind und von denen man meist nur ein paar Schnipsel vom Erbgut kennt. Beim Schlagwort Biodiversität denken viele an mächtige Eichen, an Eichhörnchen, Eichelhäher oder andere Lebewesen, die uns auf einem Spaziergang oberirdisch begegnen. Doch die eigentliche Schau findet unterirdisch statt: Nach neuen Befunden leben in der Erde weit mehr Kreaturen als auf der Erde.[18] Landeten dereinst außerirdische Biologen bei uns, würden sie unsere Welt womöglich so beschreiben: »Interessanter Planet. Auf dem Land dichte Besiedlung durch Organismen, die Fotosynthese betreiben. Aber das wahre Leben spielt sich im Untergrund ab, dort halten sich irdische Lebensformen gemeinhin auf.«

Diesen Blickwinkel einzunehmen, das würde vielleicht auch uns Menschen gut anstehen. Das scheinbar ferne Leben im Boden hat unmittelbar mit uns zu tun. Seine Artenvielfalt ist eine Art Playlist des Lebens, in der viele evolutionäre Informationen enthalten sind. Wir haben eine Verantwortung dafür, diese Informationen zu bewahren, sodass sie auch zukünftigen Generationen noch zur Verfügung stehen. Niemand kann abschätzen, welcher Wert verloren geht, wenn ein bestimmter Bodenbewohner für immer verschwindet.

Alle bislang entdeckten Bodenfunktionen beruhen auf dieser Biodiversität. Ohne diese Vielfalt sind die vielen Vorteile, die der Boden uns bietet, nicht zu haben. Das Binden von Kohlenstoffdioxid aus der Luft funktioniert nur mit der Fülle von Bodenlebewesen, die Kohlenstoff von der Pflanze in organische Bodensubstanz verwandeln; nachhaltiges Bewirtschaften von landwirtschaftlichen Flächen geht ebenfalls nicht ohne eine schlagkräftige Schar von Bodenlebewesen, die Nährstoffe liefern, den Boden stabilisieren und Pflanzen vor Krankheitserregern schützen. Darüber hinaus stellen Bodenbewohner unzählige Stoffwechselprodukte und chemische Substanzen her, die im Körper des Menschen eine pharmakologische Wirkung haben. Wie wir im sechsten Kapitel sehen werden, könnte der nächste Blockbuster womöglich aus dem Boden kommen.

Verschiedene Bodenorganismen werden zudem in der Biotechnologie immer wichtiger. Wissenschaftlerinnen und Wissenschaftler suchen nach Bakterienstämmen und Pilzarten, die sie auf dem Acker ausbringen möchten, um Kulturpflanzen vor Krankheitserregern zu schützen oder sie wehrhaft gegen Dürren zu machen. Manche Mikroorganismen könnten überdies als Müllschlucker agieren und dabei helfen, bestimmte Umweltschadstoffe im Boden zu vertilgen.

Wir sollten dem Boden mehr Wertschätzung entgegenbringen, als wir es bislang tun. Die ersten Schritte dazu sind immerhin getan. Böden sind vielerorts gesetzlich geschützt, in Deutschland zum Beispiel durch das Bundes-Bodenschutzgesetz aus dem Jahr 1999, mit dem Ziel, die Funktionen des

Bodens nachhaltig zu sichern oder wiederherzustellen. Es gibt auch andere Hinweise darauf, dass der Wert des Bodens erkannt wird. Im Lichthof des Reichstags in Berlin gibt es ein Kunstprojekt mit dem Titel *Der Bevölkerung*, errichtet von Hans Haacke im Jahr 2000. Mitglieder des Deutschen Bundestags sind jedes Jahr eingeladen, Boden von ihrem Wahlbezirk in das Kunstwerk einzubringen; das haben schon mehr als 440 Abgeordnete getan. Mithilfe einer Webcam kann man beobachten, wie sich die Pflanzen in dem zusammengetragenen Boden entwickeln. Jeden Tag gibt es zwei Aufnahmen davon, außerdem ein inzwischen ungefähr sechs Minuten langes Video, das die vergangenen Jahre im Zeitraffer zeigt.[19]

Nicht nur in Berlin, sondern auch in Peking wird der Boden gewürdigt, dort mit einem Denkmal. Matthias Rillig besuchte es an einem traumhaft schönen Oktobertag.[20] Der »Altar des Gottes des Ackers und Gottes der Feldfrüchte« liegt im Zhongshan-Park und wurde 1421 vom Yongle-Kaiser, dem bedeutendsten Kaiser der Ming-Dynastie, errichtet. Es besteht aus einem Altar und einer viereckigen Fläche, die unter freiem Himmel liegt und mit Marmor eingefasst ist. An jeder der vier Seiten liegt eine Zone, eine fünfte liegt in der Mitte, und sie sind säuberlich voneinander getrennt. Jede Zone ist mit einem Boden bedeckt, der eine andere Farbe hat. Die Farben Grün, Rot, Weiß, Schwarz und Gelb stehen exemplarisch für Böden aus dem Osten, Süden, Westen, Norden sowie der Mitte Chinas.[21] Hier wurden einst Opferrituale begangen, auf dass die Ernte gut werde. Damit ist es vorbei, aber die Anlage wird weiter gepflegt. Die Flächen werden regelmäßig geharkt, damit jeder sehen kann, wie prachtvoll Boden ist.

Zu Hause in der Finsternis 2

Es ist 1999. Matthias Rillig tritt in diesem Jahr seine Professur an der University in Montana in Missoula (USA) an und freut sich auf eines der wichtigsten Ereignisse des Wissenschaftsjahres: die Konferenz der Soil Ecology Society, die alle zwei Jahre ausgerichtet wird. Sie findet in diesem Jahr am Field Museum of Natural History statt, einem Naturkundemuseum in Chicago (Illinois). Neben der spannenden Wissenschaft gibt es ein weiteres Highlight: die Ausstellung »Underground Adventure«.

Dieses Abenteuer im Untergrund kann man bis heute erleben, denn die Ausstellung läuft noch immer. Am Eingang werden die Besucher gebeten, sich vorzustellen, sie wären nur so groß wie eine Ein-Cent-Münze, die einen Durchmesser von etwa 19 Millimeter hat. Auf diese Weise gedanklich auf ungefähr ein Hundertstel seiner Größe geschrumpft, geht man dann durch die Ausstellung, bei der man Wurzelsysteme, Ameisen beim Arbeiten sowie Springschwänze (winzige, sechsfüßige Urinsekten mit Sprunggabel) beim Ballett zu klassischer Musik bestaunen kann.

Selbst eine Ein-Cent-Münze ist für den Boden immer noch sehr groß. Man kommt längst nicht überall in die vielen Gänge, Röhren und Spalten im Boden hinein und müsste eigentlich noch viel, viel kleiner sein, um wirklich zu verstehen, wie es im Boden zugeht. Passender wäre dafür die Größe eines Bodenbakteriums von, sagen wir, vier Mikrometer Länge. Probieren wir es also: Stellen wir uns vor, wir wären plötzlich sehr klein und stiegen hinab in jene tiefe Welt. Als Bodentourist oder -touristin, geschrumpft auf vier Mikrometer von Kopf bis Fuß.

Der Bodentourist erfährt eine neue Welt

Das Erste, das uns auffällt, wenn wir als Winzling den Boden besuchen, ist, dass es schon nach den obersten paar Millimetern Boden einfach dunkel ist. Was man also sieht, ist: nichts. Das heißt, wenn die Haare mal nicht gekämmt sind, dann stört das dort unten niemanden, denn visuelle Information ist im Boden völlig egal. Wir bewegen uns in ewiger Finsternis.

Über dem Boden leuchtet das Grün der Pflanzen, die Farbe kommt von den Chloroplasten in Pflanzenzellen. Sie sind das Blattgrün und der Ort, an dem die Fotosynthese stattfindet. In die obersten Millimeter des Bodens dringt noch so viel Sonnenlicht, dass dort zur Fotosynthese fähige Organismen wie Algen und Cyanobakterien leben können. Die spärlichen Strahlen reichen ihnen aus, um Energie für ihren Stoffwechsel zu gewinnen. Aber schon ein wenig tiefer im Boden ist Fotosynthese nicht mehr möglich, es ist zu dunkel.

Etwas tiefer als das für uns sichtbare Sonnenlicht dringt das sogenannte fernrote Licht ein; das sind Wellenlängen von 700 bis 780 Nanometern, von denen wir Menschen nichts mitbekommen, weil wir Licht nur bis ungefähr 700 Nanometer Wellenlänge wahrnehmen können. Für Pflanzensamen, die im Boden vergraben sind, kann das fernrote Licht aber durchaus eine wichtige Rolle bei der Keimung spielen. Die Samen können dieses Licht wahrnehmen, und es liefert ihnen vermutlich die wichtige Information, dass sie sich nahe an der Oberfläche befinden. Für die Samen ist das ein optisches Startsignal: Sie beginnen zu keimen, weil ihre Lage im Boden offenbar so dicht an der Oberfläche ist, dass sie selbige durch das Wachstum erreichen – und damit an das für die Fotosynthese benötigte Licht gelangen. Für die Keimung verbrauchen sie die im Samen angelegten Vorräte. Sie haben also gleichsam nur einen Schuss frei, ihr Überleben zu sichern.[1] Sind die Samen so tief im Boden, dass sie kein fernrotes Licht detektieren, ist die Keimung gehemmt.

Stille im Schacht

Die gängige Lehrmeinung ist, im Boden spiele akustische Kommunikation, also die Verständigung mithilfe von Tönen, keine Rolle. Man stellt sich den Boden allgemein als ruhig vor. Das stimmt allerdings nur teilweise, denn bestimmte Frequenzen breiten sich im Boden recht gut aus, zum Beispiel lange Frequenzen, die tieferen Tönen entsprechen.

Es gibt Hinweise darauf, dass Bodenbewohner Lärm und Krach wahrnehmen, etwa dann, wenn die Erde um sie herum bebt, ein Arbeiter die Oberfläche mit einem Rüttelstampfer traktiert oder ein Bauer mit dem Schlepper einen Pflug über den Acker zieht. Von Regenwürmern ist bekannt, dass sie auf gepulste Frequenzen von unter 500 Hertz reagieren und aus dem Boden hervorkriechen.[2] Der Effekt beruht vermutlich darauf, dass Regenwürmer die Frequenzen für das Geräusch herannahender Maulwürfe halten (auch wenn das noch nicht ganz klar ist). Er wird sogar bei Wettbewerben eingesetzt, um Regenwürmer zu fangen. Und Maulwürfe verziehen sich, wenn sie durch Lärm belästigt werden. Sie wollen ihre Bodenruhe haben.

Umgekehrt produzieren die Bodenbewohner Geräusche, etwa wenn sie graben und kriechen. Forscherinnen und Forscher aus Australien und China belauschten sie, indem sie Mikrofone in verschiedene Böden steckten und dann eine Aufnahme starteten.[3] Auf Flächen mit spärlicher Vegetation herrschte eher Stille. Ganz anders verhielt es sich mit Flächen, die reich bepflanzt waren. In ihnen waren chaotisch anmutende Töne zu vernehmen: ein Untergrund-Rave-Konzert aus Blubbern, Klickern und Schnalzen. Vielleicht sollte man in Zukunft mehr über die Bedeutung von Geräuschen und Vibrationen im Boden nachdenken.[4]

Im Labor von Matthias Rillig wird daran gearbeitet. In einem abgedunkelten Kellerraum am Ende eines Ganges befindet sich eine Art wissenschaftliche Bastelwerkstatt mit einem komplizierten Versuchsaufbau. Von den beiden Mitarbeitenden, die an diesem Projekt schon seit ein paar Jahren arbeiten – Stefanie Maaß, Biologin mit einer Leidenschaft für Bodentiere, und Marcus Maeder, seines Zeichens Klangkünstler und Umweltwissenschaftler –, wird der Raum scherzhaft als »Abteilung Experimentelles Löten« betitelt, eine Anspielung auf die digitalen Verstärker, die vielen Lautsprecher, unzählige Kabel, Spulen und Messgeräte dort. Ziel ist es, herauszufinden, ob Bodenorganismen auf Geräusche reagieren, und wenn ja, wie. Die Arbeit ist schwierig, zumal die Nicht-Ton-Effekte durch die Lautsprecher (elektromagnetische Felder und Magnetfelder) experimentell ausgeschlossen werden müssen. Außerdem interessieren sich beide für die Lautäußerungen von Bodentieren – ein Phänomen, das Marcus bereits für seine Doktorarbeit an der Eidgenössischen Technischen Hochschule in Zürich untersucht hat. Noch stehen die Ergebnisse aus.

Es scheint allerdings klar zu sein, dass weder optische noch akustische Signale im Boden das Hauptmittel der Kommunikation sind. Der Bodentourist könnte sich nun fragen, wie sich die ganzen Organismen um ihn herum denn überhaupt verständigen?

Die Kommunikation im Dauerdunkel des Bodens findet, so denken wir heute, vor allem auf chemische Weise statt. Botenstoffe und Moleküle diffundieren durch die Porenräume und durch das Bodenwasser und können auf diese Weise unterschiedlichste Botschaften überbringen.

In manchen Lebenslagen ist es etwa für Bodenbakterien wichtig zu erfahren: Wie viele sind wir? Wie viele meiner Artgenossen befinden sich gerade in meiner unmittelbaren Nähe? Bakterien erkennen die Größe der Gruppe mit dem sogenannten Quorum Sensing.[5] Der aus dem römischen Recht stammende Begriff »Quorum« bezeichnet jene Teilnehmerzahl einer Versammlung, die mindestens erreicht sein muss, um einen Beschluss zu fassen. Beim Beschluss unter Bakterien geben die einzelnen Individuen bestimmte Signalmoleküle in die Umwelt ab. Erreicht deren Konzentration eine Mindesthöhe, weil ausreichend viele Bakterien in der Nähe sind, wird das wiederum von den einzelnen Bakterien registriert: Sie legen einen molekularen Schalter um und aktivieren auf diese Weise einen bestimmten Stoffwechselweg. Beispielsweise stellen sie einen Giftstoff her, um Feinde abzuwehren. Das Gift wird nur in ausreichender Menge vorliegen, wenn eben eine Mindestmenge an Bakterien mitmacht.

Ein anderes Beispiel ist die Produktion von Materialien, die zu einem Biofilm führen, also zu einer Schleimschicht, in der die Bakterien dann Schutz finden und gut überleben können. Auch der Biofilm wird nur dann dick genug, wenn eine Mindestzahl von Bakterien zu gleicher Zeit das Gleiche tut. In manchen Stämmen von Bodenbakterien werden Hunderte von Abläufen durch das Quorum Sensing kontrolliert.

Die am besten untersuchten Signalmoleküle sind dabei die sogenannten N-Acyl-Homoserinlactone (AHL). Sie regeln in einer bestimmten Bakteriengruppe das Sozialleben. Für Pflanzen sind diese chemischen Kommunikationen unter Bakterien aber ebenfalls von enormem Interesse. An den Wurzeln sondern die Pflanzen eine ganze Reihe von Substanzen ab, welche in die AHL-Kommunikation der Bakterien eingreifen und diese verändern können. Mit einem Wort: Die Pflanzen quatschen den Bakterien dazwischen.

Das tun die Pflanzen auf verschiedene Art und Weise. Zum Beispiel können sie Signalmoleküle herstellen, die den bakteriellen AHL-Stoffen täuschend echt nachempfunden sind. In der Fachliteratur heißen sie AHL-Mimics. Sie gaukeln den Bakterien vor, sie kämen in größerer Dichte vor, als es tatsächlich der Fall ist. Dadurch stören sie die Kommunikation der Bakterien. Pflanzen können aber auch Stoffe produzieren, die den

Quorum-Sensing-Mechanismus eines bestimmten Bakterienstamms blockieren. Die einzelnen Bakterien werden dann ebenfalls in die Irre geführt und nehmen es gleichsam so wahr: »Oh, es sind nicht genug von uns hier.«

Für die Pflanzen ist das meist vorteilhaft. Sie stören auf diese Weise zum Beispiel die Kommunikation schädlicher Bakterien und werden deshalb nicht von diesen angegriffen. Dass Pflanzen potenziellen Feinden dazwischenfunken, ist ein weitverbreitetes Phänomen im Erdreich. Den Bodentouristen könnte das erstaunen, zumal Pflanzen und Bakterien biologisch gesehen doch so unterschiedlich sind. Aber in der Evolution haben sich solche artübergreifenden Störsender offenbar bewährt.

Die Chemie muss stimmen

Chemische Substanzen werden im Boden ebenfalls genutzt, damit die eine biologische Art erkennen kann, ob die andere ein geeigneter Partner für eine Symbiose wäre. Gut untersucht ist diese Art der Erkennung bei der bereits erwähnten Symbiose und weitverbreiteten Zusammenarbeit von Pflanzen und Mykorrhizapilzen[6], insbesondere bei einer wichtigen Gruppe von Mykorrhizapilzen, den arbuskulären Mykorrhizapilzen, so genannt nach der Arbuskel, einer bäumchenartig verzweigten Struktur, die von den Pilzen innerhalb von Zellen der Pflanzenwurzel ausgebildet wird. Die Arbuskeln dienen dem Austausch von Nährstoffen und Kohlenstoff zwischen den Symbiosepartnern. Die Erkennung der Symbiosepartner ähnelt einem Herantasten, nur dass das nicht mit Berührungen erfolgt, sondern durch eine chemische Konversation, hin und her zwischen den möglichen Partnern.

Dass diese Erkennung gut abgesichert verläuft, ist wichtig für die Pflanze. Ist die Symbiose erst einmal eingegangen, haben die Mykorrhizapilze innerhalb des Wurzelgewebes der Pflanze fast freie Bahn. Dort wachsen sie zwischen Wurzelzellen und auch in diese selbst hinein. Der pilzliche Partner wird reich beliefert: Insgesamt werden bis zu 20 Prozent des von der Pflanze in der Fotosynthese gebundenen Kohlenstoffs an ihn übergeben. Da muss die Pflanze sich schon sehr sicher sein, wen sie da in ihre Wurzeln lässt.

Also ist die Pflanze vorsichtig. In einem wichtigen ersten Schritt stellt sie an der Wurzel sogenannte Strigolaktone her – Substanzen, die den Pilz aktivieren. Dieser wächst daraufhin vermehrt und verzweigt sich stärker, oder seine Sporen beginnen zu keimen. Der Pilz wiederum prüft ebenfalls, mit wem er sich da verbinden soll. Er stellt sogenannte Myc-Faktoren her, Stoffe, die von der Pflanze spezifisch wahrgenommen werden und in ihr verschiedene Gene aktivieren, die für Symbiose nötig sind.

Die Abstimmung zwischen den Symbiosepartnern ist in jeder Hinsicht filigran: Zum Beispiel bewegt sich der Zellkern in die Richtung der Wurzelzelle, wo der Pilz mit seiner Hyphe, einer fadenartigen Ausstülpung, Kontakt aufnimmt. Der Zellkern geleitet die Hyphe praktisch in sich hinein.

Und mehr noch: Die Pflanzenzelle löst ihre eigene Zellwand auf, damit der Pilz hineinwachsen kann, denn der Pilz besitzt die dafür notwendigen Enzyme nicht. Interessanterweise ist ein Teil dieser bewährten, aus Sicht von Biologen vermutlich sehr alten Annäherung mithilfe molekularer Botenstoffe durch eine evolutionsgeschichtlich deutlich jüngere, aber nicht minder erfolgreiche Symbiose übernommen worden.[7] Die Zusammenarbeit zwischen Rhizobium-Arten (Knöllchenbakterien) und Hülsenfrüchtlern (Leguminosen) bahnt sich in einigen Schritten genauso an wie die zwischen Mykorrhizapilzen und Pflanzen. Eine bei Pilzen bewährte Art der Kommunikation wurde also übernommen für eine komplett andere Organismengruppe, nämlich für Bakterien. Daran sieht der Bodentourist: Gute Formate zur Kommunikation setzen sich offenbar in der Evolution durch.

Hilfe rufen

Chemische Substanzen spielen auch eine große Rolle bei der Verteidigung von Wurzeln, die ständig von verschiedenen Parasiten bedroht sind. Ein besonders schönes Beispiel ist eine Art chemisch-verführerischer »Gesang der Sirenen«. In der Mythologie ist der Gesang der Sirenen ein betörender Klang, der Seeleute mit Versprechungen anlockt, aber letztendlich zu deren Tod führt. Im Boden können solche verführerischen Melodien in chemischer Form übermittelt werden, und zwar an der Spitze von Wurzeln. An ihr haften Zellen an, die von der Wurzelhaube hergestellt wurden, aber nicht mehr direkt mit dem Wurzelgewebe verbunden sind. Bei bestimmten Pflanzen stellen diese Zellen Substanzen her und geben sie in den Böden ab. Bestimmte Fadenwürmer, die als Parasiten Wurzeln befallen und fressen, finden diese Stoffe unwiderstehlich und werden von ihnen magisch angezogen. Doch wenn sie ihnen zu nahe kommen, werden die Fadenwürmer vorübergehend gelähmt – sie sind auf einen Schutzmechanismus der Pflanze hereingefallen.

Die Fadenwürmer werden so lange unbeweglich gehalten, bis die Wurzelspitze an ihnen vorbeigewachsen ist. Damit ist der empfindlichste Teil der Wurzel nicht mehr in Gefahr. Die Forscher, die den Mechanismus herausfanden, erinnerte das an den Gesang der Sirenen. Doch anders als in der Version der griechischen Mythologie, in der die herangelockten Seefahrer an den Klippen zerschellen, müssen die genarrten Fadenwürmer nicht sterben. Sie erholen sich von der Lähmung und können weiterkriechen.[8]

Die Kommunikation zwischen Bodenorganismen mithilfe chemischer Substanzen läuft häufig auch über volatile Substanzen, also flüchtige Chemikalien, die durch die Luft schweben. Blüten etwa stellen Duftstoffe her, die in unsere Nase gelangen, sodass wir sie riechen können. Im Boden sind es bestimmte Käferlarven, die jene Pflanzenwurzeln, die ihre natürliche Nahrung darstellen, schon aus einer bestimmten Entfernung anhand des spezifischen Buketts erkennen.

Allerdings können Pflanzen sich mit dem gleichen Kommunikationsmittel wehren. Wenn sie angefressen werden, setzen die Wurzeln ihrerseits flüchtige Verbindungen frei – die gezielt die Feinde ihrer Fressfeinde anlocken. Aus der oberirdischen Welt war der Trick schon länger bekannt, im Boden wurde er erstmals in einem Experiment an Lebensbäumen (Thujen) gezeigt. Wenn deren Wurzeln von den Larven des Gefurchten Dickmaulrüsslers (eines Käfers) angefressen werden, lockt die Pflanzenwurzel daraufhin mithilfe von Duftstoffen parasitische

Fadenwürmer an, die die Käferlarven befallen. Die Lebensbäume haben gleichsam ihre Leibwächter zu Hilfe gerufen. Diesen Bodyguard-Effekt im Boden entdeckte eine Gruppe um Sergio Rasmann von der Université de Neuchâtel in der Schweiz auch bei der Kulturpflanze Mais. Man konnte sowohl das flüchtige Lockmittel identifizieren als auch die Fadenwurmart, die als Leibwächter zur Rettung eilt.[9]

Manchmal werden auch unterirdische Verbindungssysteme zur Kommunikation eingesetzt, wie eine Art Rohrpost. Ein bestimmtes Pflanzenexemplar kann auf diesem Wege offenbar benachbarte Pflanzen, die zur selben Art gehören, vor Schädlingen warnen. Dieses Signal wird gezielt durch das Geflecht der Pilzfäden (Hyphen) von Mykorrhizapilzen übertragen. Solche Geflechte (Myzele genannt) können sich zwischen benachbarten Wurzelsystemen erstrecken.[10]

In einem Experiment im Labor des Ökologen David Johnson von der University of Manchester in England wurde nachgewiesen, dass das Hyphengeflecht der Mykorrhizapilze als eine Art unterirdisches Frühwarnsystem genutzt wurde, um benachbarte Pflanzen – in diesem Fall waren es Bohnen – vor einem Befall durch Insekten zu warnen, und zwar durch Blattläuse. Wie genau das geschieht und wie verbreitet das Phänomen in der Natur ist, hat man allerdings noch nicht komplett verstanden.

Mit seinem Team hat Matthias Rillig einige Experimente zum Transport von allelopathischen Substanzen durchgeführt; das sind Stoffe, die von bestimmten Pflanzenarten produziert werden und auf andere Pflanzenarten toxisch wirken. Damit sind sie pflanzliche Herbizide.[11] In verschiedenen Experimenten zeigte das Team, dass diese allelopathischen Substanzen die Zielpflanze nur durch eine direkte Verbindung erreichen können, die durch Mykorrhizapilze zur Verfügung gestellt wird. Diese Direktverbindung sind die im Boden verlaufenden Pilzfäden. Ohne diese Direktverbindung würden die allelopathischen Substanzen vermutlich einfach im Boden abgebaut, bevor sie an der Zielwurzel anlangen, weil der Transport zu lange dauert. Matthias Rillig denkt, dass diese Art unterirdischer Botenstoff-Chemikalien-Express auch noch für andere Zwecke benutzt wird. Hier warten noch viele Entdeckungen darauf, gemacht zu werden.

Im Boden sind also überall chemische Botenstoffe vorhanden. Wie fühlt es sich wohl an, wie riecht und schmeckt es, wenn man in dieser chemischen Signalwelt unterwegs ist? Der Bodentourist könnte sich jetzt daran erinnern, wie es war, als er zuletzt in der oberirdischen Welt an einem warmen Tag in einem überfüllten Bus unterwegs war, einen Kopfhörer mit aktivierter Geräuschunterdrückung auf den Ohren hatte, eine dunkle Sonnenbrille trug und sich ganz auf seine Nase verließ. Auch auf reiner Geruchsbasis bekommt man da schon erstaunliche Informationen.

Momentan ist die gängige, allgemein akzeptierte Lehrmeinung die, dass die Kommunikation im Boden mehr oder weniger nur über Chemie abläuft; an Beispielen dafür mangelt es wahrlich nicht. Diese Kommunikation klappt gut über kleine Entfernungen, da sie auf Diffusion beruht, also jenem physikalischen Prozess, bei dem sich ein Molekül vom Ort der höheren Konzentration zum Ort der niedrigeren Konzentration bewegt. Dieser Prozess läuft aber zu langsam ab, um über größere

Entfernungen im Boden zu wirken. Dazu könnten die erwähnten akustischen Signale oder Erschütterungen von Nutzen sein, die von Bakterien oder Pilzen allerdings vermutlich nicht genutzt werden können.

Nöte im Lande Liliput

Die meisten Lebewesen im Boden, also die Bakterien, Archaeen, Pilze, Protisten und Viren, sind viel kleiner als wir, es sei denn, wir wurden gerade geschrumpft, so wie unser Bodentourist. Sie sind so klein, dass sie ganz anderen physikalischen Gewalten ausgesetzt sind als wir. Wenn wir zum Beispiel auf dem oberirdischen Bolzplatz gegen einen Ball treten, fliegt dieser nach dem Kontakt mit dem Fuß viele Meter weit und landet idealerweise sogar im Tor. Auf dem mikroskopischen Spielfeld im Boden verhält es sich ganz anders. Wenn unser winziger Bodentourist in einer luftgefüllten Pore gegen den noch winzigeren Ball träte, dann flöge der keineswegs irgendwohin. Der Ball würde sich nur ein wenig mit dem Fuß bewegen und dann verharren. Der Grund: In diesem Lande Liliput ist alles sehr zähflüssig (viskos), die Luft und auch das Wasser.

Wenn ein Bodenbakterium aufhört, mit seinen Flagellen – winzigen Peitschen zur Fortbewegung im Wasser – zu schlagen, dann bleibt es in seinem Wasserfilm auf der Oberfläche eines Bodenaggregates sofort hängen. Es gleitet nicht weiter, wie es etwa Schwimmerinnen und Schwimmer tun, wenn sie sich bei einem Wettkampf nach der Rollwende elegant mit den Füßen am Beckenrand abstoßen. Nein, das Bakterium bleibt im Wasser regelrecht stecken.

Dieses merkwürdige Phänomen offenbart, was es mit sich bringt, wenn man mit einer kleinen Reynolds-Zahl leben muss. Diese Zahl aus der Strömungslehre gibt das Verhältnis von Trägheits- zu Zähigkeitskräften an. Wenn man im mikroskopischen Skalenbereich agiert, dann wird alles zäh. Es ist ungefähr so, als müssten wir permanent durch Kleister waten. Für das mikroskopische Leben im Boden ist das von großer Bedeutung. Jegliche Bewegung erfordert Anstrengung und Mühe, nichts gleitet nach einem Anstoßen einfach mal weiter. Der Mini-Bodentourist müsste sich mächtig abplagen, um von einem Ort zum nächsten zu gelangen.

Wenn man sehr klein ist, dann werden weitere Kräfte, über die wir in der oberirdischen Welt nur lachen, plötzlich wichtig. Zum Beispiel die Oberflächenspannung von Wasser. Für uns ist sie ein Klacks, wir haben keine Probleme damit, in der Küche mit den Händen ins gefüllte Spülbecken einzutauchen und sie wieder aus dem Wasser herauszunehmen. Wenn man sehr klein ist, dann ist das ganz anders. Die Hyphe eines Pilzes, die in einen Wasserfilm eintauchen möchte – und das muss sie im Boden andauernd –, würde das nicht ohne Weiteres schaffen, weil sie die Oberflächenspannung nicht überwinden kann.

Die Hyphe kann diese Hindernisse aber überwinden. Sie stellt sogenannte Hydrophobine her, die in den 1990er-Jahren entdeckt wurden.[12] Die Hydrophobine helfen dabei, die Oberflächenspannung von Wasser zu senken, damit Pilze diese Kraft überwinden können. Es sind oberflächenaktive Substanzen, so ähnlich wie Spülmittel. Sie bilden spontan einen Film an der Wasser-Luft-Grenzfläche, der die Oberflächenspannung senkt.

Pilze, bei denen das entsprechende Gen zur Produktion von Hydrophobinen ausgeschaltet ist, können zum Beispiel keine Fruchtkörper mehr bilden. Das pilzliche Leben wäre ohne Hydrophobine im Boden mit seinen Porenräumen, die teilweise wassergefüllt sind, daher so nicht möglich. Bei manchen Pilzarten, auch bei den ansonsten so gut erforschten arbuskulären Mykorrhizapilzen, hat man trotz intensiver Suche bislang keine Hydrophobine gefunden. Wie andere Gruppen arbeitet auch das Team von Matthias Rillig schon seit Jahrzehnten immer mal wieder daran, sie oder vergleichbare Substanzen doch noch zu entdecken. Denn Mykorrhizapilze müssen über irgendeinen Stoff verfügen, mit dem sie die Oberflächenspannung von Wasser herabsetzen können. Doch was nur könnte es sein? Irgendwann wird die Wissenschaft es bestimmt herausfinden.

Feucht, aber angenehme Temperaturen

Abiotische Parameter des Bodens, etwa die Luft, das Wasser und die Temperatur, unterscheiden sich ebenfalls recht deutlich von den oberirdischen Verhältnissen. Diese besonderen Bedingungen sind für unseren geschrumpften Bodentouristen überraschend, und sie stellen ihn vor weitere Herausforderungen, mit denen er kaum gerechnet hat.

Die Porenräume im Boden sind gefüllt mit Luft oder Wasser, meistens mit beidem. Aber die Luft im Boden ist nicht die Luft, wie wir sie atmen. Sie ist immer sehr feucht, denn im Boden gibt es keinen Wind, und die Oberflächen, die die Bodenporen auskleiden, sind allzeit mit einem dünnen Wasserfilm bedeckt, von dem aus sich immerfort Wassermoleküle lösen und in den Luftraum der Poren gelangen.

Sogar wenn ein bestimmter Boden so trocken ist, dass die Pflanzen *auf* ihm unweigerlich vertrocknen (das ist beim sogenannten permanenten Welkepunkt der Fall), herrscht im Boden eine relative Luftfeuchtigkeit um die 99 Prozent. Die Luft im Boden ist anders zusammengesetzt als die Luft, die wir atmen. Im Boden enthält sie einen höheren Anteil an Kohlenstoffdioxid (CO_2), nämlich ungefähr 0,25 Prozent, während es in der Atmosphäre nur 0,042 Prozent sind.

Der Unterschied kommt daher, dass die Wurzeln und die anderen Bodenorganismen Zellatmung betreiben, bei der als Produkt das gasförmige Kohlenstoffdioxid entsteht. Dieses kann den Boden allerdings nicht schnell verlassen, weil es zunächst durch den Porenraum diffundieren muss, was seine Zeit braucht. Deshalb kommt es zu einer Art Stau von Kohlenstoffdioxid, was sich in seinen vergleichsweise hohen Konzentrationen im Boden spiegelt.

Der Bodentourist kann diese Erkenntnis mitnehmen, um den Klimawandel noch besser zu verstehen. Die menschengemachten Emissionen an Kohlenstoffdioxid haben kaum direkte Auswirkungen auf den Boden, denn dort liegt sein Gehalt von Natur aus höher als in der Atmosphäre. In der Bodenluft fühlt sich der Bodentourist wie in einem fensterlosen, vollbesetzen Konferenzraum, in dem die Lüftung ausgefallen ist. Die Luft ist schlecht und feucht.

Der Sauerstoffgehalt im Boden kann sehr stark schwanken. In manchen Poren liegt er sehr hoch, in manchen ist gar kein Sauerstoff vorhanden. Im Inneren von Bodenaggregaten, die mit einem Durchmesser von einigen Millimetern schon als eher groß gelten, fehlt er häufig – es herrschen dort anaerobe Bedingungen.[13] Deshalb ist dieser Lebensraum nicht mehr für alle Mikroorganismen geeignet.

Aerobe Bakterien – also welche, die auf Sauerstoff angewiesen sind – können hier nicht leben. Allerdings gibt es viele Bakterienstämme, die ihren Stoffwechsel dann umstellen können, sowie anaerobe Stämme, für die Sauerstoff sogar giftig ist. Bei der Zellatmung nutzen solche Bakterien anstelle des Sauerstoffs Nitrat oder Sulfat, um Energie herzustellen.

Wenn man einen gut belüfteten Boden sieht, könnte man denken, dass er überall Sauerstoff enthält. Doch weit gefehlt: Selbst in einer solchen Krume befinden sich vielerorts Zonen ohne Sauerstoff. In einem Bodenwürfel von einem Zentimeter Kantenlänge können also gleichzeitig unterschiedliche und sogar sich prinzipiell widersprechende Prozesse ablaufen: solche, die unbedingt Sauerstoff benötigen, und solche, die nur in Abwesenheit von Sauerstoff stattfinden können. Diese unfassbare kleinräumige Diversität der Lebensräume und damit auch der mikrobiellen Lebensgemeinschaften ist einer der wichtigsten und erstaunlichsten Aspekte des Bodenlebens.

Unter Druck durch Unterdruck

Auch das Bodenwasser unterscheidet sich deutlich von dem Nass, das aus der Leitung kommt und Trinkwasserqualität hat. Es enthält viele gelöste Nährstoffe, zum Beispiel Stickstoff in Form von Nitrat oder Phosphor in Form von Phosphat. Wassermoleküle haften nun an den Bodenoberflächen, und Bodenorganismen nehmen das wahr. Dieses Phänomen – dass Wassermoleküle an Bodenflächen haften – kann man auch physikalisch messen, und zwar als sogenannte Saugspannung. Dieser Fachbegriff der Bodenkunde beschreibt den negativen Druck, unter welchem Bodenwasser steht, mit anderen Worten, wie fest das Wasser im Boden gehalten wird. Physiker würden sagen: Wasser fließt immer in Richtung des niedrigeren Potenzials. Das kann man sich wie einen Wasserfall vorstellen, wo das Wasser oben ein höheres Potenzial hat (das wäre das Wasser in der Zelle) als unten, wohin es fällt (das entspräche dem Bodenwasser).

Das Gerät zur Messung des Bodenwasserpotenzials heißt Tensiometer. Das Bodenwasserpotenzial ist nicht zu verwechseln mit der Bodenfeuchte. Diese sagt lediglich etwas darüber aus, wie viel Wasser in einem Boden ist, zum Beispiel angegeben als Prozent der Bodenmasse. Das Bodenwasserpotenzial geht darüber hinaus und beschreibt, wie stark das Wasser im Boden gebunden ist und inwiefern es für Bodenbewohner verfügbar ist. Das Tensiometer besteht aus einer wassergefüllten, porösen Keramikzelle, die in den Boden gesteckt wird. Das Wasser in dieser Keramikzelle tritt durch die poröse Keramik hindurch mit dem umgebenden Bodenwasser in Kontakt. Dadurch entsteht im Tensiometer ein Unterdruck – das Bodenwasser zieht quasi an dem Wasser in der Keramikzelle, und diesen negativen Druck kann man an einem im Messgerät eingebauten Manometer (einem Druckmessgerät) ablesen.

Im Boden zeigt ein Tensiometer immer einen Unterdruck an, eben weil auf das Bodenwasser so viel mehr Kräfte einwirken als auf reines Wasser in einem Glas. Im Boden ergeht es Bodenbewohnern wie der Keramikzelle: Alles zieht quasi Wasser aus den Mikroorganismen – die Bodenbewohner laufen Gefahr, dass sie austrocknen.

Je weniger Wasser im Boden ist, zum Beispiel während einer Trockenperiode, desto mehr Salze enthält es. Für die Mikroorganismen im Boden bedeutet das: Sie leiden bereits an Wassermangel und können aus diesem Wasser mit erhöhter Salzkonzentration kaum Wasser für ihren Bedarf aufnehmen. Ganz im Gegenteil: Aufgrund des verstärkt negativen Drucks des Bodenwassers wird das verbleibende Wasser mehr und mehr aus ihnen herausgezogen.

Noch negativer als das Bodenwasserpotenzial ist in aller Regel das Wasserpotenzial der Luft über dem Boden. Zwischen diesen beiden Punkten entlang des Wasserpotenzials haben sich die Pflanzen gleichsam geklemmt; sie nehmen das verfügbare Wasser im Boden über ihre Wurzeln auf und geben es oberirdisch wieder über die Blätter an die Luft ab. Der Vorgang heißt Transpiration und ist essenziell für die Funktion von Pflanzen. Das Wasser fließt dabei entgegen der Schwerkraft.

Der Bodentourist kratzt sich am Kopf: Ihm war nicht klar, wie kompliziert Wasser sein kann.

Nicht zu kalt, nicht zu warm

Das fühlt sich jetzt alles nicht so toll an für den Mini-Bodentouristen, der solchen Kräften ja noch nie ausgesetzt war; zum Glück hatte man ihn vor Reiseantritt mit einem Spezialanzug ausgestattet, sodass er nicht austrocknet. Doch er sollte nicht verzagen, denn manche Bedingungen sind durchaus positiv. Zum Beispiel herrschen schon in geringer Tiefe im Boden relativ milde Temperaturen mit nur kleinen Schwankungen im Vergleich zur Bodenoberfläche – und das sowohl im Tagesverlauf als auch im jahreszeitlichen Wandel. Während es oberirdisch im Sommer tagsüber sehr heiß werden kann (in Deutschland regelmäßig über 30 Grad), sind die Temperaturen im Boden angenehm kühl. Umgekehrt ist der Boden selbst im Winter zumindest in größerer Tiefe nicht allzu kalt. Das hängt mit der hohen Wärmekapazität des Bodens zusammen; diese ist besonders groß, wenn er feucht ist. Das bedeutet umgekehrt: Die Energie, die benötigt wird, um ein bestimmtes Volumen Boden zu erwärmen, ist viel höher als die Energie, die man braucht, um das gleiche Volumen an Luft zu erwärmen.

Nehmen wir als Beispiel die öffentlich zugänglichen Wetterdaten der im westlichen Havelland gelegenen Station Linde. Über mehrere Jahre hinweg, seit 2015, ist die bisher gemessene Höchsttemperatur der Luft 38,9 Grad Celsius, die Minimaltemperatur minus 15,4 Grad.[14] In nur zehn Zentimeter Bodentiefe sind diese Werte bereits deutlich milder: 33,1 Grad (Maximum) und minus 2,9 Grad (Minimum). In 50 cm Bodentiefe waren es maximal 24,7 Grad, und die kälteste gemessene Temperatur war 0,6 Grad.

Die Eigenschaft des Bodens, Wärme zu puffern, macht man sich auch beim Betrieb von Wärmepumpen zunutze. Mobile Bodenbewohner, etwa Regenwürmer, können sich vor extremen Temperaturschwankungen über Tage schützen, indem sie sich tiefer in den Boden zurückziehen.

Fressen und gefressen werden

Wie überall in der belebten Natur sind auch Bodenbewohner in ein Nahrungsnetz eingebettet. Nahrungsnetz oder auch Nahrungskette – das sind nette, freundlich klingende Umschreibungen des unvermeidlichen Fressens und Gefressenwerdens in der Ökologie auf unserem Planeten. Das Boden-Nahrungsnetz sticht hier noch einmal heraus.[15] Wie alle anderen Nahrungsnetze auch besteht es aus einer Lebendfresser-Kette, in der genau das geschieht, wonach es klingt: Der eine lebende Organismus frisst den anderen. Den Ausgangspunkt bilden hier lebende Pflanzenwurzeln, an denen gefressen und gesaugt wird.

Im Boden steht allerdings noch ein anderes Material im Vordergrund: der Detritus. Der Begriff kommt vom lateinischen Verb »detere«, also zerreiben. Detritus bezeichnet in der Medizin zelluläre Zerfallsprodukte, in der Geologie zerriebenes Gesteinsmaterial und in der Bodenkunde tote organische Substanz, insbesondere die pflanzliche Streu, aber auch Überreste von Bodenbewohnern. Die Detritusfresser-Kette können wir uns als ein System zur Müllentsorgung vorstellen: Ohne dieses würden unsere Ökosysteme zum Stillstand kommen; der Detritus würde alles vermüllen, nichts würde recycelt.

Am Anfang steht also das tote organische Material. Es wird von Zersetzerorganismen bearbeitet – das sind neben bestimmten winzigen Gliederfüßern (Arthropoden), die das Material zerkleinern, hauptsächlich Pilze und Bakterien. Diese zwei Organismengruppen sind recht unterschiedlich beschaffen und werden ihrerseits von unterschiedlichen räuberischen Organismen gefressen.

Das hat zur Folge, dass sich hier das Boden-Nahrungsnetz in zwei Bereiche teilt: Bakterien fallen hauptsächlich Protisten zum Opfer. Das sind mikroskopisch kleine Organismen, die einen Zellkern besitzen, wie zum Beispiel die Amöben, die sich die Bakterien zuhauf einverleiben. Einen großen Appetit auf Bakterien haben aber auch bestimmte Fadenwürmer (Nematoden); sie haben besondere Mundwerkzeuge, die an einen Wischmopp erinnern, mit dem man glatte Böden reinigt. Mit ihrem Mopp wischen die Fadenwürmer die Bakterien auf und vertilgen sie.

Pilze im Boden hingegen werden hauptsächlich von winzigen Arthropoden gefressen, zum Beispiel von Springschwänzen. Pilze müssen sich ebenfalls vor Fadenwürmern fürchten, und zwar vor den Arten, die als Mundwerkzeug keinen Wischmopp, sondern eine kleine Nadel haben. Sie piksen mit der Nadel zunächst die Hyphen der Pilze an und saugen sie dann damit aus, wie mit einem Strohhalm. Es gibt auch bestimmte Amöben, die Pilze erbeuten; auch sie machen dazu kleine Löcher in deren Hyphen, aber nicht mit Nadeln, sondern mit Ausstülpungen der Zelle, den sogenannten Pseudopodien.

Diese zwei Gruppen von Bodenbewohnern, also die Pilzfresser und die Bakterienfresser, werden ihrerseits von Vertretern anderer Tiergruppen gefressen. Darunter sind weitere Arten von Fadenwürmern und Arthropoden sowie Enchyträen (Würmer aus der Unterklasse der Wenigborster). So geht es weiter bis zum oberen Ende der Nahrungskette, zu den Spitzenprädatoren. Das sind in der Regel Raubmilben. So wie die

Löwen in der Savanne herrschen, sind sie die Könige des Bodens. Erwachsene Exemplare der Raubmilben sind ungefähr 0,5 bis 1 Millimeter groß und damit mit dem bloßen Auge zu erkennen. Für den geschrumpften Bodentouristen, der ja nur vier Mikrometer groß ist, wäre eine Raubmilbe ein Monster, das viele Hundert Mal größer ist als er. Eine Begegnung mit ihr wäre bestimmt kurz.

Als Bodenbewohner lebt man also zwangsläufig in einem Netz aus Fraßbeziehungen. Je nachdem, was man ist, lebt man ziemlich gefährlich. Am gefährlichsten ist es für die Bakterien, sie erfahren die stärkste Top-down-Kontrolle, wie es im freundlich klingenden Ökologie-Fachjargon heißt. Sie stehen am unteren Ende der Nahrungskette und werden besonders stark durch ihre Konsumenten in Schach gehalten. Genauer gesagt, ihre Anzahl wird stärker durch ihre Fressfeinde als durch ihre Ressourcen kontrolliert. Etwas besser ist die Situation für Pilze. Einige Arten können sich durch bestimmte chemische Abwehrstoffe verteidigen, und manche bringen auch das Kunststück fertig, bis zu einem bestimmten Punkt nicht darunter zu leiden, wenn sie angefressen werden, oder sogar besser zu wachsen, wenn sie von Arthropoden abgegrast werden. Das Phänomen heißt Kompensation oder Überkompensation.[16] Es beruht vermutlich auf mehreren Mechanismen: Die Pilze ändern ihren Stoffwechsel, sobald sie angeknabbert werden, und können dadurch verstärkt Nährstoffe aus der Umgebung aufnehmen oder aus anderen, noch unversehrten Teilen ihres Myzels (des Geflechts ihrer Hyphen) mobilisieren. Oder aber sie ändern die Struktur des noch vorhandenen Myzels, damit es schneller wachsen und sich ausbreiten kann.

Den Boden gestalten

Stellenweise könnte der Bodentourist den Eindruck gewonnen haben, dass viele Bodenorganismen passiv auf die vielen verschiedenen Umweltfaktoren im Boden reagieren, dass sie vielfach bloß angepasst sind und einfach nur ihr Leben fristen (das insbesondere für Bakterien unerfreulich kurz sein kann). Damit läge man aber falsch, denn viele Bodenbewohner gestalten ihren Lebensraum auch aktiv mit. Es läuft halt etwas langsamer ab. Während seines kurzen Besuchs entgeht das dem Bodenbesucher.

Böden sind tatsächlich nur deshalb so, wie sie sind, weil ihre Bewohner sie maßgeblich mitgeformt haben. Allerdings wird diese gestalterische Rolle in der Wissenschaft deutlich seltener gewürdigt als die vielen Verhaltensweisen, bei denen Bodenbewohner bloß auf einen Umweltfaktor reagieren. Dieses Missverhältnis fiel dem französischen Bodenökologen Laurent Philippot auf. Gemeinsam mit einem Team, zu dem auch Matthias Rillig gehörte, machte er sich daran, in der wissenschaftlichen Literatur gezielt nach Aufsätzen zu suchen, die den aktiven Part von Bodenbewohnern betonen.[17] Bei dieser Suche kamen spannende Aspekte zum Vorschein.

In ihrer Gesamtheit beeinflussen die Bodenmikroorganismen die Menge an chemischen Elementen wie Kohlenstoff und Stickstoff viel stärker, als man lange annahm. Diese Menge hängt zwar jeweils auch von den geologischen Gegebenheiten ab, jedoch kann man sie nur verstehen, wenn man zugleich den Einfluss der Mikroorganismen fest im Blick hat: Der konkrete

Gehalt an Kohlenstoff sowie Stickstoff in einem bestimmten Boden hängt unmittelbar mit den Stoffwechselleistungen der Bodenmikroorganismen zusammen. Diese sichern den Mikroorganismen das Fortkommen und folgen damit einem Selbstzweck. Aus unserer menschlichen Perspektive werden diese Leistungen dann in der Zusammenschau als »Stickstoffzyklus« oder als »Kohlenstoffzyklus« wahrgenommen, aber in Wahrheit sind es nur Ketten von mikrobiellen Aktivitäten, mit denen die Mikroorganismen ihr nacktes Überleben sichern und quasi ihren Lebensunterhalt verdienen.

Nur ein Beispiel: Manche Bodenmikroorganismen können anstelle von Sauerstoff für ihre Zellatmung Nitrat verwenden; wir Menschen können das leider nicht, wir haben die entsprechenden Enzyme nicht. Wenn nun also kein Sauerstoff verfügbar ist, was in Böden oft der Fall ist, dann können genau die gleichen Bakterien, die eben noch Sauerstoff zur Zellatmung verwendet haben, Nitrat benutzen. Oder es werden anaerobe Bakterien aktiv, also solche, für die Sauerstoff ohnehin nicht infrage kommt. Im Zuge der Zellatmung, einem so verwickelten wie genialen biochemischen Vorgang, wandern dann Elektronen aus dem organischen Kohlenstoff auf das Nitrat. Bei diesem Vorhang wird einerseits Energie gewonnen, welche das Überleben der Bakterien ermöglicht, zum anderen wird das Nitrat durch die Aufnahme immer neuer Elektronen über verschiedene Zwischenprodukte in elementaren Stickstoff verwandelt.

Stickstoff hat einen Siedepunkt von minus 196 Grad Celsius und liegt somit im Boden im gasförmigen Zustand vor. Folgerichtig steigt der Stickstoff in die Lufthülle der Erde – und geht dem Boden verloren. In der Ökosystemökologie heißt dieser Prozess deswegen Denitrifikation, also Verlust von Stickstoff. Aber den Bakterien, die diesen Schwund verursachen, ist das »egal«. Sie führen diesen Prozess aus, weil sie diese Fähigkeit zum Überleben brauchen. Das gilt nicht nur für Stickstoff und Kohlenstoff, sondern auch für andere Elemente, zum Beispiel Phosphor und Schwefel. In einem Wort: Der Überlebenstrieb der Bodenbakterien bestimmt darüber mit, in welcher chemischen Form diese Elemente auf der Erde vorliegen.

Sauer oder alkalisch

Ein weiteres wichtiges Merkmal von Böden ist der pH-Wert, der anzeigt, wie sauer oder alkalisch der Boden ist. Konkret bezeichnet der Boden-pH-Wert das Maß der Aktivität der Protonen in einem flüssigen Gemisch aus Bestandteilen des Bodens. Protonen sind positiv geladene Elementarteilchen. Sie bilden einen Bestandteil des Atomkerns und bestimmen die chemischen Eigenschaften eines Elements. Chemische Verbindungen, die Protonen auf andere Moleküle *übertragen* können, sind Säuren. Basen dagegen können Protonen *übernehmen*. Sie können auf diese Weise alkalisch wirken und Säuren neutralisieren. Für die Mikroorganismen im Boden macht es einen gewaltigen Unterschied, ob das Milieu in ihrer Nähe sauer, alkalisch oder neutral ist.

Spannend ist nun die Frage: Haben die Bodenmikroben selbst einen Einfluss auf den pH-Wert? Die Antwort lautet: ja. Um zu erkennen, wie dieser Einfluss genau abläuft, muss man schauen, woher Protonen kommen können. Sie entstehen bei einer ganzen Reihe von mikrobiellen Umsetzungsprozessen im Boden. Zum Beispiel bei der Zellatmung, bei der als Produkt ja Kohlenstoffdioxid entsteht, das deshalb im Boden in einer vergleichsweise hohen Konzentration vorliegt. Weil Kohlenstoffdioxid gasförmig ist, verteilt sich ein Gutteil davon mit der Zeit in der Luft.

Doch einige Kohlenstoffdioxid-Moleküle reagieren noch im Boden mit Wasser, und dabei entsteht Kohlensäure. Kohlensäure ist in der Lage, Protonen auf andere chemische Reaktionspartner zu übertragen. Mit anderen Worten: Die im Boden ablaufende Zellatmung führt zur Versauerung.

Neben der Zellatmung läuft im Boden eine ganze Reihe von mikrobiellen Prozessen an, die ebenfalls dazu führen, dass im Boden Säuren entstehen. Viele Mikroorganismen und auch Pflanzenwurzeln stellen in ihren Zellen organische Säuren her, die sie dann gezielt um sich herum an den Boden abgeben. Häufig tun sie das, um besser an Nährstoffe heranzukommen. Der Prozess der Nitrifikation – die chemische Umwandlung von Ammonium zu Nitrat, durchgeführt von Archaeen und Bakterien – führt ebenfalls dazu, dass Säuren entstehen. Umgekehrt sind auch einige mikrobielle Umsetzungsprozesse im Boden bekannt, bei denen Protonen aufgenommen werden. Das Wasser im Boden wird dann alkalischer.

Es ist demnach eindeutig so, dass Mikroorganismen und andere Bodenbewohner den pH-Wert ihres Bodens beeinflussen können. Mitunter kann sich der pH-Wert recht deutlich verändern (um einen ganzen Punkt, und das ist viel, auch innerhalb kurzer Zeit). Binnen einem Monat kann auf einem

Acker der pH-Wert merklich sinken und damit saurer werden, wenn die Mikroorganismen im Boden etwa Ammonium zu Nitrat umsetzen.

Wir wissen also, dass die Mikroorganismen und auch größere Lebewesen im Boden durchaus Spuren hinterlassen. Sie prägen den Gehalt von Elementen und bestimmen darüber mit, wie viel Säuren entstehen. Der pH-Wert hat seinerseits Auswirkungen auf eine lange Liste anderer Prozesse, allen voran die Löslichkeit wichtiger Nährstoffe. Er beeinflusst etwa, inwiefern Pflanzen über Phosphor in Form von Phosphat verfügen können, aber auch über das Halbmetall Arsen, das als Schadstoff gilt.

Nehmen wir als letztes Beispiel für den Einfluss von Organismen auf den Boden das Bodenwasser und seine Beschaffenheit. Auch hier ist es so, dass Bodenmikroben sich nicht nur passiv an die Wasserverfügbarkeit anpassen. Sie können umgekehrt das Wasser prägen, und zwar auf dreierlei Arten:

Erstens können sie eine Reihe von Substanzen produzieren, die das physikalische Verhalten von Wasser verändern. Auf die Hydrophobine der Pilze sind wir bereits eingegangen, sie verändern die Oberflächenspannung des Wassers. Das hilft aber nicht nur dem Pilz dabei, in einen Wasserfilm einzudringen, sondern es hat noch weitreichendere Folgen. Hydrophobine können auch die Bodenoberflächen so verändern, dass sie wasserabweisender werden. Das wiederum hat Auswirkungen darauf, in welchen Mengen Wasser durch Böden fließen kann. Ebenso können sie beeinflussen, wie gut sich ausgetrocknete Böden wieder mit Wasser benetzen können, wenn der Regen nach einer Dürre wieder einsetzt oder wenn sie künstlich bewässert werden.

Andere von Mikroorganismen abgesonderte Stoffe können Bodenporen verstopfen. An Engstellen verhindern sie damit den Durchfluss des Wassers oder verlangsamen ihn. Dadurch können bestimmte Areale regelrecht trockengelegt werden. Eine Folge kann aber auch sein, dass das Wasser nicht so leicht aus dem Boden verdunstet, weil viele Wassermoleküle in verstopften Poren eingeschlossen sind.

Der zweite Mechanismus ist indirekt: Indem die Bodenbewohner die erwähnten Aggregate aufbauen und das Bodengefüge erschaffen, bestimmen sie, wie die Porenräume räumlich beschaffen und miteinander verbunden sind. Diese Ausgestaltung hat natürlich einen entscheidenden Einfluss darauf, wie viel Wasser durch den Boden fließen kann.

Der dritte Mechanismus schließlich: Wasser kann entlang von Pilzhyphen zwischen verschiedenen Punkten im Boden fließen. Das Phänomen wurde mit verschiedenen Marker-Techniken gezeigt, zum Beispiel mit Farbstoffen. Das muss man sich so vorstellen, dass man mit einem Farbstoff versetztes Wasser anbietet und dann in einem Experiment beobachtet, wo dieser Farbstoff genau auftritt. Taucht er im Experiment in einem Boden-Kompartiment auf, das nur über Hyphen erreichbar war, dann weiß man, dass das Wasser entlang dieser Pilzfäden geflossen ist. Dieser Effekt wurde bislang nur bei Mykorrhizapilzen nachgewiesen, vermutlich ist es bei anderen Pilzarten ebenso. Das würde bedeuten: Das unterirdische Geflecht von Pilzen wird zu einer Art Röhrensystem, durch das sich Wasser im Boden verteilt.

Weitere Eigenschaften des Bodens, die von Mikroorganismen beeinflusst werden, sind Bodenminerale. Als homogene Bestandteile von Gesteinen werden Minerale auf den ersten Blick als Gegenstand der Geologie angesehen. Das ist aber nur teilweise gerechtfertigt. Besonders eisenhaltige Minerale können von Bakterien oder Pilzen umgeformt, aufgelöst oder produziert werden, und zwar dadurch, dass Redoxreaktionen (chemische Oxidationen und Reduktionen) mit dem Eisen stattfinden. Die von Mikroben herbeigeführte Karbonatfällung (MICP, für *microbially induced carbonate precipitation*) ist ein weiteres bedeutsames Beispiel für die Rolle von Bodenorganismen in der Mineralogie des Bodens. Dieser mikrobielle Prozess kann übrigens auch zur Reparatur von Rissen im Beton eingesetzt werden. Und schließlich prägen Mikroorganismen das so wichtige Gefüge des Bodens, das dreidimensionale Arrangement der Aggregate. Letzteren werden wir ein eigenes Kapitel widmen, zumal sie von überragender Bedeutung für den Boden sind.

Rückkopplungsschleifen

Im ersten Teil des Kapitels hat der Bodentourist erfahren, wie es ist, wenn man im Boden lebt. Im zweiten Teil betrachtete er, wie die vielen Bewohner ihre unterirdische Heimat ein Stück weit gestalten. Diese zwei Aspekte sind im wirklichen Leben nicht getrennt, sondern in einer Rückkopplungsschleife miteinander verbunden: Bodenbewohner reagieren auf Bodeneigenschaften, und indem sie das tun, verändern sie die Bodeneigenschaften, auf diese sie wiederum reagieren. Indem sie das tun, verändern sie die Bodeneigenschaften – und so weiter.

Wie solche Rückkopplungsschleifen genau aussehen, wurde bislang nur wenig untersucht. Es ist schwer, die verwickelten Verhältnisse in Experimenten zu untersuchen. Eine Rückkopplungsschleife könnte so aussehen: Von Mikroorganismen hergestellte Säuren oder Salze greifen Gestein chemisch an. Durch diese Biokorrosion werden mineralische Nährstoffe freigesetzt, die auch von anderen Mikroorganismen verwertet werden. Wenn etwa bestimmte Pilze der Gattung *Amanita*, zu der auch der Fliegenpilz gehört, auf Gestein voller Kalium stoßen, können sie ihren Stoffwechsel auf das Programm »Verwittern« einstellen: Sie produzieren bestimmte Proteine (Eiweiße), die dazu führen, dass Kalium aus den Mineralen herausgelöst wird. Davon profitiert der Amanita-Pilz, aber auch andere Bodenbewohner haben einen Vorteil dadurch.

Ein weiteres Beispiel einer Rückkopplungsschleife sind langkettige Moleküle (sogenannte Exopolymere), die von bestimmten Bakterien abgesondert werden. In Verbindung mit Wasser werden diese Moleküle zu zähflüssigen, klebrigen Substanzen. Diese Schleimschichten bilden einen Biofilm, in dem die Bakterien vor Austrocknung geschützt sind. Zugleich verändern Biofilme auch die lokale Bodenumwelt, zum Beispiel den kleinräumigen Wasserfluss. Dieser Vorgang unterliegt zudem Umwelteinflüssen. Bei Trockenheit beginnen Bakterien der Gattung *Pseudomonas* damit, diese schleimbildenden Substanzen abzusondern, es handelt sich also um eine Art Schutzmechanismus; in Experimenten konnte man diese Rückkopplung bereits nachweisen.

Vorstellbar ist auch, dass die von Pilzen hergestellten Hydrophobine Böden stellenweise wasserabweisend und damit für andere Bodenorganismen unattraktiver machen. Die daraus resultierenden trockenen Bedingungen im Boden sind für Pilze generell besser auszuhalten als für Bakterien. Es wäre ein Beispiel für eine negative indirekte Rückkopplungsschleife: Die eine Gruppe von Organismen verändert die Umwelt, und diese Umweltveränderung hat möglicherweise negative Auswirkungen auf eine andere Gruppe.

Ein Beispiel für positive indirekte Rückkopplungsschleifen sind die sogenannten biologischen Bodenkrusten. Diese Gemeinschaften aus fadenförmigen Cyanobakterien, Pilzen, Flechten, Moosen und Bakterien sind winzige Ökosysteme und bedecken die Oberfläche besonders in trockenen Gegenden. Sie schützen den unter ihnen liegenden Boden und verändern zugleich verschiedene seiner Eigenschaften zum Vorteil der Bewohner: Der Boden kann Wasser besser behalten, er bleibt in seiner Struktur stabil, er ist vor Erosion geschützt, kann Nährstoffe anreichern und hat einen stabileren pH-Wert.

Als Fazit halten wir fest: Boden stellt ein besonderes Habitat für seine Bewohner dar; an diese Eigenschaften sind die Bodenbewohner oft sehr gut angepasst, auch wenn monströse Raubmilben ihnen nach dem Leben trachten. Dass wir jemals in dieser Finsternis Urlaub als Bodentourist machen können, halten die meisten von uns sicher für unwahrscheinlich. Unstrittig aber ist: Wenn es doch so kommen sollte, würden wir die Ferien im interessantesten Ökosystem verbringen, das es auf der Erde gibt.

Der Zoo der Unterwelt 3

Wie viele der biologischen Arten leben eigentlich im Boden? Lange Zeit geisterte eine Angabe durch die Literatur, dass ungefähr ein Viertel aller Tierarten dort zu Hause sei. Dieser Anteil der Tiere wurde mitunter pauschal auf alle anderen biologischen Arten übertragen, weil es keine weiteren Angaben gab. Um eine präzisere Antwort geben zu können, welche Organismen wirklich im Boden existieren, müsste man natürlich auch Arten aus den anderen Ästen des Stammbaums des Lebens berücksichtigen. Und vor allem müsste man die ganzen Mikroorganismen mit untersuchen.

Genau diesen Versuch hat der Ökologe Mark Anthony von der Eidgenössischen Forschungsanstalt für Wald, Schnee und Landschaft in Birmensdorf im Kanton Zürich gemeinsam mit den Kollegen Franz Bender und Marcel van der Heijden unternommen.[1] Sie machten dazu keine eigenen Datenaufnahmen, sondern analysierten in der wissenschaftlichen Literatur verfügbare Aufsätze und Datensätze, die sich auf das Leben im Boden beziehen. Während die Artenzahl von Säugetieren durch konkrete Beobachtungen und Funde wissenschaftlich gut abgesichert ist, wäre es unmöglich, die unsichtbar kleinen und seltsamen Lebensformen, die es auf dem Erdenrund gibt, einzeln zu zählen. Es gibt einfach zu viele Sorten Bakterien, Würmer, Insekten, Milben, Spinnen oder Krebse, um nur einige Beispiele zu nennen.

Zugleich jedoch kann man immer mehr dieser Arten erkennen, und zwar anhand ihres genetischen Materials. Das funktioniert so: Aus einer bestimmten Bodenprobe wird das darin enthaltene genetische Material, die DNA, aufbereitet und dann sequenziert. Da nun jede biologische Art einzigartige Sequenzen enthält, die so unverwechselbar sind wie Fingerabdrücke beim Menschen, kann man die Sequenzen sortieren und Gruppen von Sequenzen verschiedenen Arten zuordnen. Oftmals werden dann Sequenzen gefunden, die zu keiner bekannten Art passen – sie stehen also für neue Arten. Solche Erkundungen wurden in den vergangenen Jahren an vielen Böden durchgeführt. Diese Daten kann man nun hochrechnen und auf diese Weise zu einer nachvollziehbaren Schätzung kommen, wie viele Arten von Lebewesen es vermutlich im Boden gibt. Alles in allem wählte der Ökologe Anthony insgesamt elf besonders artenreiche oder bedeutsame Gruppen von Lebewesen und ergründete, welche biologischen Arten von ihnen jeweils im Boden leben.

Die Enchyträen sind kleine, schlanke Würmer, die 5 bis 30 Millimeter lang werden können. Die Schätzung von Mark Anthony hat ergeben, dass es von ihnen weltweit vermutlich 780 Arten gibt. Von diesen leben 98,6 Prozent im Boden. Sie fressen nicht nur verrottende Pflanzen, sondern auch Bakterien, Einzeller und Pilze und tragen dazu bei, die Fruchtbarkeit des Bodens zu erhöhen. Sie leben bevorzugt in bereits bestehenden Poren im Boden. Doch wenn der Boden ausreichend locker ist, können sie offenbar feine Gänge anlegen, die den Boden durchlüften und ihn noch poröser machen.

Boden und Botanik

Bei den Pflanzen könnte man vorschnell denken, dass sie alle als Bodenbewohner gelten, zumal sie ihre Wurzeln in der Erde haben. Zwischen 22 und 67 Prozent der gesamten pflanzlichen Biomasse befinden sich offenbar unterirdisch, und die Samen und Sporen vieler Pflanzen können nur im Boden keimen. Allerdings gibt es viele Pflanzenarten, die teilweise oder ganz im Wasser leben. Die Weiße Seerose ist zwar mit dem Rhizom noch mit dem Grund verbunden, jedoch wurzelt sie nicht wirklich im Boden und ist keine Landpflanze.

Epiphyten (Aufsitzerpflanzen) wiederum wachsen auf anderen Pflanzen und haben selbst keine Verbindung mehr zum Boden. Wasser und Nährstoffe nehmen sie aus der Umgebung auf, oft mit einem in der Evolution entstandenen Trick. Die in Asien vorkommende Aufsitzerpflanze *Hydnophytum formicarum* bildet eine Knolle aus, in deren Gängen sich Ameisen ansiedeln. Diese versorgen die Pflanze dann mit den benötigten Nährstoffen. Die auf Ästen lebende Kannenpflanze wiederrum lockt mit ihrem süßen Nektarduft Fliegen, Spinnen oder Mäuse in ihren Fangtrichter – in dem schon der Verdauungssaft steht. Eine Pflanze, die sich auf diese Weise mit Nährstoffen versorgt, braucht den direkten Kontakt zur Krume nicht mehr. Die in Deutschland häufige heimische Mistel ist übrigens kein Epiphyt, sondern ein Halbparasit. Mit ihren Wurzeln entzieht sie dem Baum, auf dem sie wächst, Wasser und Nährstoffe.

Nachdem er diese faszinierenden Sonderformen berücksichtigte, kam Mark Anthony in seiner Untersuchung zu folgender Schätzung: Auf der Erde gibt es 537 000 verschiedene Pflanzenarten. Und von denen sind 85 Prozent so fest im Untergrund verwurzelt, dass man sie als Landpflanzen zählen kann.

Welt der Würmer

Die Ringelwürmer lassen sich recht gut daran erkennen, dass ihr Körper aus vielen, meist gleichförmigen Segmenten besteht. Wenn man ein solches Wesen im Boden vorfindet, handelt es sich wahrscheinlich um einen Wenigborster (*Oligochaeta*), von denen manche Spezies allerdings auch im Meer oder im Süßwasser vorkommen. 63 Prozent aller Arten der Wenigborster leben jedoch im Boden, den sie durch ihre Aktivitäten maßgeblich mitgestalten. Die mit Abstand bekanntesten Mitglieder der Ordnung der Wenigborster wiederum sind die Regenwürmer (denen wir ein eigenes Kapitel widmen).

Herrscher der Erde

Bakterien sind einzellige Mikroorganismen, die keinen Zellkern haben. Sie sind fast alle so klein, dass man ein Mikroskop benötigt, um sie zu sehen. Sie können kugelrund sein oder wie ein Stäbchen aussehen – die Formenvielfalt ist groß. Man kann sie als eigentliche Herrscher auf der Erde bezeichnen, weil sie bereits vor den Menschen da waren und uns auch überleben werden. Sie kommen praktisch überall vor: im Spüllappen, auf dem Schreibtisch und nicht zuletzt auf dem Körper des Menschen. Sie lieben es feucht und siedeln deshalb gehäuft in den Achselhöhlen, in der Mundhöhle und im Dickdarm.

Die jeweiligen Bakterien lassen sich Sorten oder Stämmen zuordnen, von denen es schätzungsweise eine Milliarde gibt. Was nun den Anteil der im Boden lebenden Bakterienarten betrifft, weisen die verfügbaren Zahlen große Bandbreiten auf: Die Spanne reicht von 22 bis 88 Prozent. Wie bei vielen anderen Mikroorganismen herrscht Unsicherheit hinsichtlich der Zuordnung von Sequenzen zu Arten, da Arten weniger gut abzugrenzen sind als bei den meisten Tieren und Pflanzen.

In seiner Studie hat sich Mark Anthony einen Wert aus der Mitte herausgegriffen, den er für realistisch hält. Demnach leben 43 Prozent aller Bakterienarten im Boden. Dort nutzen sie komplexe chemische Verbindungen als Lebensgrundlage, die sie in kleinere Moleküle spalten. Die dabei frei werdende Energie hält die Bakterien am Leben. Die kleinen Bausteine werden dem Boden zugeführt und können dann wieder von anderen Lebewesen aufgenommen werden. Eine besonders wichtige Rolle spielen die bereits erwähnten Knöllchenbakterien an den Wurzeln bestimmter Pflanzen. Sie können Stickstoff binden und stellen ihn den Pflanzen zur Verfügung, die ihn als Baustein für Nukleinsäuren und Proteine brauchen. Im Gegenzug versorgt die Pflanze die Bakterien mit Kohlenstoff und Energie. Diese Symbiose ist von fundamentaler Bedeutung für das Leben auf dem Land.

Archaeen sind einzellige Mikroorganismen ohne echten Zellkern. Sie sind den Bakterien auf den ersten Blick sehr ähnlich. Allerdings haben Archaeen bestimmte Strukturen, die man nur von Pflanzen oder Tieren kennt. Archaeen waren offenbar die Vorläufer von Zellen mit echtem Zellkern (also Pflanzen und Tieren) und werden deshalb als eigene Domäne im Stammbaum des Lebens geführt. Weil sie so alt sind, werden sie auch als Urbakterien bezeichnet. Von den weltweit geschätzten 190 000 verschiedenen Arten leben ungefähr 19 Prozent im Boden.

Millionen fadenförmiger Wesen

Fadenwürmer (Nematoden) sind kleine, fadenförmige und meist weiße bis farblose Wesen, die in riesigen Massen vorkommen. Von den vielzelligen Tieren, die auf der Welt leben, sind offenbar 80 Prozent Nematoden. Sie lieben es in aller Regel feucht; im Meer leben ungefähr 50 Prozent der bekannten Arten und weitere 7 Prozent im Süßwasser. Doch auch im Boden sind Nematoden zu finden. Es gibt so viele Individuen von ihnen, dass sie die häufigsten Bodentiere sind, sofern man die einzelligen Tiere (Protozoen) nicht mitzählt. Die Arten der in der Erde lebenden Fadenwürmer sind meist 0,5 bis 2 Millimeter groß und halten sich vor allem in deren oberer Schicht auf. Auf einem Quadratmeter feuchten Bodens können 50 Millionen Individuen vorkommen. Mit dem fadenförmigen Körper können sie nicht graben, vielmehr schlängeln sie sich durch den Untergrund. Sie saugen Säfte aus Pflanzen, erbeuten Rädertierchen, Protozoen oder andere Nematoden und verschlingen Bakterien oder Algen. Sie selbst wiederum werden von anderen Tieren wie Milben, Amöben oder Springschwänzen gefressen.

Wir dürfen aber nicht vergessen, dass viele Nematoden als Parasiten in anderen Tieren und Pflanzen leben. Menschen etwa können Spul-, Peitschen- oder Madenwürmer in sich tragen. Nematoden parasitieren ebenso in Lebewesen, die im Boden leben, etwa in Maulwürfen, Regenwürmern oder in den Wurzeln von Rüben. Bei seiner Bestandsaufnahme hat Mark Anthony solche Arten mitgezählt. Sein Resümee lautet: Ungefähr 43 Prozent aller Nematoden-Arten sind Bodenbewohner. In absoluten Zahlen sind das 4,3 bis 5 Millionen verschiedene Spezies dieser fadenförmigen Wesen.

Einzellige Gestalten

Die Protisten sind einzellige Lebewesen, die einen Zellkern, aber keine Zellwand haben. Sie werden von den Pflanzen, Pilzen und Tieren in der biologischen Systematik abgetrennt und bilden eine eigene vielfältige Gruppe von Mikroorganismen. Einzellige Algen, Schleimpilze (die trotz des Namens keine Pilze sind) oder auch Protozoen zählen zu ihnen. Letztere sind tierähnliche Einzeller, die aufgrund ihrer Gestalt in vier Gruppen unterteilt werden können: Sporentierchen, Wimperntierchen, Geißeltierchen und Wurzelfüßer. Die Protozoen sind farblose Wesen, die sich bewegen können. Die Amöben etwa bilden Scheinfüßchen aus, mit denen sie gleichsam durch die Gegend fließen. Die Geißeltierchen können ihre Geißeln peitschenartig bewegen und sich auf diese Weise Antriebsschub geben.

Protozoen haben keinen Mund. Sie nehmen Nahrung auf, indem sie Organismen wie Bakterien, Hefen, Pilze, Algen sowie organische Partikel umschließen, umfließen oder etwa direkt durch ihre Zellmembran aufnehmen. Die eingeschlossene Nahrung wird dann mithilfe von Enzymen verdaut.

Die Protozoen leben im Wasser und finden sich in Süßwasser sowie im Meer. Sie kommen aber auch im Boden vor, sofern dieser feucht genug ist. Die Protozoen sind nämlich so winzig klein, dass sie in mit Wasser gefüllten Räumen im Boden gut leben können. Bestimmte Wimperntierchen werden im Süßwasser fast dreimal so groß wie im Boden. Wenn ihr Lebensraum im Sommer austrocknet, muss das nicht das Ende der Protozoen bedeuten: Sie können sich einkugeln und widerstandsfähige Schutzkapseln (Zysten) bilden. In diesem Stadium können sie viele Jahre überdauern und eines Tages mit dem Wind in neue Lebensräume getragen werden. Sobald es dann irgendwo wieder nass und warm ist, werden die Zysten zurückgebildet – und die urtümlichen Einzeller fahren mit ihrem Leben fort. Es existieren vermutlich 24 000 bis 83 000 verschiedene Arten von Protisten. Von ihnen leben schätzungsweise etwas mehr als 40 Prozent im Boden.

Erfolgreich in der Evolution

Gliederfüßer (Arthropoden) sind ein Stamm wirbelloser Tiere, die in evolutionärer Hinsicht besonders erfolgreich sind.

80 Prozent aller Tierarten sind Arthropoden; Insekten, Sechsfüßer, Krebstiere sowie Spinnentiere zählen zu ihnen. Die ganze Fülle der einzelnen Lebensformen ist noch gar nicht wissenschaftlich erfasst, aber es gibt schätzungsweise sieben Millionen verschiedene Arten von Arthropoden. Von diesen gelten ungefähr 30 Prozent als Bodenbewohner. Ein Beispiel sind die Termiten: Ungefähr 84 Prozent der Arten (von denen mehr als 2900 bekannt sind) leben in der Erde. Wir gehen im Folgenden auf jene Arthropoden ein, die auch in Mitteleuropa häufige Bodenbewohner sind.

Immer auf dem Sprung

Collembola, gemeinhin Springschwänze genannt, besiedeln nahezu alle Lebensräume auf dem Festland. Man findet sie im ewigen Schnee von Gletschern, auf Bäumen – und häufig im Humus sowie in den tiefergelegenen Poren des Bodens. Auch in Blumentöpfen sind sie häufige Gäste. Von diesen Urinsekten sind weltweit bisher ungefähr 9500 Arten bekannt, mehr als 500 davon kommen in Deutschland vor.

Die verschiedenen Arten sehen oft unterschiedlich aus: Manche sind mit einer Länge von 0,1 Millimeter winzig, andere stattliche 17 Millimeter lang. Das gemeinsame und namensgebende Kennzeichen ist eine merkwürdige Vorrichtung am Hinterleib. Dort liegt eine Sprunggabel, die im Ruhezustand unter dem Bauch eingeklappt ist. Sie steht unter Spannung und wird durch den sogenannten Gabelhalter arretiert. Aus dieser Position kann der Springschwanz die Sprunggabel (auch *Furca* genannt) bei Gefahr so kräftig auf den Untergrund schnellen lassen, dass er sich selbst in die Luft katapultiert. Dabei vollführt er viele Rückwärtssalti. Große Arten können auf diese Weise bis zu einem Meter weit springen. Mit dem Sprung entkommen die Tiere ihren Fressfeinden, allerdings wissen sie nie genau, wo sie landen werden, weil es eine ungerichtete Bewegung ist.

Der Experte Hans-Jürgen Schulz vom Senckenberg Museum für Naturkunde in Görlitz unterschied drei Lebensformen bei den Collembola.[2] Einmal recht große Arten mit starker Pigmentierung sowie Haaren oder Schuppen, die meist auf dem Boden zu finden sind. Zweitens die mittelgroßen, kompakteren Arten, die an das Leben in der Blattstreu und in Moosauflagen angepasst sind. Drittens sind da noch die reinen Bodenbewohner. Diese Exemplare sind klein, blind und blass und sehen fast aus wie eine Wurst, zumal die Beinchen und Fühler verkürzt sind. Die Sprunggabel – sie ist in den Kleinhöhlen des Bodens ja nicht zu gebrauchen – wurde im Laufe der Evolution wieder zurückgebildet. »Eigentlich verdienen diese lichtscheuen Gesellen den Namen ›Springschwänze‹ gar nicht mehr«, heißt es in *Grzimeks Tierleben*.[3]

Auch wenn sie das Springen »verlernt« haben, sind diese Arten wichtig für den Stoffkreislauf im Boden. Auf ihrem Speisezettel stehen nämlich Bakterien, Pilze, Algen, Laub und Totholz, und aus ihren Ausscheidungen kann fruchtbarer Humus entstehen. So, wie die Springschwänze im Boden alles fressen, werden sie selbst von (fast) allen gefressen, etwa von Spinnen, Tausendfüßern oder Laufkäfern. In einem Waldboden mit starker Streuauflage, einer dicken obersten Schicht mit frisch abgestorbenem organischem Material, können unter einem Quadratmeter Oberfläche bis zu 200000 Exemplare leben.

Hungrige Hornmilben

Neben den Springschwänzen sind die Milben die häufigsten Bodenarthropoden. Es gibt vermutlich 50000 verschiedene Arten. Da Milben nur eine geringe Größe haben (manche Arten sind maximal 0,5 Millimeter groß, die meisten aber viel kleiner), passen sie in viele Lebensräume. Die Krätzmilben etwa leben in der menschlichen Haut. Ein Gutteil der Arten lebt auf dem oder im Boden, auf einer Fläche von einem Quadratmeter können bis zu einer Million dieser Tierchen vorkommen. Erwachsene Milben haben vier Laufbeinpaare und einen zweigeteilten Körper: den Vorderkörper und den Hinterkörper. Aufgrund dieser Merkmale zählen sie zu den Spinnentieren.

Milben haben eine riesige Formenfülle und unterscheiden sich auch in ihrer Lebensweise. Hornmilben etwa fressen Algen, Pilze, Laub, Nadelstreu, manche Arten ernähren sich offenbar auch von Aas. Nicht zuletzt aufgrund ihrer großen Individuenzahl gehören sie zu den wichtigsten Zersetzern im Boden. Ihre Kotballen werden wiederum von Mikroorganismen verwertet. Die bereits erwähnten Raubmilben jagen andere Tiere und erbeuten Springschwänze, Fadenwürmer, Fransenflügler und andere Milben. Dabei setzen sie die Kieferklauen ein – Extremitäten am Kopf, die mit großen Reißzähnen oder scharfen Endhaken bewehrt sein können. Wir dürfen sie uns in der Tat wie wahre Monster im Miniaturformat vorstellen.

Asseln nicht nur im Keller

Die Asseln gehören zu den Krebstieren. Ihr ursprünglicher Lebensraum ist das Meer, manche Arten leben aber auch im Süßwasser. Im Laufe der Evolution haben die Landasseln das Wasser verlassen; sie leben an Land und vermehren sich auch dort. In Deutschland sind 50 Arten davon bekannt. Dennoch sind sie auf eine hohe Luftfeuchtigkeit angewiesen und bevorzugen dunkle und feuchte Standorte.

Wir kennen das von der Kellerassel, die – anders, als der Name suggeriert – auch rund ums Haus sowie im Garten häufig ist. In der prallen Sonne lässt sie sich nicht gern blicken, doch wenn man einen Blumentopf über Nacht auf der Terrasse stehen lässt, finden sich am nächsten Morgen meist einige Exemplare darunter. Auch unter Steinen sind sie häufig. Manche Individuen etablieren sich auch im Keller – da passt der Name dann doch.

Der Anblick der gräulichen Wesen, die sich zusammenrollen, wenn man sie in die Hand nimmt, ruft bei vielen Menschen Unbehagen hervor. Das darf aber nicht darüber hinwegtäuschen, dass Landasseln im Boden nützlich sind. Mit ihren Mundwerkzeugen können sie Pflanzenmaterial zerkleinern. Sie vertilgen bevorzugt Pflanzenreste, Spinneneier, Insektenkadaver, Vogelkot und Pilze. Darüber hinaus nehmen sie die eigenen Exkremente mehrmals wieder auf, um sie besonders gründlich zu verwerten. Die verdauungsfreudigen Asseln helfen mit, den Boden intakt zu halten.

Unterwegs auf vielen Füßen

Tausendfüßern wurde ein irreführender Name gegeben, weil lange Zeit keine Art von ihnen bekannt war, die tatsächlich so viele Füße hat. Das änderte sich erst vor einigen Jahren: Forscher entdeckten tief im Boden im Westen von Australien die Art *Eumillipes persephone*, deren Mitglieder sogar bis zu 1306 Beine haben. Die in Deutschland häufigen Tausendfüßer-Arten Sandschnurfüßer und Feldschnurfüßer hingegen haben nur zwischen 100 und 200 Beinchen. Eine Klasse der Gliederfüßer wird auch Doppelfüßer genannt, weil sie an den Rumpfsegmenten (Doppelsegmenten) jeweils zwei Beinpaare haben.

Tausendfüßer haben einen starken Panzer, mit dem sie sich durch den Boden wühlen und sich vor Austrocknung schützen. Viele Arten können stark riechende giftige Säfte absondern und damit gefräßige Maulwürfe auf Distanz halten. Die erwachsenen Exemplare ernähren sich von Laub und Holz, dessen Bestandteile sie damit für andere Lebewesen in kleinere Portionen zersetzen. Ihre Larven weiden Algen und Pilze ab, die sie auf faulendem Holz vorfinden.

Im Unterschied zum Tausendfüßer haben die Hundertfüßer pro Körpersegment nur ein Beinpaar, können sich damit aber schneller bewegen. Das hinterste Laufbeinpaar ist oftmals vergrößert und auch bewehrt, denn es soll gegen Angreifer schützen, die von hinten kommen. Außerdem stellen Hundertfüßer Gifte her, mit denen sie zum Beispiel attackierende Ameisen abwehren. Zusätzlich werden toxische Stoffe von ihnen zur Jagd eingesetzt. Hundertfüßer gebrauchen auch ihre

Kieferklauen, an deren Spitze Giftdrüsen sitzen. Sie lähmen mit dem Gift Springschwänze, Regenwürmer und andere Tiere, speien Verdauungssäfte in die Wunden der Opfer und fressen sie dann aus. In den Tropen leben Hundertfüßer, die bis zu 30 Zentimeter groß werden. Ihr Gift ist so stark, dass sie damit Mäuse töten können. In Deutschland bekommt man es eher mit Exemplaren des Gemeinen Steinläufers zu tun, die glücklicherweise nicht größer als drei Zentimeter werden. Mit ihrem Biss können sie einem Menschen zwar Schmerzen zufügen, jedoch ist das nicht weiter gefährlich.

Das große Gekrabbel

Viele Käfer leben im Larvenstadium im Boden. Dazu gehören die als Drahtwürmer bezeichneten Larven der Schnellkäfer sowie die als Engerlinge bezeichneten Larven von Käfern aus der Überfamilie *Scarabaeoidea*, zu denen mehr als 35 000 Arten zählen. Beim Mistkäfer ist es so, dass auch die erwachsenen Tiere graben und eine Brutkammer anlegen. Sie leben von Dung, also dem Kot von Pflanzenfressern, den sie als Proviant für ihren Nachwuchs auch in den Boden hineinverfrachten. Auf diese Weise misten sie auf der Oberfläche aus und machen zugleich den Boden fruchtbarer. Eine weitere Käferart, der bei uns heimische Totengräber *Necrophorus germanicus*, vergräbt tote Mäuse, Vögel, Kaninchen, Ratten oder Lurche im Boden. Später werden dort die frisch aus dem Ei geschlüpften Larven mit dem Aas gefüttert. Auf diese Weise werden die Bestandteile von Kadavern der Erde zugeführt.

Zweiflügler sind Fluginsekten, zu denen auch die Stechmücke und die Stubenfliege gehören. Im Larvenstadium leben etliche der Arten im Wasser, die meisten jedoch im Boden. Einige wenige von ihnen ernähren sich von tierischem Material; sie leben gleichsam wie die Maden im Speck. Überwiegend jedoch verstoffwechseln sie abgestorbene Pflanzenreste.

Schleimiger Vielfraß im Gemüsebeet

Die Weichtiere oder Mollusken leben vorwiegend im Meer, manche Arten leben allerdings im Süßwasser oder auf dem Festland. Anstelle der Kiemen haben die landlebenden Formen Lungen ausgebildet, deswegen nennt man sie Landlungenschnecken. Einige Arten zersetzen totes Pflanzenmaterial der Streuschicht und leisten damit einen Beitrag zur Humusbildung. Die Wegschnecken, umgangssprachlich auch Nacktschnecken genannt, nutzen den Boden als Rückzugsort und kommen bei Regen aus ihren Verstecken. Sie bevorzugen knackige Salatblätter, frischen Rhabarber und andere lebendige Pflanzen und können eine schlimme Plage im Gemüsebeet sein. Man kann sie mit Kupferstreifen und feinen Maschendrahtzäunen von den Beeten abhalten – oder sie einsammeln und an einem Ort aussetzen, wo sie keine Gärtner oder Landwirte stören.

Es gibt aber auch Schnecken, die richtig im Boden drin leben. Die Gemeine Blindschnecke (*Cecilioides acicula*) ist völlig farblos und tatsächlich blind. Die Schale ihres Gehäuses ist sehr dünn und durchsichtig bis transparent. Das Gehäuse ist nur ungefähr einen Millimeter breit und fünf Millimeter lang – diese Schnecke ist also gut an das Leben im engen, dunklen Boden angepasst. Da sie selbst nicht graben kann, richtet sie sich etwa in den Gängen von Regenwürmern ein, wo sie Pilze vertilgt.

Viren können auch nützlich sein

Viren sind keine Zellen und somit im engeren Sinne auch keine Lebewesen. Es sind winzige Partikel, die selbst keinen Stoffwechsel haben. Allerdings können sie eine andere Zelle infizieren und sich durch deren Stoffwechsel vermehren lassen. Aus diesem Grund haben Viren zumindest Eigenschaften, die mit Leben verbunden sind. Sie stellen eine seltsame Form dar, die für den Menschen schon deshalb wichtig ist, weil Viren vom lästigen Schnupfen bis hin zum septischen Schock mit multiplem Organversagen eine Fülle von Erkrankungen auslösen können. Auch im Boden spielen sie eine Rolle, zumal sie die dort lebenden Tiere, Pflanzen und Mikroorganismen befallen können. Bestimmte Viren infizieren ausschließlich Bakterien und werden deshalb Bakteriophagen (oder Phagen) genannt.

Ein Bakterienstamm kann von zahlreichen verschiedenen Phagen spezifisch angegriffen werden. Da, wie erwähnt, ungefähr 43 Prozent aller Bakterienstämme im Boden leben, können auch 43 Prozent aller Phagensorten im Boden vermutet werden. Und da die Phagen unter den Viren in der Mehrheit sind, kann man auf eine mögliche Gesamtzahl von verschiedenen Virenarten im Boden schließen. Der Wissenschaftler Mark

Anthony schätzt, dass es mehr als 100 Milliarden Arten von Viren im Erdreich geben könnte.

Viren sind übrigens beileibe nicht immer als negativer Einfluss zu sehen. Manche Viren töten ihre Bakterienwirte nicht ab, sogenannte lysogene Viren (diejenigen, die ihren Wirt töten, heißen lytische Viren). Im lysogenen Zyklus integrieren Viren ihre genetische Information in die Wirtszelle, und dieser Transfer kann wichtig sein. Eine Studie, an der Matthias Rillig beteiligt war, hat zum Beispiel gezeigt, dass bestimmte lysogene Viren ihren Bakterienwirten wohl bestimmte Eigenschaften in Form von genetischem Material verleihen können. Diese Übertragung von DNA erlaubte es Bakterien zum Beispiel, Plastik im Boden abzubauen.[4] Überhaupt scheint sich in der Bodenökologie eine kleine Revolution anzubahnen, was das Wissen über Viren anbelangt: Ihre Rolle im Boden scheint viel bedeutsamer zu sein, als man es noch vor wenigen Jahren annahm.

Scheue Erdwerfer

Säugetiere verdanken ihren Namen dem Merkmal, dass der Nachwuchs mit Milch gesäugt wird. Es gibt gegenwärtig ungefähr 6500 verschiedene Arten von Säugetieren auf der Welt. Von ihnen sind laut Anthonys Schätzung 3,8 Prozent Bewohner des Bodens, also recht wenig. Davon am bekanntesten in Deutschland ist der Europäische Maulwurf (*Talpa europaea*), auch wenn man ihn nur selten zu Gesicht bekommt. Das bis zu 17 Zentimeter lange Tier kommt nämlich nur zur Paarungszeit im März und April freiwillig aus dem Boden. Sein Leben verbringt der Maulwurf großteils in seinen Erdgängen, durch die er rückwärts genauso gut laufen kann wie vorwärts.

Der walzenrunde, glatte Körper, die kleinen Äuglein, die ihn nur hell und dunkel unterscheiden lassen, die verschließbaren Ohren und besonders die breiten Grabhände, auch Grabschaufeln genannt, weisen ihn erkennbar als Bodenbewohner aus. Beim Graben wirft er die Erde mit seinen Schaufeln hinter sich und schiebt seinen Körper wie einen Bohrer drehend vor. Einen Teil der Erde presst er von innen gegen die Wand der entstehenden Röhre. Das übrige, noch lockere Material befördert er über senkrechte Gänge nach oben ins Freie. Dort entstehen dann die typischen Maulwurfshügel. Der Name Maulwurf bezieht sich übrigens nicht auf das Maul. Vielmehr kommt er von der alten Bezeichnung »Moltewurf«. Molte steht für Erde. Der Maulwurf ist somit ein Erdwerfer.

Als Raubtier verbreitet der Europäische Maulwurf Angst und Schrecken in unseren Böden. Er ernährt sich nur von Tieren. Ungefähr alle drei bis vier Stunden durchlaufen die Tiere ihre Jagdröhren und vertilgten so ziemlich alles, was in ihrem Weg kreucht und fleucht. Dazu gehören vor allem Regenwürmer und Insekten, aber auch Schnecken und Engerlinge, also die Larven bestimmter Käferarten.

Der Maulwurf ist in Deutschland eine geschützte Art und darf nicht getötet werden. Auf der ganzen Welt gibt es mehr als 35 verschiedene Arten von Maulwürfen.

Zu den Säugern, die viel Zeit im Boden verbringen, gehören in Deutschland aber nicht nur räuberische Fleischfresser, sondern auch friedliche Pflanzenfresser. Da sind Wildkaninchen zu nennen sowie Wühlmäuse und Feldhamster. Die beiden

Letzteren zählen von der biologischen Systematik her zur Familie der Wühler. Die Murmeltiere wiederum sind Erdhörnchen, so wie auch die Präriehunde, die sich weitverzweigte Erdhöhlen anlegen. Deren Kolonien sind mitunter so ausgedehnt, dass sie Hundertausende von Exemplaren umfassen können.

Präriehunde waren lange Zeit ein prägender Bestandteil der nordamerikanischen Landschaft. Ihr ursprüngliches Verbreitungsgebiet reichte vom heutigen Mexiko bis nach Kanada. Vor dem Jahr 1800 lebten laut Schätzungen mehr als fünf Milliarden Präriehunde in den Ebenen. Das heutige Verbreitungsgebiet der Präriehunde macht nur noch 5 Prozent der ursprünglichen Größe aus, und zwei der insgesamt fünf Präriehundarten sind bedroht oder gefährdet. Die Tiere wurden durch die Siedler dezimiert, die in den damals noch wilden Westen zogen und dort Ranches und Farmen gründeten. Sie vergifteten viele Präriehunde oder knallten sie einfach mit ihren Gewehren ab.

Darüber hinaus gibt es in Nord- und Mittelamerika ungefähr 40 Arten von Taschenratten, die fast ihr gesamtes Dasein im Dauerdunkel des Bodens verbringen. Sie haben kleine Augen und kleine Ohren, an den Vorderfüßen hingegen große Grabklauen. Taschenratten setzen ihre imposanten Schneidezähne ein, um das Erdreich vor sich zu lockern. Eine anatomische Besonderheit sorgt dafür, dass sie dabei nicht immerzu Erde ins Maul bekommen: Die Zähne liegen außerhalb der Lippen, die sich beim Graben schließen lassen. So können sie mit ihren Zähnen Stollen vortreiben, ohne dass sie Erdreich verschlucken müssen.

Der Name Taschenratte geht zurück auf die großen Felltaschen an den Kopfseiten, in denen die Tiere Nahrung in ihre unterirdischen Vorratskammern transportieren. Zur biologischen Verwandtschaft zählen die Taschenmäuse; auch diese verfügen über Felltaschen an den Wangen und leben in Tunnelsystemen, die sie allerdings nachts verlassen, um an der Oberfläche Nahrung zu sammeln. Auch sind sie von der Statur her unterschiedlich gebaut: Die Taschenratten haben, ähnlich wie die Maulwürfe, einen plumpen Körper, die Taschenmäuse dagegen sind zierlicher und sehen in der Tat wie Mäuse aus.

Alles in allem scheint es 240 bis 250 Säugetierarten im Boden zu geben. Zu ihnen kann man auch bestimmte Gürteltiere und Schuppentiere zählen, zumal sie unterirdische Bauen nutzen. Das ist ein Näherungswert: Die Zahl kann variieren, je nachdem, wie wir »im Boden lebend« definieren. Der Europäische Dachs geht mit seinem gedrungenen Rumpf und seinen ausgeprägten Grabpfoten noch als Bodenbewohner durch, er ist ein Erdmarder. Der Rotfuchs hingegen legt zwar ebenfalls Baue an, jedoch wählt er als Behausungen auch Baumstümpfe, Felsenspalten, Schuppen, Garagen und vergleichbare Orte, an denen er gar nicht selbst graben muss. Die meiste Zeit des Jahres streift er ohnehin auf der Bodenoberfläche umher. Überdies sind womöglich noch nicht alle Säugetierarten entdeckt worden, die in der Erde leben.

Geheimnisvolle Geflechte

Die Pilze sind ein eigenes Reich von Lebewesen. Sie können sich nicht bewegen, deswegen wurden sie früher den ebenfalls unbeweglichen Pflanzen zugerechnet. Im Gegensatz zu Pflanzen können Pilze jedoch keine Energie aus Sonnenlicht gewinnen. Und anders als Pflanzen und Tiere bilden sie kein Gewebe, sondern vielmehr ein Geflecht aus Zellfäden, das in der Gesamtheit als Myzel bezeichnet wird. Es gibt auch einzellige Pilze, etwa die Hefe. Letztere ist so winzig, dass man sie nicht mit bloßem Auge erkennt.

Mit ihren faszinierenden Eigenschaften passen viele Pilze gut in den Boden. 90 Prozent aller Pilzarten finden sich darin. Im nächsten Kapitel gehen wir ausführlich auf die Pilze ein.

Der artenreichste Lebensraum

Mit seiner Studie ist dem Ökologen Mark Anthony ein großer Wurf gelungen. Er und seine beiden Kollegen haben es als Erste geschafft, die Vielfalt auch der kleinen und ganz kleinen Organismen im Boden abzuschätzen: 59 Prozent aller biologischen Spezies leben in ihm.

Der Boden ist der mit Abstand artenreichste Lebensraum der Welt. Der Zoo im Untergrund beherbergt bis zu 162 000 000 000 Arten. Böden haben deshalb eine überragende Bedeutung für die Biodiversität auf unserem Planeten.

4 Das verborgene Reich der Pilze

Pilze muten für uns wie Aliens an: unglaublich faszinierend, aber auch sehr fremdartig im Vergleich zu unserer Erfahrungswelt. Stellen Sie sich vor, Sie wären ein System von Röhren und könnten gleichzeitig entlang dieses Systems an einer Stelle Pommes essen, woanders ein Vanilleeis verputzen, wieder woanders einen Schal stricken, eine Weinschorle trinken, eine Unterhaltung führen und ein Kreuzworträtsel lösen – all das sind Sie, zur selben Zeit. So ungefähr muss man sich einen Pilz vorstellen.

Was meinen wir damit genau? Die meisten werden bei Pilz zunächst an den Belag einer Pizza denken. Was da liegt, ist aber nicht der eigentliche Pilz, sondern nur ein Fruchtkörper (auf der Pizza zumeist ein sogenanntes Basidiocarp, der Fruchtkörper eines Basidiomyzeten). Der eigentliche Pilz ist nicht dieser Fruchtkörper, den man zum Beispiel in Wiesen oder auch im Wald findet und bei geeigneter Kenntnis auch essen kann, sondern das ist das Geflecht von fadenförmigen Gebilden, den Hyphen, deren Gesamtheit Myzel heißt. Ein Pilz ist also dieses Myzel, und er ist daher linear: Er besteht aus Röhren (wobei diese Röhren-Metapher nur teilweise treffend ist, wie wir später erfahren).

Das klingt zunächst völlig abgefahren, denn es ist so komplett anders als die meisten Organismen, mit denen wir täglich umgehen, wie Menschen, Katzen, Insekten oder Tomatenpflanzen. Diese Organismen, wie auch Sie selbst, lieber Leser, sind sogenannte unitare Lebewesen. Sie haben alle einen bestimmten Bauplan, zum Beispiel einen Kopf mit einer Nase, zwei Arme, zwei Beine und so weiter.

Pilze gehören zu einer ganz anderen Gruppe von Lebewesen. Es sind sogenannte modulare Lebewesen. Modulare Lebewesen haben keinen so eng vorbestimmten Bauplan, sondern entwickeln sich als Abfolge von Modulen relativ flexibel in Wechselwirkung mit ihrer Umwelt. Gibt es an einem Ort etwas mehr Stickstoff, dann bildet der Pilz dort etwas mehr fein verzweigte Hyphen; auf einem Fleckchen, auf dem eher wenig Stickstoff zu holen ist, wächst er schnell ohne großen Schnickschnack geradlinig durch. Der gesamte Körper ist sehr wandelbar in Abhängigkeit von vorherrschenden Umweltbedingungen.

Was ist denn bei einem Pilz ein Individuum? Das ist eine Frage, die bei Menschen und Tomatenpflanzen fast naiv anmutet, weil die Antwort so eindeutig ist. Bei Pilzen gibt es auf diese Frage allerdings keine eindeutige Antwort. Es gibt zwei oder mehr Antworten. Einerseits ist ein Individuum bei einem Pilz alles, was aus einer Spore wächst, das genetische Individuum. Das kann recht groß sein. In einem Aufsatz in *Nature* aus dem Jahr 1992 wurden erstmals im natürlichen Lebensraum die Größe eines Pilzes, sein Alter und sein Gewicht abgeschätzt.[1] Die Nachricht von diesem Riesen-Hallimasch (*Armillaria bulbosa*) ging um die Welt, denn die Zahlen war atemberaubend:

Der Pilz war geschätzt 1500 Jahre alt, wog zehn Tonnen und erstreckte sich auf einer Fläche von 15 Hektar.

Es gibt andererseits noch eine Antwort darauf, was ein Pilz-Individuum ist, die genauso richtig ist, aber etwas weniger beeindruckend klingt: Das Individuum umfasst nicht alles, was aus einer Spore hervorgeht, sondern es ist ein einzelnes Modul. Und das ist mikroskopisch klein.

Aber Pilze sind kompliziert. Es sei also der Vollständigkeit halber erwähnt: Es gibt noch die mögliche Variante einer Definition, der zufolge ein Teilabschnitt eines Myzels das Individuum ist (und damit etwas größer als ein Modul) oder sogar ein einzelner Zellkern (und damit noch deutlich kleiner als ein Modul).[2]

Wir halten also fest: Pilze sind komplett anders als wir, denn sie haben einen modularen Bauplan, weshalb es keine eindeutige Definition des Individuums gibt; und sie bestehen aus Hyphen, also Röhren, deren Gesamtheit den »Körper« der Pilze ausmacht, das Myzel.

Es gibt eine Ausnahme: die Hefen. Hefen kommen in ganz unterschiedlichen Pilzgruppen vor, und wir kennen sie aus dem Alltag als diejenigen wunderbaren Organismen, denen wir Bier, Wein und Sojasoße verdanken, denn sie spielen eine bedeutsame Rolle in der alkoholischen Gärung und der Fermentation. Vor allem aber sind sie keine Hyphen, sondern einzelne, rundliche Zellen.

Auch Hefen kommen übrigens im Boden vor. Was sie dort aber genau machen, ist noch nicht gut bekannt. Hefen leben in flüssiger Umgebung. Wenn man in flüssigem Substrat lebt, dann hätten die ganzen Fäden eines Myzels ja keinen Zweck, man würde am Ende nur als wirres Knäuel enden. Deswegen gibt es einzellige Pilze, eben Hefen. Manche Pilze können zwischen den Formen Hyphen und Einzeller auch hin- und herwechseln.

Zurück zu den Hyphen, den Röhren, aus denen Pilze bestehen – die überwiegende Mehrheit der Bodenpilze wie auch der Pilze allgemein. Ihnen kommt eine zentrale Rolle zu, damit wir die Lebensweise, genauer gesagt die Ernährungsweise, von Pilzen besser verstehen. Deren Art, sich zu ernähren, ist recht ungewöhnlich, jedenfalls unter Eukaryonten, also Organismen mit einem Zellkern.

Unter Eukaryonten gibt es prinzipiell drei unterschiedliche Ernährungsweisen. Da sind zunächst mal die Pflanzen; sie betreiben Fotosynthese, nutzen also die Energie des Lichts. Dann gibt es Tiere; sie haben eine ingestive Ernährung, essen also ihre Nahrung und haben eine interne Verdauung. Und dann gibt es eben Pilze. Per Definition können Pilze nicht essen. Sie haben eine absorptive Ernährung (wie auch Bakterien, aber das sind ja Prokaryonten, die keine Zellkerne haben). Unter den Eukaryonten sind sie damit einzigartig. Bei den Pilzen läuft die Verdauung außerhalb ihrer Hyphen ab, dafür wachsen sie in ihrem Substrat und können es über ihre Oberfläche aufnehmen. Stellen Sie sich vor, Sie lebten innerhalb einer Kugel Vanilleeis und könnten das Substrat über Ihre gesamte Körperoberfläche aufnehmen (absorbieren). Wer würde da nicht gern mal Pilz sein? Vielleicht nicht für immer, aber für eine Weile.

Wie genau läuft das ab mit der absorptiven Ernährung? Nun, manche Stoffe, die löslich sind, zum Beispiel einfache Zucker (etwa Glukose), können Pilze direkt aus der Umgebung aufnehmen. Aber oft geht das nicht, denn ihr Substrat – also das Objekt, aus dem sie ihre Nahrung beziehen – ist nicht löslich; das betrifft zum Beispiel Pflanzenteile, ein abgefallenes Blatt oder Holz. In dem Fall geben Pilze Enzyme in ihre Umgebung ab. Diese Enzyme sind dann in der Umwelt aktiv, also zum Beispiel im Boden; sie greifen ein bestimmtes Molekül an, zum Beispiel die Zellulose in einem Blatt, und zersetzen es. Bei dem Vorgang entstehen lösliche Produkte, zum Beispiel Zucker, die zur Hyphen-Oberfläche kommen (durch Diffusion – ein Prozess, der gut über kleine Entfernungen funktioniert). Dort können sie dann in die Hyphe aufgenommen werden. Dieser gesamte Prozess nennt sich absorptive Ernährung: Die Nährstoffe werden direkt aus der Umgebung aufgenommen.

Warum muss man das wissen? Nun, absorptive Ernährung funktioniert über die Oberfläche und über das Hineinwachsen in das Substrat. Dieses invasive Wachstum ist das, was Pilze in ihrer Funktionalität und Ökologie auszeichnet – das können nur sie. Pilze sind also darauf spezialisiert, in ihr Substrat hineinzuwachsen und es von innen heraus zu verdauen. Und genau dafür sind Hyphen ideal. Hyphen haben ausschließlich Spitzenwachstum; das heißt, Biomasse wird nur an der Spitze hinzugewonnen, nirgendwo sonst. Das ist wichtig, wenn man in festes Substrat hineinwachsen will, denn dann drückt man nur an der Stelle, wo der Widerstand ist.

Diesen Trick wenden übrigens Zellen unterschiedlichster Lebewesen an, zum Beispiel Nervenzellen in unserem Gehirn, aber auch Zellen in Pflanzenwurzeln. Sie alle wachsen gegen einen Widerstand im Substrat, und daher ist es von großem

Vorteil, direkt dort zu wachsen, wo sie in das Substrat eindringen müssen.

Ein weiterer Vorteil einer Hyphe: Sie ist Teil eines Röhrensystems. Nicht immer ist im Substrat alles vorhanden, was ein Pilz zum Wachsen braucht. Aber in dem Fall ist das kein Problem, denn die Hyphen können ihrerseits fehlende Nährstoffe von außerhalb in das anzubauende Substrat hineintransportieren. Wussten Sie, dass der Stickstoffgehalt des Holzes ansteigt, wenn Pilze Holz verwerten? Das geschieht, weil die Pilze den Stickstoff zunächst aus dem umliegenden Boden aufnehmen und dann innerhalb ihrer Hyphen in das Holz hineintransportieren, denn im Holz finden sie nicht genügend Stickstoff, um zu wachsen. Deswegen können Pilze so ein Material verwerten, während andere Organismen nur abwinken. Sie haben nicht nur die geeigneten Enzyme dafür, sondern eben auch die dafür hervorragend geeignete Wachstumsform: invasives Wachstum mit Hyphen, gekoppelt mit absorptiver Ernährung. Jetzt verstehen wir, warum Pilze mit ihren Hyphen die Superhelden des Abbaus verschiedener Materialien im Boden (und anderswo) sind. Gäbe es keine Pilze, müsste man sie erfinden.

Die Vorzüge der molekularen Ökologie

Pilze sind größtenteils in einem eigenen Reich zusammengefasst: die *Eumycota* oder »echten Pilze«. Daneben gibt es noch Pilze (manche nennen sie »pilzähnlich«, allen voran die sehr wichtigen *Oomycota*) in anderen Reichen, denn die Lebensweise der Pilze ist mehrfach »erfunden« worden, also evolviert.

Wie viele Arten von Pilzen gibt es ungefähr? Keiner weiß es, und die Schätzungen variieren recht stark. In einem klassischen, vielbeachteten Aufsatz aus dem Jahr 1991 hat der Forscher David Hawksworth, damals Präsident der British Mycological Society, basierend auf der Zahl der Pflanzenarten geschätzt, dass es 1,5 Millionen Pilzarten gibt.[3] Dem gegenüber steht eine Zahl von 70 000 bis vielleicht 100 000 beschriebenen Arten. Es gibt aber auch Schätzungen, die wesentlich höher angesiedelt sind und auf anderen Überlegungen basieren. Klar ist, dass wir in Sachen beschriebener Arten bislang wirklich nur an der Oberfläche gekratzt haben. Man kann einfach eine Prise Boden im nächstgelegenen Park nehmen – darin befinden sich jede Menge unbeschriebene Arten.

Wie kann man überhaupt mit Pilzen und ihrer Diversität im Boden arbeiten, wenn erst so wenig Arten beschrieben sind? Eine berechtigte Frage. Die Antwort ist die größte Revolution in der Bodenökologie der vergangenen Jahrzehnte: die Anwendung von DNA-basierter Hochdurchsatzsequenzierung.

Wie funktioniert das? Die Mitarbeiterin Anja Wulf steht an der Laborbank des Molekularlabors im Institut von Matthias Rillig. Sie trägt blaue Handschuhe und einen weißen Laborkittel. Heute ist DNA-Extraktion angesagt, der erste Schritt in der molekularen Ökologie. Dabei geht es um die Gewinnung des Erbmaterials DNA aus dem Boden. Der Prozess folgt einem klar festgelegten Protokoll mit mehreren Schritten und mithilfe von Reagenzien aus einem kommerziellen Kit. Nach der DNA-Extraktion und weiteren vorbereitenden Schritten im Labor werden die Proben zum Sequenzieren in ein Sequenzierlabor gegeben, in unserem Fall ins BeGenDiv, dem Berlin Center for

Genomics in Biodiversity Research, gleich im Nachbargebäude. Dort stehen die Sequenziergeräte, und innerhalb weniger Wochen kommen dann die Daten wieder bei uns an. Der Bodenökologe Juan Dueñas, Postdoktorand in der Gruppe, gibt die vorbereiteten Computer-Codes ein, um die Bioinformatik-Pipeline auf diese Daten loszulassen. Die Datenmengen sind so groß, dass man sie nicht in üblichen Tabellenkalkulationsprogrammen öffnen kann. Auch die Verarbeitung der Daten dauert eine gewisse Zeit und findet auf dem High-Performance-Cluster der Freien Universität statt.

Danach erhält man eine Auskunft über die Anzahl der Pilze in einer Bodenprobe. Man kann sich das vorstellen wie eine Artenliste, nur dass die meisten Pilze auf dieser Liste keine Namen haben. Man kann dennoch mit diesen Listen arbeiten und zum Beispiel sehen, wie bestimmte experimentelle Behandlungen (in diesem Beispiel Mikroplastik) sich auf die Zusammensetzung der Boden-Pilz-Lebensgemeinschaften ausgewirkt haben. Die DNA-Sequenz verrät einem vielleicht nicht den Namen eines Pilzes (da es die Bezeichnung noch nicht gibt), aber man erfährt, in welche Gruppe von Pilzen er gehört, zum Beispiel in welche Gattung oder Familie von Pilzen, mit wem er also verwandt ist. Mit dieser Information kann man schon sehr viel anfangen.

Kurzum, auch wenn man viele Bodenpilze (oder auch andere Mikroorganismen) nicht mit einem Artnamen beschrieben hat, so kann man dennoch mit diesen unbekannten Lebewesen arbeiten, dank der Fortschritte in der molekularen Ökologie.

Um Bodenpilze als Art zu beschreiben, muss man sie isolieren und auf geeigneten Nährböden kultivieren. Aber das ist für manche Pilze schwierig und zum Teil nicht möglich, denn man weiß oft nicht, was sie zum Wachsen brauchen.

Pilze im Boden

In einem Gramm Boden gibt es Dutzende Meter von Pilzhyphen. Das ist eigentlich unvorstellbar, denn ein Gramm Boden ist wirklich wenig. Wie passt das alles da rein? Das geht nur, weil die Pilzhyphen sehr klein sind, im Durchschnitt vielleicht fünf bis zehn Mikrometer im Durchmesser; sie können sogar noch feiner werden, bis zu zwei Mikrometer.

Im Boden haben Pilze eine Reihe wichtiger Funktionen, ohne die er nicht so ohne Weiteres funktionieren könnte. Sie sind von zentraler Wichtigkeit als Abbauer von organischem Material (saprobische Pilze), besonders für die harten Fälle, wie das von Pflanzen produzierte Lignin. Das sind feste Stoffe, die in die pflanzliche Zellwand eingelagert werden und bewirken, dass die Pflanzenzelle verholzt. Bakterien können zwar auch Lignin abbauen, aber sie sind nicht so wichtig wie Pilze, denn Pilze können in das Substrat hineinwachsen und es von innen heraus verdauen, das können Bakterien nicht. Pilze haben auch die größte und wirkungsvollste Palette an Enzymen für den Abbau verschiedener Substanzen. Ohne Pilze sähe jedes Ökosystem nach einer Weile aus wie eine Müllhalde.

Pilze sind auch wichtig als Basis des Boden-Nahrungsnetzes. Das Boden-Nahrungsnetz ist die Gesamtheit aller Fraßbeziehungen im Boden, quasi das »Wer frisst wen?«. Wie bereits im vorigen Kapitel erwähnt, steht am Anfang des Boden-Nahrungsnetzes tote organische Substanz, nicht (nur) lebende Pflanzen oder Primärproduzenten wie in anderen Nahrungsketten.

Ohne Pilze würde es also das Nahrungsnetz in dieser Form nicht geben: Die gesamte Biodiversität im Boden wäre anders organisiert. Aber es geht noch weiter. Eine weitere wichtige Funktion von Pilzen ist das Bauen und Stabilisieren von Bodenaggregaten.[4] Bodenaggregate sind, wie erwähnt, die Krümel, die man sieht, wenn man einen Boden in der Hand hält. All diese Krümel werden letztlich von Bodenlebewesen gebaut, und hier sind die Pilze sehr wichtig, denn als lineare Organismen können sie wie eine Art Kette die einzelnen Bestandteile zusammenhalten und dann auch verkleben. Im Labor von Matthias Rillig wird schon seit Jahrzehnten intensiv an Bodenaggregation durch Pilze gearbeitet. Aber wie Pilze das genau machen, hat man leider immer noch nicht gut verstanden. Diese Bodenaggregate sind aber wichtig, denn in ihnen wird Kohlenstoff gespeichert, außerdem formen sie den Lebensraum für unzählige weitere Mikroorganismen.

Pilze sind aus den Nährstoffkreisläufen der Ökosysteme der Erde also nicht wegzudenken, und sie spielen auch eine zentrale Rolle dabei, den Boden als Gefüge selbst aufzubauen, eben durch ihre Rolle in der Bodenaggregation. Zugleich sind sie eine wichtige Grundlage des Boden-Nahrungsnetzes. Aber sie interagieren auch mit Pflanzen, entweder als Freund oder Feind: Als Freund treten sie in Erscheinung in Form von Mykorrhizapilzen, und als Feind sind sie Pathogene. Das schauen wir uns als Nächstes an.

Freunde der Wurzel: Mykorrhizapilze

Die Mitarbeiterin Sabine Buchert und Matthias Rillig gucken abwechselnd durch ein Mikroskop, um Wurzelproben eines Feldexperiments zu bewerten. Auf dem Objektträger sieht man unter dem Deckgläschen die blau aussehenden Quetschpräparate von Wurzelstücken, die ordentlich auf dem Objektträger arrangiert sind, damit man mit dem Mikroskop die Länge der Wurzeln einfach abfahren kann. Dabei wird gezählt, wie viele der verschiedenen Pilzstrukturen in der Wurzel vorkommen. Die Vergrößerung am Mikroskop ist 200-fach.

Die Wurzeln wurden zuvor vorsichtig gewaschen, in Lauge gekocht und dann mit Trypanblau gefärbt, einem Farbstoff, der es ermöglicht, die Hyphen und andere Strukturen der Pilze innerhalb der Wurzeln überhaupt erst zu sehen, denn sie sind ansonsten durchsichtig. Was man im Mikroskop sieht, ist erstaunlich, wenn man bedenkt, dass man eigentlich eine Wurzel anschaut: Die Wurzel ist voll mit blauen Linien und anderem blauen »Gekrissel«, das die Wurzel der Länge nach durchzieht, quasi wie kleine Röhren innerhalb der Röhre der Wurzel. Fast alles Blaue im Mikroskop (mit Ausnahme zum Beispiel des Zentralzylinders der Wurzel, der auch eingefärbt ist) sind arbuskuläre Mykorrhizapilze. Sie sind eine der wichtigsten Gruppen von pilzlichen Wurzelsymbionten und die Lieblinge in Rilligs Labor.

Mykorrhizapilze, insbesondere die arbuskulären Mykorrhizapilze (AM-Pilze), faszinieren Bodenforscher und Pflanzenbiologen auf der ganzen Welt. Mykorrhiza kommt von griechisch für Pilz (*mykes*) und Wurzel (*rhiza*), das heißt »Pilzwurzel«. Zur Erinnerung: Die namensgebende Arbuskel ist die baumartig verzweigte Struktur innerhalb der Pflanzenzelle, die dem Austausch von Nährstoffen und Kohlenstoff zwischen Pilz und Pflanze dient. »Pilzwurzel« trifft es ziemlich gut, wenn man sich mal eine entsprechende Wurzel unter dem Mikroskop anschaut, denn solche Wurzeln sind oft komplett durchzogen von Hyphen der AM-Pilze, weshalb die Wurzelstückchen auf dem Objektträger vielfach selbst schon blau aussehen.

Wo kommen diese AM-Pilze vor? Wenn Sie im Garten oder auf einer Wiese ein paar Wurzeln ausgraben und diese dann nach der entsprechenden Färbung unters Mikroskop legen, ist die Wahrscheinlichkeit extrem hoch, dass diese Pilze die Wurzel besiedelt haben. Geschätzt 80 bis 90 Prozent aller Pflanzen formen eine Mykorrhizasymbiose, und der am meisten verbreitete Typ von Mykorrhiza ist die arbuskuläre Mykorrhiza. Mit anderen Worten, diese Partnerschaft von Wurzeln mit Pilzen ist die Regel, nicht die Ausnahme.

Es ist also kein Wunder, dass sich so viele Forschende für diese Symbiose interessieren, sowohl in natürlichen Ökosystemen (wie Grasland oder tropischer Regenwald) als auch auf dem Acker.

Worin genau besteht nun diese Symbiose, genauer gesagt, diese mutualistische Beziehung zum Nutzen beider Partner, bei der sowohl AM-Pilz als auch Pflanze profitieren? Die Antwort für die Seite der AM-Pilze ist erstaunlich und wird zunehmend besser verstanden: Die AM-Pilze sind nämlich auf die lebende Pflanzenwurzel als Quelle für Kohlenstoff angewiesen, denn sie können ihn nicht aus dem Boden aufnehmen. Das ist äußerst ungewöhnlich, denn die meisten anderen Pilze können das durchaus in ihrer Eigenschaft als Stoffabbauer, die den organischen Kohlenstoff aus dem Substrat gewinnen. AM-Pilze dagegen machen das ganz anders: Sie erhalten ihren organischen Kohlenstoff durch Strukturen, die sie selbst und die Wurzelzellen der Pflanzen gemeinsam ausbilden: eben die für die Gruppe namensgebenden Arbuskeln. Die Arbuskeln sind das am Anfang unserer Reise zu den Mykorrhizapilzen beschriebene Gekrissel in der Wurzel. In Wirklichkeit muss man sich diese Strukturen vorstellen wie kleine Bäumchen (daher auch der Name vom lateinischen Wort für Baum, *arbor*). Diese kleinen Bäumchen werden innerhalb der Pflanzenzelle ausgebildet; sie sind eine gemeinsame Aktion von Pflanzenzelle und Pilz, bei der sich der Pilz immer feiner verzweigt, was eben in dieses Bäumchen innerhalb der Zelle mündet.

Man kann sich denken, wie viel Koordination und Kommunikation das zwischen den ungleichen Partnern erfordert, und die letzten Details sind hier noch nicht auf biochemischer Ebene verstanden. Übrigens berührt sich das Zytoplasma, also der Zellinhalt, der beiden Partner nie: Selbst die feinste Pilzhyphe ist umgeben mit einer Zellmembran, wie sich das gehört, und einer dünnen Zellwand; auf der Gegenseite bei der Pflanze ist das genauso. Was sich also innerhalb der Pflanzenzelle berührt, sind die beiden Primärzellwände von Pilz und Pflanze.

Die Arbuskel ist recht groß und füllt fast die gesamte Pflanzenzelle aus; der Zellkern wird irgendwo in die Ecke gedrückt, um Platz zu machen. Unter dem Mikroskop sieht das aus wie eine Zelle voller Gekrissel, eben dem feinen Pilzgeflecht, das die Arbuskel formt. Das Erstaunliche: Nach ein paar Wochen wird die Arbuskel wieder rückgebaut, und die Zelle der Pflanzenwurzel ist wieder wie neu, unbeschädigt – und kann dann gleich wieder »besiedelt« werden. Ein dynamischer Prozess, der dauernd in den Wurzeln von Pflanzen abläuft, während wir nichts ahnend über eine Wiese laufen, in der dies alles geschieht.

Diese Arbuskel ist der Ort, wo der symbiotische Stoffaustausch zwischen Wurzel und Pilz größtenteils stattfindet. Er ist wie ein Umschlagplatz: Der Pilz erhält hier seinen Kohlenstoff, und zwar, wie man seit Neuestem weiß, in Form von Zucker und Lipiden. Kurioserweise haben die AM-Pilze die Fähigkeit zur Lipidbiosynthese verloren, sie sind daher auf die Versorgung mit Lipiden durch die Pflanze angewiesen. Was der Pilz von dieser Beziehung hat, ist also klar: Er erhält den Kohlenstoff direkt von der Pflanze, den diese vorher durch die Fotosynthese in den Blättern gewonnen und dann in die Wurzeln geschickt hat. Für die Pflanze ist das eine Investition. Doch was erhält sie dafür zurück?

Die wichtigste Antwort darauf lautet: Nährstoffe, insbesondere Phosphat. Es wird von Pflanzen in größeren Mengen benötigt, damit diese überhaupt wachsen können. Phosphat ist zum Beispiel in Zellmembranen und Proteinen (Eiweißen) enthalten sowie in der Energiewährung der Zelle: Das ATP (Adenosintriphosphat) enthält, wie der Name schon verrät, ebenfalls Phosphat.

Mit dem Phosphat im Boden ist das aber so eine Sache. Denn Phosphat ist im Boden für die Pflanze nicht gut transportabel. Das Phosphat kommt also nicht, wie manch andere Nährstoffe (etwa Nitrat als Quelle für Stickstoff) gelöst in Wasser zur Wurzel, sondern die Wurzel muss irgendwie zum Phosphat kommen.

Um dieses Problem zu lösen, haben sich Pflanzen im Laufe der Evolution alle möglichen Tricks angeeignet. Zum Beispiel können sie sehr viele Wurzelhaare ausbilden und damit ihre Oberfläche vergrößern, oder sie können Substanzen (zum Beispiel organische Säuren) ausscheiden, die das Phosphat verfügbarer machen. Wurzeln müssen übrigens immerzu wachsen, damit sie aus ihrer eigenen Ressourcen-Verarmungszone herauskommen, in der das Phosphat und andere Nährstoffe ja irgendwann verbraucht sind. Und sie können eine Symbiose eingehen mit AM-Pilzen.

AM-Pilze leben gleichzeitig in zwei radikal unterschiedlichen Lebensräumen, und in guter Pilzmanier sind diese beiden Enden des Pilzmyzels natürlich miteinander verbunden. Einmal wachsen sie innerhalb der Wurzel, wo sie als Hyphen zwischen den Zellen des Pflanzengewebes hindurchwachsen oder auch durch die Zellen direkt und wo sie die Arbuskeln ausbilden. Dieses Myzel innerhalb der Wurzel ist aber verbunden mit einem wesentlich größeren Myzel im Boden. Und dieser Teil des Myzels ist für die Sporenbildung zuständig (also die Ausbreitungsstadien der Pilze) sowie für die Aufnahme von Nährstoffen aus dem Boden und deren Transport in die Pflanzenwurzel.

Das können die Hyphen gut, denn sie sind sehr dünn und können daher den Porenraum im Boden wesentlich gründlicher erforschen als Wurzeln, die ja um ein Vielfaches dicker sind. In einem Grasland wurden schon Hyphenlängen von AM-Pilzen von ungefähr 100 Meter pro Kubikzentimeter Boden gemessen.[5] Im Labor von Matthias Rillig werden routinemäßig mehrere Dutzend Meter pro Gramm Boden gefunden. Da kann man leicht eine Vorstellung davon bekommen, wie intensiv diese Pilze den Boden besiedeln, unter anderem auf der Suche nach Phosphat.

Der Leser wird an dieser Stelle vielleicht anmerken: »Moment mal, ihr habt gesagt, AM-Pilze wachsen nur an ihrer Spitze – und der Kohlenstoff dafür kommt nur von der Pflanzenwurzel? Wie soll das gehen?« Das ist ein berechtigter Hinweis. Es muss also folglich an jede wachsende Hyphenspitze im Boden der Kohlenstoff transportiert werden, der aus einer Arbuskel an der Wurzel stammt. Gleichzeitig muss umgekehrt der Pilz das Phosphat aus dem Boden aufnehmen und an die Pflanzenwurzel transportieren, also in die entgegengesetzte Richtung wie den Kohlenstoff. Und genau das passiert!

Deswegen ist die Umschreibung der Hyphen als »Röhren« ein eher ungenauer Vergleich. In Wirklichkeit findet innerhalb der Hyphen ein bidirektionaler Transport statt. Es wird innerhalb derselben Hyphe gleichzeitig Kohlenstoff von der Pflanzenwurzel zur Hyphenspitze transportiert sowie Phosphat, gerade aufgenommen aus dem Boden in der Nähe der Hyphenspitze, zur Pflanzenwurzel. Das kann man mit etwas Glück sogar im Mikroskop direkt sehen, wenn man sich eine lebende AM-Pilzhyphe anschaut (in *in vitro*-Kulturen in Agar ist das zu bewerkstelligen): Da bewegen sich kleine Partikel innerhalb der Hyphe in jeweils entgegengesetzte Richtungen. Die Hyphen sind also weit mehr als ein Röhrensystem, sondern in Wirklichkeit eine komplexe Transport-Infrastruktur.

Halten wir also fest: In der AM-Symbiose wird Kohlenstoff

von der Pflanze an den Pilz abgegeben, im Austausch dafür erhält die Pflanze das ansonsten schwer erreichbare, weil im Boden eher unbewegliche Phosphat. Dieser Austausch wird offenbar reguliert: Wenn die Pflanze sehr wenig Phosphat geliefert bekommt, kann sie die Kohlenstoffabgabe an den AM-Pilz verringern. Die in Amsterdam tätige US-amerikanische Professorin Toby Kiers hat das Phänomen mit marktwirtschaftlichen Metaphern umschrieben (wie zum Beispiel »Handel«) und in ausgeklügelten Experimenten Belege hierfür gesammelt.[6]

Wie dieser Austausch von Stoffen unter realen Bedingungen im Boden im Detail abläuft, ist weniger gut verstanden. Und alles ist noch verwickelter: Die Pflanze erhält in der Symbiose noch weitere Vorteile als nur Phosphat. Es ist nicht klar, ob diese anderen »Dienstleistungen« der Pilze an die Pflanze auch direkt in einen Austausch von Ressourcen münden, ob also die Pilze dafür etwa auch mit Kohlenstoff bezahlt werden.

Doch welche sind die anderen Dienstleistungen, die der AM-Pilz anbietet? Neben dem Phosphattransport können weitere Nährstoffe mithilfe der AM-Pilze in der Pflanze ankommen. Das ist insbesondere Ammonium, die etwas unbewegliche Variante von anorganischem Stickstoff im Boden, im Vergleich zur beweglicheren Form, dem Nitrat. Wenn der Boden recht trocken ist und damit Nitrat sich auch nicht gut bewegen kann, kann der Pilz dabei helfen, die Pflanze mit Nitrat zu versorgen. Es hat sich ebenfalls gezeigt, dass der AM-Pilz bei der Versorgung der Pflanzenwurzel mit Wasser aushelfen kann. Zusätzlich verbessert die Besiedlung der Pflanzenwurzel mit AM-Pilzen den Umgang der Pflanze mit Umwelt-Stressfaktoren; neben Trockenheit ist auch Salinität (also Versalzung des Bodens) als Effekt besonders gut experimentell untersucht. Eine mit AM-Pilzen in Symbiose lebende Pflanze kommt besser mit Trockenstress und Salinität zurecht.

In Experimenten konnte man darüber hinaus zeigen, dass Pflanzen in Symbiose mit AM-Pilzen größeren Widerstand gegen Pathogene leisten können. Zum Beispiel kommt eine Pflanze mit Fadenwürmern, die die Wurzel befallen, oder mit pathogenen Pilzen besser zurecht, wenn sie eine Symbiose mit AM-Pilzen eingeht.

Insgesamt ist das also eine ganze Palette von Vorteilen, die die Pflanze generell aus der Symbiose ziehen kann. Natürlich muss die Pflanze erst einmal in Einheiten von Kohlenstoff »zahlen« und gewissermaßen in Vorleistung gehen. In Experimenten kann man je nach Erntezeitpunkt und Umweltparametern (zum Beispiel Nährstoffverfügbarkeit) auch negative Effekte auf Pflanzen messen. Die Wirkung von AM-Pilzen auf ihre Wirtspflanze kann demnach als ein Kontinuum von Effekten erscheinen.[7]

Die weite Verbreitung der AM-Symbiose in der Pflanzenwelt und in verschiedenen Ökosystemtypen sowie die Vielfalt der Funktionen der Symbiose legen insgesamt die Vermutung nahe, dass dies eine sehr grundsätzliche Symbiose sein muss. Wahrscheinlich war diese AM-Symbiose von großer Wichtigkeit bei der anfänglichen Besiedlung der Landmasse durch Pflanzen. Die ersten Landpflanzen hatten keine richtigen Wurzeln, aber sie hatten wohl schon AM-Pilze, die wahrscheinlich die Funktion von Wurzeln ausübten. Das ist ungefähr 400 bis 460 Millionen Jahre her. Die ältesten Fossilien von AM-Pilzen in Verbindung mit Pflanzen stammen vom sogenannten Rhynie Chert, einem berühmten Fossillager in der Nähe des schottischen Dorfes Rhynie – sie sind 407 Millionen Jahre alt.[8] Versteinerte Sporen und Hyphen mutmaßlicher AM-Pilze, allerdings ohne eine direkte Assoziation mit Pflanzen, wurden von Dirk Redecker und Koautoren sogar in 460 Millionen Jahre alten Formationen gefunden.[9] Man kann es kaum glauben, aber es gibt tatsächlich Fossilien von Arbuskeln.

Dass AM-Pilze und auch ihre Verbindung mit Landpflanzen somit sehr alt sind, gilt als gesichert. Zusammen mit anderen Pilzen (insbesondere den Mucoromycotina) sind sie vermutlich wichtig gewesen für den Landgang von Pflanzen. Man fragt sich, was passiert wäre, wenn diese Pilze im kritischen Moment nicht zur Stelle gewesen wären. Hätten Pflanzen es dennoch geschafft?

Wir haben uns bis jetzt die arbuskulären Mykorrhiza angeschaut; das ist die älteste Assoziation dieser Art und hinsichtlich der Verbreitung unter Pflanzenarten die vielleicht wichtigste Symbiose. Es gibt allerdings noch weitere Mykorrhizatypen, und einen davon müssen wir erwähnen, nämlich die Ektomykorrhiza. Sie ist wichtig in vielen Wäldern, zum Beispiel in Buchenwäldern und in der Taiga, also dem Borealen Nadelwald auf der Nordhalbkugel. Diese Symbiose betrifft zwar nicht so viele Pflanzenarten wie die AM-Symbiose, jedoch ökologisch wichtige Gruppen, die weite Flächen der Erde einnehmen.

Die Ektomykorrhiza ist, was ihre Gestalt angeht, nicht so subtil wie die arbuskuläre Mykorrhiza. Die Wurzel ist in ihrer Architektur stark vom Pilz beeinflusst. An besiedelten Seitenwurzeln sieht man eigentlich gar keine Wurzel mehr, sondern nur noch das Hyphengeflecht des Ektomykorrhiza-Pilzes. Dieses wird treffenderweise als Mantel bezeichnet.

Die Ektomykorrhiza (von griechisch *ekto* für »außen«, *mykēs* für »Pilz«, *rhiza* für »Wurzel«) heißt so, weil sie keineswegs in die Zellen der Wirtspflanze hineinwächst – ganz anders also als die AM-Pilze. Die Ektomykorrhiza-Pilze wachsen zwar in die Pflanzenwurzeln hinein, die Hyphen bleiben jedoch nur zwischen den Zellen und wachsen mitnichten in sie hinein. Das Geflecht der Hyphen, das sich zwischen die Zellen der Wurzel hineinzwängt, heißt »Hartigsches Netz«, benannt nach dem deutschen Forstbotaniker Robert Hartig; das ist der Ort des Austauschs von Kohlenstoff und Nährstoffen.

Auch die Ektomykorrhiza-Pilze existieren gleichzeitig in zwei unterschiedlichen Lebensräumen: im Boden, wo ihre Hyphen Nährstoffe (Stickstoff und Phosphat) aufnehmen und zur Pflanze transportieren, und im Wurzelgewebe, wo sie Kohlenstoff aufnehmen. Die Pilzarten, die diese Art Symbiose ausbilden, sind hauptsächlich *Basidiomycota*. Die AM-Pilze hingegen gehören den *Glomeromycota* an.

Ein Experiment mit Mykorrhiza

Es ist Mitte März. An einem Donnerstagabend stehen Jörg Blech und Matthias Rillig im Forschungsgewächshaus des Labors. Es ist schon dunkel, die künstliche Beleuchtung ist angegangen, und in Hunderten von kleinen Röhrentöpfchen sprießen kleine Pflanzenkeimlinge aus dem Boden. Es ist ein Experiment, das der Frage nachgeht, inwiefern AM-Pilze Pflanzen dabei helfen, mit mehreren gleichzeitig auftretenden Stressfaktoren fertigzuwerden. Zwiebelpflanzen werden hier sechs Wochen in Töpfen gezogen. Die eine Hälfte der Töpfe ist mit AM-Pilzen beimpft, die andere Hälfte nicht. Der experimentelle Aufbau sieht beeindruckend aus. Wie kam er zustande?

Wir gehen einen Monat zurück. Mehrere große Tische im Raum E.26 am Institut für Biologie der FU Berlin sind belegt mit Hunderten Wägeschiffchen und verschieden großen Papiertüten. Alles ist mit Codes beschriftet. Einige Glaskolben mit Lösungen verschiedener Chemikalien stehen an einem weiteren Tisch bereit. Die Chemikalien repräsentieren menschenverursachte Änderungen im Ökosystem, es sind darunter Nährstoffe, Salz und auch Umweltschadstoffe. Drei Mitglieder des Labors, angeführt von der Biologin Anika Lehmann, sind damit beschäftigt, Bodenproben für das große Gewächshaus-Experiment einzuwiegen. Die Lösungen der verschiedenen Stoffe werden verdünnt und auf Böden pipettiert; die Böden werden in Papier verpackt und in einem Wärmeschrank getrocknet. Später werden diese Böden zum experimentellen Boden – also dem Boden, in dem später die Pflanzen wachsen werden – dazugegeben und sorgfältig eingemischt. Die AM-Pilze werden in Form eines kommerziellen Präparats zu diesem Bodengemisch dazugegeben. Nur die Bodenmischungen, in denen der Einfluss der AM-Pilze getestet werden soll, erhalten das Präparat.

Aber mit dem Kontrollansatz (Abwesenheit der Mykorrhiza), den man durchführen muss, um den Effekt des Vorhandenseins der Mykorrhiza zu messen, ist das so eine Sache. Wenn wir einfach »nichts« in die Bodenmischung dazugäben, dann wäre das ein Fehler, denn im kommerziellen AM-Präparat sind neben dem Mykorrhizapilz noch das Trägermaterial und andere Mikroorganismen enthalten. Also gibt es in der Kontrolle kurioserweise zwei zusätzliche Arbeitsschritte: Es wird das durch Hitze inaktivierte AM-Präparat hinzugegeben – damit ist in der Kontrolle auch das Trägermaterial enthalten und auch alles an Nährstoffen, was da vielleicht mit dabei war. Dann bereitet Anika Lehmann noch einen weiteren Schritt vor: Lebendes AM-Präparat wird benutzt, um eine mikrobielle Suspension herzustellen, den sogenannten »microbial wash«. Dieser wird durch ein sehr engmaschiges Netz gefiltert. Darin verfangen sich die Mykorrhizapilze und werden zurückgehalten; was durchgelassen wird, sind aber andere Mikroorganismen, die im kommerziellen AM-Präparat unweigerlich enthalten sind. Diese Suspension von Mikroorganismen ohne AM-Pilze wird ebenfalls zu den Kontrollansätzen hinzugegeben. Damit ist der einzige Unterschied zwischen Kontrolle und Mykorrhiza-Behandlung das Vorhandensein oder Nichtvorhandensein des AM-Pilzes – und so soll es sein.

Als letzter Schritt werden vorgekeimte Sämlinge von Zwiebeln in die Töpfe mit den verschiedenen Behandlungen eingesetzt, und es wird gegossen, um das Experiment zu starten. Dieser Aufbau mit all seinen Schritten dauert mehrere Wochen. Das Experiment zieht sich über ungefähr sechs Wochen, dann kommt die Ernte der Pflanzen und des Bodens. Einige Leute aus dem Team werden hier mithelfen müssen, denn es muss relativ schnell gehen, damit die Zeit, die zwischen der Ernte des ersten und letzten Töpfchens verstreicht, möglichst kurz ist. Dann erst beginnt das umfangreiche Programm der Messungen im Labor. Dies wird sich über mehrere Monate hinziehen, bis die Daten zu diesem Experiment vorliegen.

Solche Experimente sind ein Riesenaufwand. Aber sie sind die einzige Möglichkeit, direkt etwas über die Funktionen der AM-Pilze zu lernen, ohne andere Einflussgrößen berücksichtigen zu müssen.

Pathogene Pilze

Die Erzählung der Bodenpilze wäre unvollständig, wenn man nicht auch über Pathogene berichten würde, genauer gesagt über pathogene Pilze, die zum Beispiel Wurzeln befallen. Solche Pilze verursachen Krankheiten oder auch den Tod von Pflanzen, Letzteres insbesondere bei kleinen Sämlingen. Aufgrund ihrer riesigen Bedeutung sind pathogene Pilze und ihre Wirkmechanismen besonders gut erforscht, sofern sie Kulturpflanzen befallen. Ein Lehrbuch der Pflanzenkrankheiten liest sich generell wie ein Pilzbiologie-Buch, denn die meisten Krankheiten in Kulturpflanzen werden von Pilzen ausgelöst. Die Ernteverluste dadurch sind immer noch immens, trotz enormer Fortschritte in der Schädlingsbekämpfung. Schätzungen zufolge könnten rein rechnerisch 600 Millionen bis vier Milliarden Menschen mehr ernährt werden, wenn durch Pilze verursachte Ernteverluste vermieden werden könnten.[10] Diese Größenordnung ist erstaunlich, und sie bezieht sich nicht nur auf Bodenpilze, sondern auf pilzlich verursachte Krankheiten bei Pflanzen allgemein.

Manche Bodenpilze haben sogar den Lauf der Weltgeschichte beeinflusst. Paradebeispiel dafür ist ein Vertreter der

Eipilze (eine Gruppe, die streng genommen nicht im Reich der echten Pilze verortet ist, auch Oomyzeten genannt) mit dem reizenden Namen *Phytophthora infestans*. Der Name bedeutet so viel wie der »Pflanzen-Verschlingende« – ein treffender Name für den Verursacher der Kartoffelfäule. Dieser Pilz befällt zwar vorwiegend die oberirdischen Teile der Pflanze, hat aber für die Infektionsentwicklung wichtige Überdauerungsstadien im Boden (die Oosporen). Er löste Mitte des 19. Jahrhunderts eine furchtbare Hungersnot in Irland aus, gut dokumentiert in zeitgenössischen Zeitungsberichten, und führte zu einer Auswanderungswelle: Eine Million Menschen gingen damals in die USA. Es waren zusätzlich ungefähr eine Million Tote in Irland zu beklagen, eine wahrhaft schreckliche Bilanz. Der Verursacher dieser Kartoffelkrankheit war ein einziger Pilz, dessen Ausbreitung durch Witterungsverhältnisse (kühl und nass) begünstigt wurde. Es gab aber auch eine politische Komponente: Damals gehörte ein Großteil des irischen Bodens englischen Großgrundbesitzern, die irischen Bauern waren meist Pächter. Sie hatten für den Eigenbedarf nur kleinere Flächen, auf denen sie meist Kartoffeln pflanzten, um ihre Familien zu ernähren. Diese starke Abhängigkeit von der Kartoffel führte zur Katastrophe, als die Pilzkrankheit ausbrach. Dieser Pilz ist übrigens auch heute noch ein hartnäckiges Problem in der Landwirtschaft.[11]

Die Auswirkungen von pathogenen Pilzen auf die landwirtschaftliche Produktion sind natürlich ein Riesenproblem. Aber was machen Pathogene eigentlich in natürlichen Ökosystemen, zum Beispiel in Wiesen und Wäldern? Darüber ist wesentlich weniger bekannt. Eine wichtige Studie zu dieser Frage haben die Forscher Alissa Packer und Keith Clay in Nordamerika durchgeführt.[12] Die Autoren haben untersucht, warum in den dortigen Wäldern fast nie eine Amerikanische Traubenkirsche (*Prunus serotina*) dicht neben einer anderen steht. Bei ihren Experimenten konnten sie zeigen, dass es im Bereich von Traubenkirsch-Exemplaren eine Anreicherung eines pathogenen Boden-Pilzes gibt. Der Baum produziert zwar Setzlinge und ist damit ein Mutterbaum, doch dieser Pilz aus der Gattung *Pythium* (ebenfalls eine wichtige Gattung von Pathogenen, wieder aus der Gruppe der Oomyzeten) tötete in Experimenten recht spezifisch die Sämlinge eines Mutterbaumes ab. Dies führt wohl dazu, dass in der Nähe einer Amerikanischen Traubenkirsche kein weiteres Exemplar dieser Art eine Chance hat, sich zu etablieren.

Ohne für uns sichtbar zu sein, haben pathogene Bodenpilze also die Struktur nordamerikanischer Wälder verändert. Man kann sich fragen, wie viele dieser Geschichten es noch gibt. Vermutlich sehr viele, nur sind sie erst wenig erforscht.

Es gibt allerdings deutliche Hinweise, dass Effekte von pathogenen Pilzen auf Pflanzenarten recht wichtig sein könnten. In einem Aufsatz hat John Klironomos, damals Professor in Kanada, gezeigt, dass seltene krautige Pflanzenarten überwiegend von pathogenen Pilzen in Schach gehalten werden, die sich in ihren Wurzelsystemen anreichern. Invasive Pflanzenarten, die sich stark ausbreiten, sind davon nicht betroffen.[13] Über mehrere Dutzend Arten konnte Klironomos zeigen, dass es eine sehr klare Verbindung zwischen dem Effekt gibt, den die Pflanzen von dem durch sie »trainierten« Boden erfahren, und ihrer relativen Häufigkeit. Unter Training versteht man hier die Weise, wie die Pflanzen die Bodenmikroorganismen, hauptsächlich die Pilze, beeinflussen: Jede Art hinterlässt in dem Boden, in dem sie wächst, eine andere Lebensgemeinschaft von Pilzen. Und diese Bodeneffekte wurden, zumindest für ein kleinere Zahl von Pflanzenarten, eben auf die Anreicherung mit spezifischen pathogenen Pilzen im Boden zurückgeführt.

Es kann also gut sein, dass, schleichend im Untergrund agierend, ohne gleich tote bräunliche Flecken in Rasenflächen zu verursachen, pathogene Bodenpilze viel mit der Diversität von Pflanzen und der Zusammensetzung von Lebensgemeinschaften im Boden zu tun haben. Das wissenschaftliche Feld des »Plant-Soil-Feedback«, also die systematische Untersuchung der Wechselwirkung zwischen Pflanze und Bodenorganismen, erforscht diese Zusammenhänge.[14]

Pathogene Pilze verursachen also Krankheiten. Für die betroffene Pflanze ist das allemal per Definition negativ, denn Pathogene sind Parasiten. In der Sprache der Ökologen ist das eine Plus-minus-Interaktion (der Wirt leidet, der pathogene Organismus profitiert). Wenn Kulturpflanzen betroffen sind, dann kann so etwas auch für uns Menschen ernste Konsequenzen haben. Aber pathogene Pilze sollten wir nicht nur negativ sehen: Sie sind eine im Verborgenen wirksame Kraft, die die Struktur von Lebensgemeinschaften mitformen kann. Im Übrigen kann ein pathogener Pilz, der eine Pflanze besiedelt und damit bei dieser eine Abwehrreaktion auslöst, für diese Pflanze durchaus von Vorteil sein. Sie kann nämlich danach besser gegen spätere Infektionen mit schlimmeren parasitischen Pilzen gewappnet sein. Wir müssen uns also von der Vorstellung verabschieden, dass der Begriff Pathogen in der Ökologie stets nur negativ belegt ist. Das ist wichtig zu wissen.

Wale des Bodens 5

Es ist ein windiger, nasser, aber milder Montagmorgen Anfang Februar. Das Thermometer zeigt 14 Grad Celsius. Matthias Rillig geht in der Früh zu Fuß durch den prasselnden Regen zu seinem Institut am Botanischen Garten in Berlin. Er läuft das letzte Stück durch einen Park. Der Wind bläst ihm ins Gesicht, sodass er den Kopf senkt und den Pfad vor sich im Blick hat. Es sind viele Regenwürmer unterwegs. Unweigerlich geht Rillig in die Hocke und betrachtet sie genauer. Einige der schimmernden Exemplare sind beeindruckend groß, länger als die Distanz, die sich von der Daumenspitze zum ausgestreckten kleinen Finger ergibt. Was haben die kleinen Wesen hier an der Oberfläche vor? Lieben sie Regen und frische Luft und kommen deswegen aus ihren Verstecken? Sind sie aus ihren vollgelaufenen Gängen entflohen, um dem Tod durch Ertrinken zu entkommen? Oder treffen sich die Würmer hier oben, weil bald Frühling ist und sie sich paaren möchten?

Jörg Blech hat eine vergleichbare Begegnung, als er im Frühling den Lichtschacht eines Kellerfensters reinigt, zum ersten Mal seit dem Einzug in das Haus vor mehr als zehn Jahren. Von ihm unbemerkt, hat sich im Laufe der Zeit eine fünf Zentimeter dicke Schicht gebildet aus Blättern und Nadeln einer Schwarzkiefer, die in der Nähe des Kellerfensters steht. Das pflanzliche Material muss durchs Trittgitter in den Schacht gefallen sein, auch Regenwasser gelangt hierhin. Mit einer kleinen Schaufel entfernt Blech die Blätter und Nadeln, damit sie nicht den Abfluss verstopfen. Da entdeckt er einen stattlichen Regenwurm, der sich hier angesiedelt hat. Der Lichtschacht als Habitat – hätte er diesen Ort jemals wieder verlassen können? Jörg Blech trägt ihn mit der kleinen Schaufel nach draußen und entlässt ihn in den Garten.

Regenwürmer gehören zu den wichtigsten Bewohnern des Bodens. Dennoch hat man viele ihrer Verhaltensweisen noch gar nicht verstanden. Es fängt schon damit an, dass Biologen nicht wissen, warum die Würmer bei Regen aus dem Boden kommen. Die Geschichte, sie würden bei allzu viel Nässe in ihren Gängen ersaufen, ist ein Ammenmärchen, denn Regenwürmer atmen durch die Haut und können nicht so schnell ersticken. Sie können viele Tage in einer klatschnassen Umgebung ausharren und darauf warten, dass der Regen nachlässt. Auch die in der deutschen Sprache übliche Bezeichnung Regenwurm hat ursprünglich nichts mit Regen zu tun, sondern mit deren nimmermüden und nimmersatten Lebensweise. Was ist das für ein Wesen, das da durch die Welt wuselt? Es ist der rege Wurm.

Würmer groß und klein

In den östlichen Vorstädten von Melbourne bis hin zum südlichsten Zipfel Australiens, in einem Landstrich namens Gippsland, lauern wahre Kaventsmänner im Boden. Der dort beheimatete Regenwurm *Megascolides australis* wurde von Zoologen zunächst für eine Schlange gehalten, denn er ist ungefähr drei Zentimeter dick und bis zu drei Meter lang. Wenn er durch seine Höhlengänge gleitet, ist ein lautes Saugen und Gurgeln zu hören.

Auf dem gesamten Erdenrund sind bisher ungefähr 3000 verschiedene Arten von Regenwürmern wissenschaftlich beschrieben worden. In Deutschland und in der Schweiz kommen jeweils 46 Arten vor, in Österreich sind es 62 verschiedene Spezies.

Besonders häufig ist der Tauwurm *Lumbricus terrestris*, den Angler gern auf den Haken spießen. Er lebt in Gärten, Wiesen und Parks und wird bis zu 30 Zentimeter lang. Ebenfalls weitverbreitet ist der Mistwurm, *Eisenia foetida*, der sich gern in verwesenden Küchenabfällen aalt und bis zu 13 Zentimeter misst. Das Standardwerk *Grzimeks Tierleben* erklärte ihn zum farbenprächtigsten Regenwurm Deutschlands.[1] Er sei »gelblich gefärbt« und trage »auf jedem Ring eine rote bis braune Querbinde«. Er hat eine Vorliebe für Dünger und Kompost – und riecht auch so. Sein Geruch trug ihm den lateinischen Artnamen ein: *Foetida* – die Stinkende.

Tief im Schwarzwald, in den dunklen Fichtenwäldern rund um den Feldberg, haust ein Eremit, der hier sein weltweit einziges Rückzugsgebiet gefunden hat. Der Badische Riesenregenwurm, *Lumbricus badensis*, bringt es ausgestreckt auf eine Länge von 60 Zentimetern und kann das für Würmer biblische Alter von 20 Jahren erreichen.

An einem beliebigen Standort in Deutschland, im eigenen Garten oder in der nächsten Wiese, leben bis zu zehn verschiedene Regenwurmarten. In einem Kubikmeter gesunden Bodens findet man durchschnittlich 100 Exemplare, die mehr als 400 senkrechte Röhren sowie Querverbindungen in diesem Quader gebohrt haben. Das Tunnelsystem ist insgesamt mehr als einen Kilometer lang.

Unterschiedliche Wurmwelten

Das Reich der Würmer besteht aus zwei verschiedenen Lebensräumen.[2] Die epigäischen Regenwurmarten leben auf (griechisch *epi*) dem Boden (*gaia*), und zwar in der ihn bedeckenden Streu- und Humusschicht. Sie haben in der Regel eine dunkle Pigmentierung. Zu ihnen gehören der bereits erwähnte prächtige Mistwurm sowie der rote Waldregenwurm (*Lumbricus rubellus*), der in der oberen Schicht des Bodens Gänge anlegt. Die Wurmarten verschlingen Pflanzenreste sowie Algen, Bakterien und Pilze aus dem Streu.

Eine Etage tiefer, im Mineralboden, sind die endogäischen Regenwurmarten (von *endon* für innerhalb) aktiv, in horizontalen Gängen. Sie lassen sich an der Oberfläche kaum blicken und sind, da dem Sonnenlicht praktisch nie ausgesetzt, nicht pigmentiert und entsprechend bleich. Sie futtern abgestorbene Wurzelreste und sonstiges organisches Material, das im Boden enthalten ist. Zu diesen Arten gehören der kleine Wiesenwurm (*Allolobophora caliginosa*) und der große Ackerwurm (*Octolasium lacteum*).

Sowohl im Boden als auch an der Oberfläche sind die anözischen oder anektischen Regenwürmer unterwegs, nach dem lateinischen Verb *annectere* (verbinden, verknüpfen, vereinigen).

Sie verbinden die zwei Bodenschichten vom Mineralbodenkörper bis zur Bodenoberfläche, indem sie vertikale Gänge anlegen, die sie inwendig mit Schleim und anderen Ausscheidungen auskleiden und auf diese Weise stabilisieren. Die Röhren reichen bei hiesigen Arten bis zu drei Meter tief in den Boden und sind zur Oberfläche hin geöffnet. Wie in einem Förderkorb pendeln die »Verbindungswürmer« von unten nach oben und wieder zurück unter Tage, nur dass sie das Auf und Ab aus eigener Anstrengung schaffen müssen. Aus diesem Grund sind diese Regenwürmer besonders kräftig gebaut. Da sie regelmäßig an der frischen Luft vorbeischauen und dem Licht ausgesetzt sind, haben sie meist rote Pigmente, um sich vor den UV-Strahlen zu schützen. Zu den häufigen Vertretern dieser Gruppe zählen der bereits erwähnte Tauwurm und der große Wiesenwurm (*Allolobophora longa*). Das Tun der Würmer lässt in einem intakten Boden also zwei Gangsysteme entstehen. Das eine durchzieht die Humusschicht in alle Himmelsrichtungen, das andere reicht viele Meter senkrecht in die Tiefe.

Ein Regenwurm ist im Grunde ein elastischer Schlauch, der von Längs- und Ringmuskeln umgeben ist und seine Form verändern kann. Indem er die Längsmuskeln kontrahiert, wird er kurz und dick. Zieht er dagegen die Ringmuskeln zusammen, wird er dünn und lang. Wenn er nun wellenförmig einzelne Segmente des Körpers streckt und zusammenzieht, setzt er sich in Bewegung. Dabei helfen ihm kurze Borstenpaare an den jeweiligen Körperabschnitten, die ihm Halt im Erdreich geben, sodass er sich vorwärtsschieben kann. Der Wurm kriecht.

Mit dieser Technik kann er auch Tunnel anlegen: Der Wurm macht das Vorderteil durch Kontraktion der Ringmuskeln dünn und schiebt es mit der Spitze voran durch einen Spalt oder eine Lücke in der Erde nach vorne. Danach werden die Längsmuskeln angezogen: Das Vorderteil vergrößert dadurch seinen Durchmesser und presst die Erde seitlich weg. Bei diesem sogenannten Bohrgraben werden imposante Kräfte eingesetzt: Regenwürmer können das 50- bis 60-Fache ihres eigenen Körpergewichts wegschieben. Im Verhältnis zur Körpergröße gehören sie damit zu den »stärksten Tieren der Welt«, so Djuke Nickelsen vom Naturschutzbund Deutschland in einem Porträt.[3]

Die hierbei entstehenden Röhren sind bis zu fünf Millimeter dick und haben als Bioporen wichtige Aufgaben. Einerseits findet durch sie eine Durchlüftung des Bodens statt – gerade in verdichteten Böden können Pflanzenwurzeln deshalb besser wachsen. Zum anderen wirken die Bioporen wie winzige Rückhaltebecken. Böden mit großen Populationen von Regenwürmern nehmen daher merklich mehr Wasser auf als Böden, in denen es keine oder nur wenige gibt. Auf diese Weise leisten Tauwurm & Co. einen Beitrag zum Wasserhaushalt von Böden.

Wenn sie sich durch den Boden bohren, fressen Regenwürmer so ziemlich alles, was ihnen an Pflanzenmaterial und Mikroorganismen in den Weg kommt. Die anektischen Arten steigen durch die senkrechten Schächte nach oben und räubern auf der Oberfläche, meist im Schutze der Dunkelheit. Sie trauen sich dabei normalerweise nicht ganz aus ihrer Röhre, sondern sichern sich mit dem Hinterende im Röhreneingang. Jede Nacht kann ein einziger Regenwurm 20 Blätter in die Tiefe ziehen. Er tapeziert seine Wohnröhre mit dem Proviant und wartet darauf, dass er dort vergammelt – die zersetzende Kraft von Bakterien oder Pilzen verwandelt den pflanzlichen Vorrat im Laufe der Zeit in kleine Happen. Der Wurm hat nämlich keine Zähne und kann nur Stücke zu sich nehmen, die durch die am Kopfende gelegene Mundöffnung passen. Dennoch kann der Regenwurm seine Nahrung mechanisch zerkleinern; das passiert in einem bestimmten Organ, dem Mahlmagen (auch Muskelmagen genannt, englisch »gizzard«), in dem (auch mithilfe kleiner Steinchen) der aufgenommene Boden mechanisch klein gerieben wird.

Doch die Kost ist nicht sonderlich nährstoffreich. Der Wurm muss sich jeden Tag ungefähr die Hälfte seines Eigengewichts einverleiben, damit er nicht vom Fleisch fällt. Bei der Nahrungsaufnahme gelangt nicht nur Futter in seinen Schlund, sondern auch große Mengen an mineralischen Bodenpartikeln werden verschlungen. Denn anözische und anektische Regenwürmer sind geophag, das heißt, sie fressen den gesamten Boden. Manchmal werden Regenwürmer deshalb als die Wale des Bodens bezeichnet. Beim Aufschluss dieser komplexen Nahrung, insbesondere des organischen Materials, das im Boden enthalten ist, helfen im Darm befindliche Bakterien.

Den Kot, bei Regenwürmern Losung genannt, scheidet der Wurm an der Oberfläche ab, wo wir ihn als kleine Häufchen erkennen. Diese enthalten winzig kleine Klumpen von Partikeln, die noch winzigere Hohlräume enthalten; diese vergrößern das Porenvolumen des Bodens. Darüber hinaus enthalten die Exkremente viele Nährstoffe in leicht verfügbarer Form und wirken daher wie ein natürlicher Dünger. »Regenwurmkot verbessert somit maßgeblich die Bodenstruktur und ist eine Nährstoffquelle für Pflanzen und Bodenfauna«, so Kirsten Stöven,

Frank Jacobs und Ewald Schnug vom Julius Kühn-Institut, dem Bundesforschungsinstitut für Kulturpflanzen in Deutschland.[4] Asseln, Springschwänze, Doppelfüßer und Fadenwürmer naschen direkt davon, und auch die in der Losung selbst enthaltenen Mikroorganismen zersetzen das organische Material weiter.

Ein Teil der Losung wird, wie bereits erwähnt, nicht an der Oberfläche des Bodens abgesetzt, sondern in den unterirdischen Gängen verwendet, um diese damit auszukleiden. Diese Gänge, in ihrer Gesamtheit als Drilosphäre bezeichnet, unterscheiden sich aufgrund des abgelagerten Materials in ihrer mikrobiellen Besiedlung deutlich vom Rest des Bodens und sind Orte erhöhter Stoffwechselaktivität.

Der Ausstoß an Fäkalien ist beachtlich. Regenwürmer bringen auf einem Hektar zwischen 40 und 60 Tonnen Kot hervor – pro Jahr. Die ganze Erde, die man auf einem Feld oder Acker sieht, ist irgendwann bereits einmal durch den Darm eines Regenwurms gewandert. Das hebt das Niveau ganzer Landschaften. Wären die Regenwurmhäufchen »gleichmäßig auf dem Boden ausgebreitet (tatsächlich sind sie sehr ungleich in und auf dem Boden verteilt), so ergäbe sich in Europa ein jährlicher Bodenauftrag von 1 bis 5 Millimeter«, notierte der angesehene Bodenzoologe Wolfram Dunger in seinem Buch *Tiere im Boden*.[5]

Helfer in der Landwirtschaft

Indem sie düngen und durchlüften, helfen Regenwürmer also den Landwirten. Doch lange war nicht bekannt, wie groß dieser Beitrag ist. Der Ökologe Steven Fonte von der Colorado State University in Fort Collins wollte es herausfinden. Gemeinsam mit einer Kollegin und einem Kollegen studierte er Angaben zur Regenwurmhäufigkeit; er analysierte Daten zur Bodeneigenschaft, der Düngermenge und zu den Ernteerträgen aus der ganzen Welt. Es ging um Reis, Mais, Weizen und Gerste sowie verschiedene Hülsenfrüchte, darunter Sojabohnen, Erbsen, Kichererbsen und Linsen. Das Ergebnis: Regenwürmer sind diesen Schätzungen zufolge für ungefähr 6,5 Prozent der Getreideerträge und 2,3 Prozent der jährlich weltweit produzierten Hülsenfrüchte verantwortlich.[6] In absoluten Zahlen sind das jedes Jahr 140 Millionen Tonnen Nahrungsmittel. Das entspricht der Menge an Getreidekörnern, die Russland, der viertgrößte Getreideproduzent der Welt, jährlich anbaut.

Im Süden haben die Regenwürmer laut der Studie einen besonders großen Einfluss auf die Getreideproduktion. Auf ihr Wirken gehen 10 Prozent des Getreideertrags in Afrika südlich der Sahara zurück und 8 Prozent in der Karibik sowie in Lateinamerika. Den größeren Beitrag kann man damit erklären, dass die dortigen Landwirte in der Regel weniger Düngemittel und Pestizide einsetzen. Stattdessen verlassen sie sich mehr auf regenwurmreiches organisches Material wie Dung und Ernterückstände, was wiederum günstig für die Regenwürmer ist.

Der britische Naturforscher Charles Darwin erkannte früh, welch wichtiges Werk Regenwürmer vollbringen. »Man kann wohl bezweifeln, ob es noch viele andere Tiere gibt, welche eine so bedeutungsvolle Rolle in der Geschichte der Erde gespielt haben wie diese so niedrig organisierten Geschöpfe«, schrieb er am Schluss seiner im Jahre 1881 erschienenen Abhandlung über *The Formation of Vegetable Mould, through the Action of Worms.*[7]

Darwin war aber nicht der erste Fan der Würmer; sein Interesse an ihnen wurde offenbar durch die Lektüre des von Gilbert White 1789 veröffentlichten Buches *The Natural History and Antiquities of Selborne* geweckt. In dieser Studie zeichnet White die Flora und Fauna des Dorfes Selborne in Hampshire bis ins kleinste Detail auf und macht eine ausgesprochen lobende Bemerkung über den kleinen Regenwurm, der zwar »dem Anschein nach ein kleines und erbärmliches Glied in der Kette der Natur ist, dessen Verlust jedoch eine beklagenswerte Lücke reißen würde«.[8] Im Gegensatz zu Darwins Studie über Würmer ist Whites *Natural History* übrigens eines der meistveröffentlichten Bücher in englischer Sprache. Es wurde seit seiner Erstveröffentlichung rund 300-mal aufgelegt.

Liebe unter Würmern

Regenwürmer sind Zwitter, sie haben jeweils Hoden und Eierstöcke. Die Geschlechtsorgane liegen im vorderen Drittel des Körpers, im sogenannten Gürtel.

Viele Arten paaren sich im Boden, der bei uns so häufige Tauwurm aber macht es auf der Erde. »Nach einem warmen Frühlingsregen in den frühen Morgen- oder den späten Abendstunden kriechen diese Regenwürmer mit halbem Leib aus ihrer Röhre und legen sich zu zweit so aneinander, dass ihre Kopfenden in entgegengesetzte Richtung weisen und die großen Bauchborsten nahe dem Vorderende und in der Gürtelgegend sich tief in die Bauchseite des Partners einhaken«, so *Grzimeks Tierleben*.[9] In dieser Position liegen die Gürtel nebeneinander und produzieren Schleim, sodass die Würmer in diesem Abschnitt in einer Hülle stecken. Dann gibt jeder Wurm seinen Samen in die Samentasche des anderen.

Das ist nur ein Zwischenschritt in dem ausgeklügelten Vorgang. Als Nächstes bildet der Regenwurm einen Schleimring um sich herum, in den er seine Eier abgibt. Sodann zieht er sich aus dem Ring zurück. Bei dieser Bewegung gelangen nun die fremden Samen aus den Samentaschen – sie wurden ja von dem anderen Wurm dort deponiert – an die eigenen Eier und befruchten sie. Der Schleimring bildet bis zu 90 Kapseln, die jeweils ein Ei enthalten. So ist es beim Tauwurm. Der Mistwurm hat bis zu fünf Eier in einem Kokon und bis zu 140 Kokons.

Zum Abschluss wird die Eikapsel vom Wurm noch mit vorverdautem Material aus seinem Darm verpackt. Diese Hülle schützt das Ei und dient dem Nachwuchs nach dem Schlüpfen als Babynahrung. Im Fachhandel kann man solche Kokons übrigens kaufen und sie dann auf den Kompost oder die Gartenerde streuen.

Wer diese natürliche Vermehrung unterstützen will, sollte auf Dauerbeleuchtung im Garten verzichten. Regenwürmer haben zwar keine Augen, können jedoch hell und dunkel mit lichtempfindlichen Zellen unterscheiden. Wird es ihnen zu grell, ziehen sie sich zurück. Das oberirdische Liebesspiel des Tauwurms, das sich über Stunden hinziehen kann, findet deshalb in der Dämmerung und in der Nacht statt. Das Schauspiel kann man im Schein einer Rotlichttaschenlampe betrachten, dieses Licht irritiert sie nicht.

Regenwürmer sind auch deshalb immer auf der Hut, weil sie für viele andere Lebewesen eine fette Beute sind. Vögel, Amphibien, Reptilien, Insekten, Erdläufer (sie gehören zu den Hundertfüßern) lassen sich diese proteinreichen Tiere gern schmecken. Als ärgster Fressfeind gilt der Maulwurf. In einem Maulwurfbau wurden einmal mehr als 570 Regenwürmer entdeckt, so der Bodenzoologe Wolfram Dunger. Freiwillig wagen sich die Würmer nicht in die Höhle des Maulwurfs. Vielmehr werden sie verschleppt und als Vorrat angelegt. Dazu beißt der Maulwurf ihnen die ersten 3 bis 4 Segmente ab und macht sie damit immobil. Es ist übrigens ein Mythos, dass aus einem in der Mitte durchgebissenen Wurm zwei Würmer werden, die noch lebensfähig sind. Wenn überhaupt, dann überlebt nur das Vorderende, und auch das nur, wenn es lang genug ist und die wichtigen Organe enthält.

Der Maulwurf klebe die bewegungsunfähig gemachten Regenwürmer bei lebendigem Leibe an die Wände seiner Gänge, so Dunger. Dabei ist er durchaus wählerisch, wie Untersuchungen auf einer Wiese ergaben. In den Speisekammern der Maulwürfe fanden sich vor allem Regenwürmer, die von Arten stammen, deren Vertreter besonders feist sind. Das ist laut Wolfram Dunger kein Zufall: Es sei offensichtlich, dass »der Maulwurf tatsächlich bevorzugt große Regenwürmer als Wintervorrat aufhebt, während die kleineren wahrscheinlich sofort gefressen werden«.[10]

Die Grabgeräusche des Maulwurfs und die mit ihnen verbundenen Erschütterungen sind also angetan, Regenwürmer in Panik zu versetzen. Womöglich erklärt das auch, warum sie bei Regen ihr Röhrensystem verlassen. Wenn sie die Vibrationen der herabprasselnden Tropfen spüren, gehen sie von einem kurz bevorstehenden Maulwurfsangriff aus und kriechen flugs ins Freie.

In Amerika bestückten Forscher den Boden eines Waldes mit Holzpflöcken, an deren Ende dann mit einem Metallstück gerieben wurde.[11] Dadurch wurden Tieftonschwingungen von 500 Hertz und weniger erzeugt; diese Frequenzen sind typisch für die Geräusche eines grabenden Maulwurfs, aber auch für Regentropfen, die auf den Boden prasseln. Zahlreiche Regenwürmer fielen auf den Fehlalarm herein und krochen schnell aus der Erde. Diese Methode eignet sich, um Regenwürmer zu fangen.

In dieser Disziplin gibt es in England sogar eine Weltmeisterschaft. Die »World Worm Charming Championships« findet für gewöhnlich an einem Samstag im Juni auf einer Rasenfläche in Willaston statt, einem idyllischen Weiler in der Grafschaft Cheshire. Jede Mannschaft bekommt eine drei mal drei Meter große Fläche zugewiesen und hat dann 30 Minuten Zeit, möglichst viele Würmer zu fangen. Die entscheidende Regel lautet, dass niemand mit der Schaufel nach der Beute graben darf. Vielmehr geht es darum, den Boden in Schwingung zu versetzten, auf dass die Würmer die Flucht nach oben ergreifen. Die Teilnehmerinnen und Teilnehmer stecken beispielsweise Mistgabeln in den Boden, die sie dann durch Schläge zum Klingen bringen. Die einen prellen einen Fußball auf den Boden, andere springen auf ihm herum, wieder andere spielen Trompete. Ein solches Tschingderassabum haben Maulwürfe selbst noch nie von sich gegeben, dennoch fallen die Regenwürmer scharenweise auf die Darbietungen herein. Im

Juni 2009 fing ein zehn Jahre altes Mädchen in Willaston sage und schreibe 567 Würmer. Bis heute ist das Weltrekord.

Unruhige Zeiten für den Wurm

Am besten geht es den Regenwürmern bei Bodenruhe, doch die ist ihnen immer seltener vergönnt. Das Pflügen der Äcker zerstört ihre kunstvollen Gangsysteme und zerstückelt ihre Leiber. Je intensiver ein Boden landwirtschaftlich bearbeitet wird, desto schlechter ist das Leben der Regenwürmer. Pestizide und künstliche Düngemittel machen ihnen das Dasein schwer. Manche Dünger machen den Boden sauer, und ab einem bestimmten Säuregrad, bei einem pH-Wert unter 3,5, werden die Bodenbedingungen für die Würmer ungünstig, etwa weil Calcium für sie dann weniger verfügbar ist.

Da Regenwürmer den gesamten Boden fressen, reichern sie oft bestimmte Schadstoffe an. Zum Beispiel wurden in den Körpern von im Feld beprobten Regenwürmern pro Wurm zahlreiche verschiedene Pestizide gemessen. Auch andere Umweltschadstoffe machen ihnen zu schaffen, etwa Mikroplastikpartikel, die den Darm der Regenwürmer reizen können. (Auf Mikroplastik werden wir im achten Kapitel noch ausführlich eingehen.) Die durch den Klimawandel verursachte Erwärmung der Erde ist für Regenwürmer ebenfalls fatal. Bei Hitze ziehen sie sich bis zu 70 Zentimeter in die Tiefe zurück, aber das rettet sie nicht immer. Je häufiger ein bestimmter Boden austrocknet, desto weniger Regenwürmer finden sich darin. Wenn ihre Haut austrocknet, können sie nicht mehr atmen, der

Austausch von Sauerstoff und Kohlenstoffdioxid erfolgt nämlich über die gesamte Körperoberfläche. Die Gase müssen zunächst in Wasser gelöst werden, damit sie durch die Haut diffundieren können – die Haut muss also stets feucht sein, damit der Gasaustausch erfolgen kann. Und nicht zuletzt durch die fortschreitende Versiegelung von Flächen verlieren Regenwürmer immer mehr Lebensraum.

In England verglich man frühere und aktuelle Daten zur Häufigkeit von Regenwürmern miteinander und sieht einen alarmierenden Trend:[12] Jedes Jahr verringert sich die Population demnach um 1,6 bis 2,1 Prozent – in den vergangenen 25 Jahren ist der Bestand damit um ungefähr ein Drittel gesunken. Auch in Deutschland führte die Zunahme an Trockenperioden an verschiedenen Standorten zu einem Rückgang der Regenwurmbestände, so das Rote-Liste-Zentrum in Bonn.[13] Es hat 43 Arten bewertet, die in Deutschland etabliert sind. Von ihnen stufte es nur rund die Hälfte als ungefährdet ein. Die anderen Regenwürmer gelten als extrem selten. Einige Arten konnten nicht eingestuft werden, weil es an Daten zu ihnen fehlte. Vier weitere Arten wurden nicht bewertet, weil sie als Kulturfolger vermutlich nach Deutschland eingeschleppt wurden und somit nicht zur ursprünglichen Fauna gehören.

Eine erstaunliche Vielfalt

So gern Regenwürmer auch im Verborgenen leben, so war lange Zeit nicht bekannt, wo genau sie das auf dem Erdenrund tun. Über die globale Verteilung der lichtscheuen Wesen konnte man nur Mutmaßungen anstellen, weil noch niemand den Versuch unternommen hatte, eine weltweite Wurminventur zu machen. Die Ökologin Helen Phillips im Team von Nico Eisenhauer am Deutschen Zentrum für integrative Biodiversitätsforschung der Universität Leipzig wollte dies ändern. Doch allein war das Projekt nicht zu bewältigen. Gemeinsam mit ihrem Team recherchierte sie daher in der Fachliteratur, hörte sich auf Kongressen um und schrieb viele E-Mails, um herauszufinden, wer ihr helfen könnte. Schließlich kontaktierte sie Wissenschaftlerinnen und Wissenschaftler in der ganzen Welt und bat sie, etwaige Daten zur Verfügung zu stellen. Höhepunkt der Aktion war ein mehrtägiger Workshop in Leipzig, an dem auch Matthias Rillig teilnahm.

Aus diesem Workshop resultierte die erste globale Regenwurmkarte. Insgesamt 141 Autorinnen und Autoren legten in der Zeitschrift *Science* eine Karte vor, die Daten zur Artenvielfalt und Bestandsdichte aus 6928 Standorten in 57 Ländern umfasst.[14] Die Karte birgt eine große Überraschung: Der Artenreichtum und die Häufigkeit der Regenwürmer sind ganz anders verteilt als die Biodiversität jener Tiere und Pflanzen, die oberirdisch leben. Bei Insekten, Vögeln und Pflanzen war bisher ein Gradient bekannt: Je mehr man sich dem Äquator nähert, desto bunter und diverser werden Fauna und Flora – im tropischen Regenwald ist mehr los als in der norddeutschen Tiefebene. Doch nun offenbart die Karte, dass es sich mit dem Leben unter Tage genau andersherum verhalten könnte. Die allermeisten Regenwurmarten leben in jenen Probeorten, die im Nordosten der USA, in Neuseeland und in Europa liegen. Das könnte zum Beispiel daran liegen, dass Regenwürmer in den Tropen nicht genügend organische Substanz im Boden vorfinden. Der Grund: Wegen der hohen Temperaturen und ganzjährig feuchten Klimabedingungen wird organisches Material hier durch Mikroorganismen und andere Bodenlebewesen rasch zersetzt, sodass es sich kaum als Schicht ansammeln kann.

Es gibt einen weiteren spannenden Unterschied: In den Tropen gibt es lokal begrenzte Regenwurmvorkommen, in den gemäßigten Breiten haben die jeweiligen Spezies hingegen einen größeren Verbreitungsbereich. »In den Tropen findet man alle paar Kilometer eine neue Gemeinschaft von Regenwurmarten. In kühleren Regionen hingegen bleibt diese mehr oder weniger gleich«, so Helen Phillips.[15] In der Fachsprache der Ökologie heißt das, die Regenwürmer haben in den Tropen eine höhere Beta-Diversität: Angrenzende Lebensgemeinschaften unterscheiden sich stärker in ihrer Artenzusammensetzung, auch wenn die an einem jeweiligen Ort vorhandene Artenzahl, die Alpha-Diversität, nicht notwendigerweise höher ist. (Solche Begrifflichkeiten sind notwendig, um das, was man allgemein als Biodiversität bezeichnet, genauer zu beschreiben und zu verstehen.)

Aus der Karte geht auch hervor, welche Umweltfaktoren das Wohl und Wehe der Würmer beeinflussen. Vor allem die Vegetationsbedeckung sowie der Niederschlag und, zu einem geringeren Grad, die Temperatur spielen eine Rolle für die Biomasse der Regenwürmer. Die beiden letzten Parameter sind genau jene Faktoren, die sich im Zuge des Klimawandels gerade rasch verändern. Die Konsequenzen für die Regenwürmer und damit für das gesamte Ökosystem Boden sind noch nicht abzusehen.

Umso wichtiger ist es, die unterirdische Artenvielfalt zu erfassen. Der maßgeblich an der Wurminventur beteiligte Ökologe Nico Eisenhauer vom Deutschen Zentrum für integrative Biodiversitätsforschung Halle-Jena-Leipzig und von der Universität Leipzig forderte einen Paradigmenwechsel beim Schutz der biologischen Vielfalt: »Weil wir es nicht sehen, vergessen wir allzu leicht das faszinierende Leben unter unseren Füßen. Regenwürmer mögen im Verborgenen weilen und nicht das Charisma eines Pandas haben. Aber sie sind extrem wichtig für andere Lebewesen und das Funktionieren unserer Ökosysteme.«[16]

In jedem Lebensraum haben die jeweils dort ansässigen Regenwürmer im Laufe der Evolution eine bestimmte Aufgabe übernommen. Wenn sie ihren angestammten Platz verlassen, können die Nützlinge allerdings zur Plage werden. Ein Beispiel ist der Schwarzkopfregenwurm (*Aporrectodea nocturna*), der ursprünglich im flachen, teils hügeligen Mitteland der Schweiz vorkam. Von dort aus wurde er vor Jahrzehnten in die Alpen der Ostschweiz verschleppt. Vermutlich steckte er in den Wurzelballen von Pflanzen, die aus dem Mittelland kamen und in den Bergen gepflanzt wurden. In der neuen Heimat wurde der Wurm zur Heimsuchung, denn er produziert große Mengen an Kot, die in geneigten Lagen wie Schmierseife wirken. Im Frühling und im Herbst wird das zum Problem; die Böden sind dann witterungsbedingt oft nass, die Därme der Würmer besonders aktiv, das ergibt eine unschöne Melange. Die betroffenen Hanglagen können nicht mehr beweidet werden, weil die Ausrutschgefahr für das Vieh zu groß ist. Maschinen finden in dem vollgekoteten Terrain ebenfalls keinen Halt. Auch in Österreich sorgt der Schwarzkopfregenwurm vielerorts für Verdruss. Auf manchen Weiden hat er sich dermaßen vermehrt, dass er sie mit seiner Losung weiträumig verdreckt. Besorgte Bauern und Bäuerinnen geben ihrem Vieh daher statt des verunreinigten Grünfutters nur noch Heu.

In Nordamerika machen sich ebenfalls invasive Würmer breit. Mittlerweile haben sich dort 70 gebietsfremde Regenwurmarten angesiedelt. Sie sind fast überall auf dem Kontinent anzutreffen und haben damit ein größeres Verbreitungsgebiet als die einheimischen Arten.[17] Dabei gab es in manchen Gegenden Nordamerikas lange Zeit gar keine Regenwürmer, und zwar in jenen, die in den vergangenen Eiszeiten von Eis bedeckt waren. Die Würmer erfroren in ihren Röhren. Mindestens seit der bisher letzten Eiszeit vor ungefähr 10 000 Jahren gab es im nördlichen Teil Nordamerikas so gut wie keine Regenwürmer.

Nach dem Ende der Eiszeit übernahmen Springschwänze und andere Bodenbewohner teilweise die Rolle der Würmer. Sie verstoffwechselten Laub und sonstiges organisches Material und wandelten es in nährstoffreichen Humus um. Auf diese Weise entstand ein Bodensystem, das auch ohne Regenwürmer funktioniert. Sie wurden hier nicht mehr gebraucht.

Invasoren gefährden Insekten

Doch als die ersten Europäer in Nordamerika anlangten, brachten sie in den Wurzelballen von Pflanzen und in Mutterböden vom europäischen Kontinent auch Regenwürmer mit. Diese Invasoren stifteten eine Menge Chaos im Boden der neuen

Welt. Im verwurmten Waldboden sanken die Samen von Kräutern nun tiefer als gewöhnlich in den Grund. Dadurch konnten die Keimlinge nicht mehr das Licht der Oberfläche erreichen. In anderen Fällen zerpflückten die Würmer die Nester von bodenbrütenden Vögeln.

Auch die oberirdisch lebenden Insekten leiden unter den eingeschleppten Regenwürmern. Das haben die Ökologen Malte Jochum und Nico Eisenhauer vom Deutschen Zentrum für integrative Biodiversitätsforschung Halle-Jena-Leipzig und von der Universität Leipzig gemeinsam mit anderen Forschern erstmals nachweisen können.[18] Ihre Untersuchungen führten sie in den östlichen Ausläufern der Rocky Mountains in der kanadischen Provinz Alberta durch. Der dortige Wald gleicht in puncto Regenwurmbestand einem Flickenteppich. Einige Waldstücke sind kaum besiedelt (im Durchschnitt vier Würmer pro Quadratmeter), andere liegen im mittleren Bereich (43 pro Quadratmeter), wieder andere sind Hochburgen (106 pro Quadratmeter). In jeder dieser drei Zonen untersuchten die Forscher 20 verschiedene Parzellen, die jeweils zwei Quadratmeter groß waren. Sie bestimmten alle darin vorkommenden Pflanzen und saugten dann mit einem speziellen Sauger die Spinnen und Insekten auf, die sich oberirdisch in einer Parzelle aufhielten. Insgesamt wurden 13 037 einzelne Gliederfüßer (Arthropoden) erbeutet, darunter viele Insekten wie Wanzen, Zweiflügler, Fransenflügler, Hautflügler sowie viele Spinnentiere, etwa Webspinnen.

Die Beute war allerdings nicht gleichmäßig in den Parzellen verteilt. Es schälte sich ein Muster heraus: Je mehr Regenwürmer in einer Parzelle, desto weniger Arthropoden. So gab es in den Wurmhochburgen im Durchschnitt 61 Prozent weniger Arthropodenindividuen und 18 Prozent weniger Arthropodenarten als in jenen Parzellen, die kaum Regenwürmer enthielten. Ihre Biomasse ging um 27 Prozent zurück.

Wie genau die Regenwürmer die Insekten vergrämen, ist noch nicht bekannt. An der Vegetation liegt es offenbar nicht, zumal der Pflanzenbewuchs in den drei Zonen vergleichbar war. Vermutlich schnappen die eingeschleppten Regenwürmer bestimmten Insekten einfach das Futter weg. »Möglich wäre, dass die Würmer oberirdisch lebenden Insekten, die totes Pflanzenmaterial zersetzen, wie etwa Käfer und Fliegenlarven, die Nahrung und ihren Lebensraum wegfressen«, sagte der Ökologe Malte Jochum.[19]

Es gab aber auch Nutznießer: Fleischfressende Arthropoden fühlten sich in den Hochburgen der Regenwürmer offenkundig wohl, ihre Zahl war dort besonders hoch. Womöglich können sie ihre angestammten Beutetiere dort leichter fangen, weil die Blätter, unter denen sie sich normalerweise verstecken, von den Regenwürmern in ihre Gänge gezogen wurden. Denkbar ist aber auch, dass die räuberischen Arthropoden die Regenwürmer direkt auffressen.

Eingeschleppte Regenwurmarten gibt es nicht nur in Nordamerika, sie kommen auf fast allen Kontinenten vor. Ihr Drang, neues Terrain zu erobern, ist ihnen angeboren. Jedes Jahr können sie zehn Meter und weiter kommen. Vielleicht ist das auch die Erklärung dafür, dass Regenwürmer bei Regen aus ihren Röhren kriechen. Im Schutz der Nässe machen sie sich auf zu neuen Gefilden.

Am Rande einer wissenschaftlichen Konferenz in Wernigerode[20] unterhielt sich Matthias Rillig mit dem Bodenzoologen Stefan Scheu, der an der Universität Göttingen die Arbeitsgruppe Tierökologie leitet, über diese Frage. Es ist kaum zu fassen und »wurmt«: Wir wissen offenbar wirklich nicht, warum die Regenwürmer beim Regen rauskommen. Dabei gehören sie mit zu den am besten untersuchten Bodentieren. Möglichweise gibt es unterschiedliche Gründe für unterschiedliche Arten, und vielleicht haben wir den wahren Grund noch gar nicht auf dem Schirm, meint Stefan Scheu. Das macht immerhin Lust auf weitere Bodenforschung.

Gesunder Grund 6

Es ist schon eine Weile her, dass sich Jörg Blech im Kindergarten einen Kuchen aus Matsch gebacken und heimlich davon gekostet hat. Nun will er es noch einmal tun: Erde essen. Er holt sich einen Löffel Boden aus dem Beet im Vorgarten, wiegt ein Gramm mit der Küchenwaage ab und verrührt ihn in einem Glas mit 0,2 Liter Leitungswasser. Die Bodenkrümel sinken nach unten, das Wasser färbt sich braun bis schwarz. Blech verquirlt alles noch einmal mit einem Löffel und genehmigt sich dann einen ordentlichen Schluck. Der Geschmack ist leicht erdig, aber nicht sonderlich ausgeprägt. Sandkörner knirschen zwischen den Zähnen.

Matthias Rillig schüttelt lachend den Kopf, als er davon erfährt. Er habe keine große Lust auf einen Boden-Shake, denn dafür habe er beruflich zu viel mit Bodenschadstoffen in Städten zu tun …

Abgesehen vom Verzehren gibt es zwei weitere Wege, auf denen Erde in unseren Körper gelangt: Zum einen durch das Atmen, denn die Luft enthält viele Partikel, die aus dem Boden ausgeweht werden. In der Luft befindet sich immer auch Staub. Nach dem lateinischen Verb *deflare* für wegblasen wird der Vorgang von Geologinnen und Bodenkundlern Deflation genannt.

Unter dem deflatierten Material finden sich sogar Bodenbestandteile aus der Sahara, die der Wind bei bestimmten Wetterlagen bis nach Europa weht. Auf dem Lack von Autos ist der helle Wüstensand gut zu erkennen. Menschen sind und waren schon immer weggeblasenen Bodenbestandteilen ausgesetzt; diese können von fernen Orten kommen oder aus der unmittelbaren Nachbarschaft.

Ein weiterer Eintrag von Bodenbestandteilen in den Körper erfolgt durch unmittelbaren Kontakt mit Erde, weil die Haut bestimmte chemische Stoffe aus dem Boden absorbieren kann. Gärtner, Landwirtinnen oder Bauarbeiter sind diesen naturgemäß stärker ausgesetzt, aber jeder von uns wird von den Böden in seiner Umgebung geprägt. Damit wird unweigerlich auch unsere Gesundheit beeinflusst, wie wir in diesem Kapitel sehen werden.

Böden können – erst recht, wenn sie durch Aktivitäten des Menschen verseucht wurden – verschiedene Giftstoffe und Krankheitserreger enthalten. Umgekehrt ist ein gesunder Boden in dreierlei Hinsicht gut für unsere Gesundheit: Erstens enthält eine Portion Erde viele anorganische Nährstoffe, auf die wir angewiesen sind. Zweitens finden sich darin von Bakterien oder Pilzen hergestellte Substanzen, die pharmakologisch wirken und in der Medizin eingesetzt werden. Drittens schließlich sind die im Boden lebenden Mikroorganismen aus Sicht der Evolution alte Freunde von uns, »old friends«, wie es in der medizinischen Fachliteratur heißt.[1] Wir sind an diese alten Freunde angepasst und brauchen den Kontakt zu ihnen, damit sich unsere eigene Bakterienflora normal ausprägen kann. Unser Immunsystem wiederum benötigt eine intakte Bakterienflora, um zwischen fremden und körpereigenen Zellen zu unterscheiden. Ist der Kontakt zu den Mikroorganismen aus unserer natürlichen Umwelt nicht mehr gegeben oder eingeschränkt, lernt das Immunsystem falsch. Es ist dann fehlgeleitet und kann im Körper entzündliche Prozesse und allergische Reaktionen hervorrufen. Die »Old-Friends-Hypothese« erklärt, warum Einwohner reicher Industrieländer, in denen sie oftmals in allzu hygienischen Umständen leben und nur noch eingeschränkt mit Mikroorganismen in Berührung kommen, viel häufiger an Heuschnupfen, Asthma, Neurodermitis oder Lebensmittelallergien erkranken als Menschen in ärmeren Ländern, in denen der Kontakt zu Mikroorganismen aus Böden noch viel häufiger ist.

Appetit auf etwas Erdiges

Der Konsum von Erde heißt Geophagie und ist weitverbreitet. Boden wird in einigen Fällen bewusst gegessen, in anderen gelangt er eher zufällig in den Verdauungstrakt, etwa indem man Salatblätter oder Kartoffelschalen zu sich nimmt, an denen noch der eine oder andere Krümel voller Bodenbakterien haftet. Oder indem man, bei einem Aufenthalt im Garten oder im Wald, mit ungewaschenen Händen den Mund berührt.

In Afrika essen nach Angabe der Medizinischen Universität Wien 30 bis 80 Prozent der Menschen lehmhaltige Erde. Auf der ostafrikanischen Insel Pemba etwa freuen sich die Menschen sogar, wenn eine Frau aus ihrer Mitte anfängt, Lehm zu verspeisen. Das zusätzliche Gericht gilt als untrügliches Zeichen dafür, dass die betreffende Frau schwanger ist und ein Baby erwartet. Die tägliche Ration bestehe aus ungefähr 25 Gramm Boden, ermittelte Sera Young, eine US-Anthropologin, die das Phänomen der Geophagie schon vor Jahrzehnten erforschte.[2]

Auf allen Kontinenten (außer der Antarktis) aßen oder essen Menschen mitunter absichtlich Kreide, Ton oder Mergel, wie historische und ethnologische Untersuchungen offenbaren. Dabei folgen sie offenbar einem Verlangen, das im Laufe der Evolution entstanden ist – und das nicht nur Menschen verspüren. Auch Papageien, Rinder, Ratten, Elefanten und Schimpansen genehmigen sich hin und wieder eine Zwischenmahlzeit voller Boden. Die Vorfahren des Menschen hatten ebenfalls eine Vorliebe dafür: In einer Ausgrabungsstätte in Afrika fand sich Lehmpulver, das vor zwei Millionen Jahren offenbar als Snack für zwischendurch diente.

Die erwähnten schwangeren Frauen auf Pemba verzehren übrigens keine Erde von Straßen oder Wegen, sondern kratzen Lehm aus besonderen Brunnen oder besorgen sich ihn an bestimmten Stellen außerhalb des Dorfs. Die für den Verzehr ausgewählte Portion Erde suchen sie sich an einem sauberen Ort, sie darf nicht verunreinigt sein.

Dass Menschen beim Verzehr von Erde wählerisch sind, war schon dem deutschen Forschungsreisenden Alexander von Humboldt aufgefallen, als er vor mehr als 200 Jahren im heutigen Venezuela unterwegs war. Die dort lebende Ethnie der Otomaken, deren Sitten Humboldt studierte, bevorzugten nach seinen Aufzeichnungen jene angeschwemmten Schichten, welche »die fetteste, am feinsten anzufühlende Erde enthalten«.[3]

Die indigenen Menschen legten von dieser Erde Vorräte in Form von getrockneten Tonkugeln an. Humboldt ging davon aus, dass sie sie in Notzeiten verzehrten, damit sie irgendetwas im Magen hatten. Dieses Verhalten hilft, schlimmsten Hunger zu bekämpfen.

Darüber hinaus kann die auslaugende Wirkung von Erde auch günstig sein und, ähnlich wie eine Kohletablette, Giftstoffe aus dem Verdauungsapparat filtern. Wäre dem so, würde man erwarten, dass Menschen, die im Falle einer Vergiftung besonders betroffen wären, vermehrt Erde konsumieren. Und genau das sahen Fachleute in Studien: Die Geophagie ist demnach unter kleinen Kinder und schwangeren Frauen besonders verbreitet. Bei Letzteren geht es darum, das ungeborene Kind zu schützen.

Neben dem Heißhunger auf Erde gibt es übrigens einen weiteren evolutionär verdrahteten Mechanismus, das ungeborene Kind vor schädlichen Stoffen aus der Nahrung zu schützen und den Verdauungstrakt zu entgiften: Viele schwangere Frauen fühlen sich übel und haben in der frühen Schwangerschaft das Bedürfnis, sich zu übergeben. Auf Pemba und andernorts gibt es Frauen, die, so scheint es, in dieser Situation eine Portion Erde zu sich nehmen.

Es gibt eine weitere Vermutung, warum Menschen zur Geophagie neigen. In bestimmten Lebenslagen könnte eine Portion Boden wie eine Nährstofftablette wirken. Sie enthält nämlich Magnesium, Natrium, Calcium, Kalium, Eisen und dazu größere Mengen an Silikaten. Nach einer heftigen Durchfallerkrankung kann oral aufgenommener Lehm dem Körper manche Mineralstoffe, die er verloren hat, zuführen.

Viele Elemente, die für das Gedeihen von Pflanzen wesentlich sind, stammen aus dem Boden – und sind für den menschlichen Körper ebenfalls essenziell. Wir nehmen sie mit pflanzlicher Kost zu uns oder auf indirektem Wege in Form von tierischen Produkten. »Wasserstoff, Sauerstoffe, Kohlenstoff, Stickstoff, Natrium, Kalium, Calcium, Magnesium, Phosphor, Schwefel und Chlor machen zusammen 99,9 Prozent der Atome im Körper des Menschen aus«, konstatierten Fachleute in einem Aufsatz.[4] Von Wasserstoff, Sauerstoff und Kohlenstoff einmal abgesehen, stammen die ganzen anderen Elemente hauptsächlich aus dem Boden.

Der verbleibende Anteil von 0,1 Prozent setzt sich aus anorganischen Nährstoffen zusammen, die der Körper in geringen Mengen braucht. Das sind die Spurenelemente – auch sie sind im Boden enthalten. Das chemische Element Molybdän etwa wird benötigt, damit bestimmte Enzyme in den Zellen normal funktionieren. Jörg Blech hat als Austauschstudent an der University of Sussex in Brighton (England) einst das Enzym Xanthinoxidase aufgereinigt, also aus einem Gemisch isoliert, um es in möglichst reiner Form zu erhalten. In dieser Form, befreit von unerwünschten Begleitstoffen, kann man das Enzym dann untersuchen. Es wirkt beim Abbau von Purinen (biologischen Grundbausteinen) zu Harnsäure wie ein biologischer Katalysator und enthält in seinem Zentrum Molybdän.

Das Ausgangsmaterial, aus dem die Xanthinoxidase in reiner Form gewonnen wurde, war übrigens Buttermilch von Kühen. Diese hatten das Molybdän auf der Weide vom Boden oder mit dem Gras aufgenommen. Im Körper wurde es dann in die Xanthinoxidase eingebaut, das fertige Enzym wiederum wurde in die Milch gegeben. Diese wurde in einer Molkerei zu Buttermilch verarbeitet. Im Labor schließlich reinigte Jörg Blech die Buttermilch mit chromatografischen Methoden auf, bis er eine Flüssigkeit erhielt, die stark mit Xanthinoxidase und damit auch mit Molybdän angereichert war. Die genaue Wirkweise des Enzyms wurde in dem Labor erforscht, deshalb wurde es in größeren Mengen in reiner Form benötigt. Jörg Blechs bescheidener Beitrag als Praktikant beschränkte sich darauf, zu zeigen, dass man das Enzym vergleichsweise kostengünstig aus Kuhmilch gewinnen kann. Und er erinnert beispielhaft daran, dass der Boden die Grundlage unserer Ernährung ist. Das Molybdän gelangt aus dem Boden in Pflanzen und in Nutztiere sowie in deren Milch und mit der Nahrung dann in den Menschen, wo es im Stoffwechsel lebenswichtige Aufgaben übernimmt (die im Detail übrigens noch gar nicht geklärt sind).

Ähnlich verhält es sich mit weiteren Spurenelementen. Jod etwa wird vom Körper benötigt, weil es Bestandteil der Schilddrüsenhormone ist. Diese steuern zahlreiche Stoffwechselvorgänge; bei Kindern fördern sie insbesondere das Wachstum und die Reifung des Gehirns und der Knochen. Wenn den Schilddrüsenzellen das Element Jod als Ausgangsmaterial fehlt, dann stockt die Produktion der Hormone. Die Schilddrüse versucht dann, den Mangel durch einen Zuwachs an Gewebe auszugleichen. Dadurch wird das Schilddrüsengewebe größer – ein Kropf entsteht.

Jodmangel führt bei Kindern zu schweren Hirnschäden und verzögerter geistiger Entwicklung, dem Kretinismus. Solche Schäden treten gehäuft in Gegenden auf, in denen der Boden zu wenig Jod enthält, als dass es in ausreichender Menge in Nutzpflanzen gelangen könnte. Durch den Konsum von Speisesalz, das mit Jod angereichert wurde, lässt sich einem Mangel vorbeugen.

Wenn die Äcker einer bestimmten Gegend zu wenig Eisen enthalten, kann dies ebenfalls zu einer Unterversorgung führen. Ungefähr zwei Milliarden Menschen weltweit leiden an Eisenmangel, damit gehört er zu den häufigsten Mangelerkrankungen überhaupt. Eisen ist ein wichtiger Bestandteil des Hämoglobins in den roten Blutkörperchen, die Sauerstoff und Kohlenstoffdioxid zwischen Lunge und Gewebe transportieren. Bei einem Eisenmangel werden zu wenige rote Blutkörperchen gebildet, Gewebe im Körper werden dadurch nicht mehr ausreichend mit Sauerstoff versorgt, es kommt zur Anämie.

Das Element Selen ist Bestandteil bestimmter Enzyme und an vielen biochemischen Reaktionen beteiligt. Diese wirken antioxidativ und beugen Zellschäden vor, die durch freie Radikale entstehen können. Darüber hinaus beeinflussen von Selen abhängige Enzyme den Haushalt der Schilddrüsenhormone. Selen ist auch in Spermien enthalten und für die Fruchtbarkeit des Mannes notwendig. Der Selengehalt in pflanzlichen Lebensmitteln hängt vom Selengehalt der Böden ab, in denen die Pflanzen angebaut wurden, und kann von Gebiet zu Gebiet sehr stark schwanken. In Europa sind die Böden und somit viele pflanzliche Lebensmittel eher arm an Selen. Der Deutschen Gesellschaft für Ernährung mit Sitz in Bonn zufolge stellen deswegen in Europa tierische Lebensmittel wie Fleisch, Eier sowie Fisch eine zuverlässigere Selenquelle dar.

Das Element Zink schließlich wird für die Aktivität von

mehr als 300 Enzymen benötigt und ist somit an zahlreichen Vorgängen im Körper beteiligt. Dazu gehören das Zellwachstum, die Wundheilung und Prozesse im Immunsystem. Ein Zinkmangel kann dazu führen, dass Wunden nicht mehr richtig verheilen oder dass man anfälliger für Infektionen wird. Ungefähr die Hälfte der Böden weltweit weist eher wenig Zink auf. Die Menschen in Deutschland ernähren sich allerdings so, dass sie genug Zink aufnehmen. Zu einem richtigen Mangel kommt es meist dann, wenn man das in der Nahrung vorhandene Zink aufgrund einer Erkrankung nicht ausreichend aufnimmt. Das kann bei chronisch-entzündlichen Darmerkrankungen und nicht zuletzt bei Alkoholsucht der Fall sein, da Alkohol die Aufnahme von Zink hemmt.

Vom Wassergehalt einmal abgesehen, stammen die ganzen Elemente in unserem Körper also ursprünglich aus dem Boden – wir bestehen chemisch gesehen aus Erde. In diesem Punkt ist die Bibelgeschichte erwähnenswert. In der Heiligen Schrift steht, Gott habe den ersten Menschen aus Erde vom Acker geformt. Dessen Name, Adam, kommt vom hebräischen Wort *adamah*, das Erde bedeutet. Egal, ob man gläubig ist oder nicht, eines ist klar: Wir Menschen sind Wesen, die mit dem Boden verbunden und an den Boden gebunden sind. Wir sind Erdlinge.

Die Apotheke im Boden

Medikamente, die gegen gefährliche Krankheitserreger wirken, gehören zu den wichtigsten Waffen der Medizin und haben schon Millionen Menschen das Leben gerettet. Der Begriff

»Antibiotikum« besteht aus den griechischen Worten *anti* (gegen) und *bios* (Leben) und bedeutet streng genommen Mittel gegen das Leben. Gemeint sind in der Regel jedoch Substanzen, die den Stoffwechsel von Bakterien hemmen und deren Vermehrung verhindern.

Die Antibiotika wurden mitnichten von Pharmakologen erfunden. Vielmehr werden sie von Mikroorganismen hergestellt, die im Boden leben. Im Ökosystem Boden müssen die verschiedenen Bewohner auf das eigene Fortkommen achten und sich gegen räuberische oder schädliche Mitbewohner wehren. Im Laufe der Evolution haben bestimmte Algen, Bakterien, Flechten und Pilze im Boden die Fähigkeit entwickelt, chemische Substanzen herzustellen, die antibiotisch wirken. Sie setzen sie ein, um andere Mikroorganismen auf Distanz zu halten.

Dieses Phänomen kann man im Labor sehen, wenn man in eine Kulturschale zwei unterschiedliche Pilze gibt. Die Kontrahenten attackieren einander mit giftigen chemischen Stoffen, damit der andere einem nicht die Ressourcen streitig macht. Die Stoffe können den Konkurrenten im Wachstum hemmen oder gleich abtöten. Solche Dramen spielen sich im Boden die ganze Zeit ab. »Interference competition« heißt das Phänomen in der Fachsprache.

Die Einführung der Antibiotika in die moderne Medizin geht auf den schottischen Arzt Alexander Fleming zurück. Im Jahr 1928 entdeckte er etwas Merkwürdiges: Die Kulturen von Eiterbakterien, die er angelegt hatte, wurden von Schimmelpilzen getötet, die unbeabsichtigt dort hineingelangt waren. Einige Jahre danach konnte man nachweisen, woran das lag:

Die Schimmelpilze produzierten eine bestimmte Substanz, welche die Bakterien dahinraffte. Man nannte sie Penicillin.

Die Mikrobiologen Albert Schatz und Selman Waksman entdeckten 1943, dass eine bestimmte Bakterienart einen ähnlich potenten Wirkstoff herstellt. Dieser wurde Streptomycin genannt.

In der Folge stellten pharmazeutische Unternehmen diese lebensrettenden Stoffe in großen Mengen her. Das »goldene Zeitalter der Antibiotika-Entdeckung« brach damit an. Wissenschaftlerinnen und Wissenschaftler entdeckten immer neue Mikroorganismen im Boden, die imstande waren, die begehrten Stoffe herzustellen. Von den antibiotisch wirkenden Substanzen können die meisten allerdings nicht in der Medizin eingesetzt werden, weil sie auch für menschliche Zellen giftig sind.

Von den 1970er-Jahren an geriet die Forschung in eine Krise. Der Grund: Immer häufiger fand man nur noch Antibiotika, die der Wissenschaft bereits bekannt waren. Alte Befunde wurden nur noch repliziert, neuartige Antibiotika konnte man nicht mehr ausfindig machen.[5] Zur gleichen Zeit wurden immer mehr gefährliche Bakterienstämme resistent gegen die verfügbaren Antibiotika.

Das Problem ist heute größer als jemals zuvor. Die Weltgesundheitsorganisation (WHO) hat Alarm geschlagen und sagt, dass die existierenden Antibiotika gegen 15 besonders gefährlich Erreger inzwischen häufig versagen. Im Zeitraum 2025 bis 2050 könnten laut einer Studie weltweit mehr als 39 Millionen Menschen an Keimen sterben, die gegen die existierenden Antibiotika resistent sind.[6] Staaten und Unternehmen sollten dringend mehr in die Entwicklung neuer Antibiotika investieren, um diesen bedrohlichen Trend zu stoppen.

Allerdings gibt es auch Grund zur Hoffnung, dass die Suche nach neuen Antibiotika erfolgreich sein wird. Denn es liegen noch viele pharmakologische Schätze im Boden verborgen. Nur ungefähr ein Prozent der im Boden lebenden Arten von Mikroorganismen ist bisher wissenschaftlich erfasst. Die 99 Prozent der noch unerforschten Bodenbewohner – in absoluten Zahlen sind das vermutlich Milliarden Arten – bilden ein Reservoir, das sehr viele antibiotische Wirkstoffe enthalten könnte. Allein die Mitglieder der Bakteriengattung Streptomyces, die überwiegend in Böden vorkommen, stellen zusammengenommen womöglich mehr als 100 000 verschiedene antibiotische Wirkstoffe her, so das Ergebnis einer Schätzung. Von diesen Wirkstoffen ist bisher nur ein Bruchteil entdeckt worden.[7]

Suche nach unentdeckten Schätzen

Weil viele Bakterien aus dem Boden nicht gut unter Laborbedingungen wachsen, standen sie bisher für die Entwicklung neuer Antibiotika nicht zur Verfügung. Doch Forscher und Forscherinnen versuchen das zu ändern. Ein internationales Team um den Wissenschaftler Kim Lewis vom Antimicrobial Discovery Center der Northeastern University in Boston hat ein Gerät entwickelt, mit dem sich bisher unentdeckte Bodenbakterien studieren lassen.[8] Mit dem von ihnen »iChip« genannten Gerät konnten die Forscher einzelne aus dem Boden gewonnene Bakterien in einzelne Kammern sortieren. Daraufhin gruben sie das Gerät wieder in den Boden ein. Die Bakterien konnten die Kammern zwar nicht verlassen, aber sie wurden durch Stoffe aus der Umgebung versorgt und konnten auf diese Weise in einer Umgebung gedeihen, die für sie vergleichsweise natürlich ist.

Die Forscher züchteten auf diese Weise viele Bakterienkolonien heran und testeten 10 000 von ihnen daraufhin, ob sie das Wachstum eines bestimmten Keims stoppten. Diese Suche ergab viele interessante Treffer. Besonders vielversprechend ist ein Stoff, der aus dem bis dahin unbekannten Bodenbakterium *Eleftheria terrae subspezies carolina* stammt.[9] Seinen Herkunftsort trägt es in seinem Namen: Es wurde erstmals aus einer Bodenprobe im US-Bundesstaat North Carolina isoliert. Weitere Untersuchungen ergaben, dass es einen potenten Wirkstoff produziert, um sich vor anderen Bakterien zu schützen, die mit ihm um die Lebensgrundlage konkurrieren. »Das neue Antibiotikum attackiert gleichzeitig an mehreren Stellen den Aufbau der bakteriellen Zellwand, indem es essenzielle Bausteine blockiert«, sagte die an der Studie beteiligte Forscherin Tanja Schneider vom Institut für Pharmazeutische Mikrobiologie des Universitätsklinikums Bonn.[10] Das Antibiotikum zerstört die Zellhülle der konkurrierenden Bakterien, diese sterben daraufhin. Gemeinsam mit anderen Wissenschaftlern konnte Tanja Schneider zeigen, dass der Stoff räumlich um bestimmte Strukturen in der Zellhülle herum angreift. Deshalb tauften die Forschenden ihn »Clovibactin«, abgeleitet vom griechischen *klouvi* (Käfig), weil er die Zielstruktur wie ein Käfig umschließt. Die Struktur von Clovibactin soll nun chemisch verändert werden, damit es noch besser wirkt. Wenn es sich in klinischen Studien bei Menschen als wirksam und verträglich erweist, könnte es dereinst Leben retten.

Einen anderen Ansatz verfolgt das Team des Forschers Sean Brady von der Rockefeller University in New York City.[11] Es sammelte zunächst mehr als 2000 verschiedene Bodenproben. Doch es versuchte erst gar nicht, die in den Proben vorhandenen Bakterien in Petrischalen zu kultivieren; vielmehr fahndete das Team in den Bodenproben nach Erbgutspuren von Mikroorganismen, also nach mikrobieller DNA. Diese Methode macht die Kultivierung überflüssig und stützt sich stattdessen auf erprobte Verfahren wie DNA-Sequenzierung und Computeranalyse. Ein Hindernis bei dieser Vorgehensweise ist, dass es im Boden von Erbgutspuren nur so wimmelt. Eine Bodenprobe enthält einfach zu viel DNA, als dass man sie mit derzeit verfügbaren Methoden vollständig analysieren könnte.

Die Lösung bestand darin, die Bodenproben nur nach solchen DNA-Abschnitten zu durchsuchen, die denen ähneln, die den Bauplan für bereits bekannte Antibiotika enthalten. Diese gezielte Suche war weniger aufwendig und führte tatsächlich zu einem Treffer: Die Forscher entdeckten eine neue Gruppe von Antibiotika, die sie »Malacidine« nannten. Diese konnten in Experimenten viele verschiedene Krankheitserreger töten und bakterielle Infektionen erfolgreich bekämpfen.

Das Geheimnis der traditionellen Heilerde

Interessanterweise haben Menschen schon sehr früh erkannt, dass bestimmte Sorten von Erde wie eine gute Arznei wirken können. Der Einsatz von Erde in der traditionellen Medizin ist etwa aus Jordanien bekannt: Menschen benutzen dort eine bestimmte rote Erde, um Hautentzündungen und auch Windelausschlag zu behandeln. Sie suchen das Material abseits von Wohnhäusern, in Flächen, die möglichst nicht von Füßen berührt, also nicht betreten werden und daher als sauber gelten. Die Erde wird auch nicht direkt von der Oberfläche aufgenommen, da diese oberste Schicht als verunreinigt oder nicht sauber gilt, berichten Wissenschaftler, die das Phänomen in Jordanien erforschten.[12] In einem Aufsatz schreiben sie: »Nachdem der infizierte Hautbereich gewaschen und getrocknet wurde, wird die gesiebte Erde täglich als Pulver oder Paste aufgetragen, bis die Infektion abklingt.«

Offenbar heilt die Roterde die Entzündungen, indem sie schädliche Mikroorganismen auf der Haut bekämpft. Die Grundlage für diese antimikrobielle Wirkung war jedoch lange nicht bekannt. Handelte es sich dabei um eine traditionelle Form von Antibiotika?

Um das herauszufinden, sammelten die Wissenschaftler in Jordanien Proben dieser roten Erde und gaben sie im Labor in Flaschen, die flüssige Nährmedien mit zwei Bakterienstämmen enthielten. Dann warteten sie, ob etwas geschah. Nach zwölf Tagen wurde ihre Geduld belohnt: Die Zahl der Bakterien sank dramatisch. Die Forschenden machten zur Kontrolle das gleiche Experimente mit Roterde, die sie zuvor keimfrei gemacht hatten. In diesem Fall wurden die zwei Bakterienstämme nicht bekämpft. Das bedeutet: Die heilsame Wirkung der Roterde beruht nicht auf ihren mineralischen Bestandteilen, sondern auf Stoffen, die von Mikroorganismen hergestellt werden. Die

Forscher gehen von diesem Szenario aus: Das Auftragen von roter Erde auf einen infizierten Hautbereich führt zur Vermehrung von nützlichen Bakterien, die antibiotische Verbindungen herstellen und auf diese Weise jene Bakterienstämme abtöten, die auf der Haut die Entzündung hervorriefen.

Menschen, die früher in der heutigen kanadischen Provinz British Columbia lebten, haben ebenfalls schon vor vielen Jahrhunderten Erde als Medizin benutzt. Diese mineralische Tonerde besorgten sie sich an einer bestimmten Lagerstätte in der Kisameet Bay, auf einer Insel an der pazifischen Küste. Die indigenen Bewohnerinnen und Bewohner der Gegend behandelten damit offenbar verschiedene Beschwerden, darunter die chronische entzündliche Darmerkrankung Colitis ulcerosa, Geschwüre im Zwölffingerdarm, Arthritis oder Venenentzündungen – das jedenfalls geht aus anekdotischen Berichten hervor.

Doch was ist das Geheimnis des Kisameet-Tons? Mineralogischen und chemischen Analysen zufolge enthalten die dortigen Ablagerungen zu ungefähr einem Viertel des Gewichts verschiedene Tonminerale, was ungewöhnlich wenig ist. Dafür finden sich recht viele Mikroorganismen in der Tongrube; Studien zufolge sind es 1000 bis 3000 verschiedene Stämme, unter ihnen auch Actinobakterien, von denen bekannt ist, dass sie kleine Moleküle herstellen, die biologisch aktiv sind. Womöglich verliehen diese Substanzen dem Lehm die heilsame Wirkung. Forschende der University of British Columbia in Vancouver züchteten 16 gefährliche Bakterienstämme, die in Krankenhäusern schwere Infektionen hervorrufen können, in einer Flüssigkeit heran. In das gefährliche Gebräu gaben sie

Kisameet-Ton. Und siehe da: Dadurch wurden die Krankheitserreger abgetötet.[13]

Auch in Irland haben Menschen traditionell zu bestimmten Böden gegriffen, um damit Krankheiten zu behandeln. Ein solcher Boden stammt aus den Scarplands von West Fermanagh, einer verwunschen wirkenden Gegend mit Mooren, Graslandschaften und Höhlen, die in der heutigen nordirischen Grafschaft Fermanagh liegt. Der Wissenschaftler Gerry Quinn von der Ulster University in Nordirland entdeckte mit seinem Team in Bodenproben aus der Gegend einen bis dahin unbekannten Bakterienstamm.[14] In verschiedenen Studien konnten die Forschenden nachweisen, dass dieser Bakterienstamm nicht nur auf ein breites Spektrum gefährlicher Bakterien hemmend wirkte, sondern auch gegen den Hefepilz Candida.

Die Beispiele aus Jordanien, Kanada und Irland zeigen, dass Menschen schon früh gemerkt haben, dass Böden nicht »schmutzig« sind. Vielmehr können bestimmte davon wie eine gute Medizin gegen Infektionen wirken.

Viren, die gesund machen

Doch nicht nur antibiotische Substanzen bekämpfen Bakterien, sondern auch bestimmte Viren. Diese finden sich ebenfalls in unvorstellbaren Mengen im Erdreich. Ein einziges Gramm Boden kann zehn Millionen bis zehn Milliarden Viren enthalten. Diese Zahlen beruhen auf Schätzungen, weil noch niemand genau nachgezählt hat (was wohl auch vorerst nicht gelingen wird). Viele dieser Viren im Boden befallen ausschließlich Bakterien und werden deshalb Bakteriophagen genannt. Der Begriff leitet sich aus dem Griechischen ab und bedeutet »Bakterienfresser«.

Deswegen setzten manche Ärzte Phagen ein, um schwere bakterielle Infektionen zu bekämpfen. Sie haben schon vielen Patienten, deren Infektionen anders nicht mehr zu bekämpfen waren, das Leben auf diese Weise gerettet. »Phagen werden immer wichtiger, weil Antibiotika gegen gefährliche Krankenhauskeime oftmals nicht mehr wirken«, sagte die Mikrobiologin Christine Rohde, die gemeinsam mit dem Mikrobiologen Johannes Wittmann am Leibniz-Institut DSMZ-Deutsche Sammlung von Mikroorganismen und Zellkulturen in Braunschweig eine der weltweit größten Phagenbanken aufbaute.[15] In Röhrchen lagern über 1200 verschiedene Phagen, die gegen mehr als 150 Bakterienarten wirken. Jeden Tag gibt es Anfragen von Forschern, Medizinerinnen oder Patienten.

Dennoch kommen die potenziellen Lebensretter in Deutschland bisher nur selten zum Einsatz. Der Grund sind die bestehenden Gesetze zu Arzneimitteln. Das Szenario, dass diese Viren segensreich sein können, kommt in den Regelwerken nicht vor. Deswegen wissen Ärztinnen und Ärzte hierzulande oft nicht, unter welchen Bedingungen sie die Phagen ihren Patienten verabreichen dürfen.

Dabei wurde die Phagentherapie schon früh erfolgreich erprobt. Der Mikrobiologe Félix d'Hérelle vom Institut Pasteur in Paris bereitete schon vor mehr als hundert Jahren einen Trank zu, der voller Phagen war, und kostete selbst davon. Durch diesen Selbstversuch wollte er sich persönlich davon überzeugen, dass es keine unerfreulichen Nebenwirkungen gab. 1919 dann behandelte d'Hérelle erste Patienten damit.

Phagen sind für menschliche Zellen ungefährlich, weil sie, wie gesagt, ausschließlich Bakterien angreifen, und zwar jeweils nur die Vertreter einer bestimmten Sorte. Deswegen kann eine bestimmte Phagenart gezielt gegen einen bestimmten bakteriellen Krankheitserreger eingesetzt werden. Die vielen nützlichen Bakterien auf und im Körper des Menschen dagegen bleiben von ihnen verschont.

Phagen finden sich überall da, wo es Bakterien gibt, allerdings in noch größerer Zahl. Sie sind die häufigste Daseinsform im Boden. Medizinerinnen und Wissenschaftler suchen sie aber nicht nur im Erdreich, sondern auch in Kläranlagen oder im Abwasser von Krankenhäusern, weil dort vermutlich viele Phagen vorkommen, die es mit multiresistenten Keimen aufnehmen können.

Im Elektronenmikroskop sehen etliche Phagen aus wie die Miniaturausgabe eines Mondlandemoduls. Der geometrisch geformte Kopf enthält das Erbmaterial. Vom Schwanz gehen Fasern ab, diese helfen den Phagen, sich auf dem Opferbakterium zu verankern.

Anders als es der wissenschaftliche Name suggeriert, »fressen« Bakteriophagen ihre Beute nicht. Vielmehr spritzen sie ihr Erbgut in die Bakterienzelle. Deren Zellmaschinerie kann dadurch gleichsam gezwungen werden, immer neue Phagen herzustellen. Am Ende platzt das Bakterium: Die vielen Tochterphagen werden freigesetzt und stürzen sich auf die nächsten Opfer. Auf diesem sogenannten lytischen Zyklus beruht die therapeutische Wirkung.

Phagen werden in einer Flüssigkeit gelagert, man kann sie schlucken, inhalieren, einspülen, injizieren oder als Salbe auf die entzündete Stelle auftragen.

Als 1928 mit dem Penicillin das erste Antibiotikum entdeckt wurde, gerieten die Phagen in der westlichen Medizin schnell in Vergessenheit, weil man glaubte, man könne nunmehr ohne sie auskommen. In Osteuropa wurde die Phagenmedizin hingegen fortgeführt, sie besteht in Polen, Russland und Georgien bis heute. Im Eliava-Institut in Tiflis etwa suchen jedes Jahr mehr als 500 Patienten aus dem Westen verzweifelt Hilfe. Sie sind mit resistenten Keimen infiziert, gegen die sonst nichts mehr hilft. Die Behandlung in Tiflis kostet etwa 4000 Euro.

In Deutschland hat das Team um den Arzt Christian Kühn an der Medizinischen Hochschule Hannover viel Erfahrung mit der Phagentherapie. Es behandelt Menschen, die Infektionen an herz- und gefäßchirurgischen Implantaten haben, sowie Patienten mit schweren postoperativen Lungenentzündungen oder Wundheilungsstörungen. Dafür züchtet das Team den Krankheitskeim in einem Nährmedium und gibt dann so lange Phagen hinzu, bis es jenes Exemplar findet, das die schädlichen Bakterien am besten zum Platzen bringt – und das bekommen die Erkrankten dann verabreicht. In vielen Fällen gelang es Christian Kühn, die Erreger zur Ausheilung zu bringen. Um sich abzusichern, zeigten die MHH-Ärzte die Heilversuche zuvor bei der lokalen Aufsichtsbehörde an. Solche individuellen Heilversuche sind erlaubt, aber keine Grundlage für eine breite Anwendung.

Belgien macht vor, wie man die Phagen zu den Patienten bringen kann.[16] In einer offiziellen, seit 2018 gültigen Anleitung ist beschrieben, wie Phagen hergestellt und verabreicht werden müssen, damit Risiken vermieden werden. Die belgischen Experten versorgten bislang ungefähr 140 Personen in mehr als zehn Ländern mit Phagen. Viele von ihnen wurden am Königin-Astrid-Militärkrankenhaus in Brüssel behandelt. Die Erfolgsquote bezifferte der zuständige Wissenschaftler Jean-Paul Pirnay auf 75 Prozent.[17]

Die EU scheint dem Beispiel nunmehr zu folgen. In der 2025 veröffentlichten Ausgabe des *Europäischen Arzneibuches* gibt es erstmals ein Kapitel zu dem Thema, das europaweit abgestimmte Qualitätskriterien für Bakteriophagen-Arzneimittel definiert.[18] Es ist zu hoffen, dass die Anwendung von Phagen dadurch vorankommt und Mediziner in Zukunft noch häufiger in Schlämmen und Böden nach heilsamen Viren suchen werden.

Das Leben auf dem Menschen

Wir Menschen sollten schon allein aus medizinischen Gründen bodenständig bleiben. Denn der Boden bildet ein Reservoir für Mikroorganismen, die unseren Körper besiedeln und ihm helfen, seine normale Bakterienflora aufrechtzuerhalten. Sie trainieren nicht nur sein Immunsystem, sondern wehren auch schädliche Erreger ab. Sie regeln Teile unserer Verdauung und versorgen uns mit lebenswichtigen Vitaminen. Niemand könnte ohne diese unsichtbar kleinen Besiedler überleben.

Lange Zeit hatten wir keine Vorstellung davon, was alles im und auf dem Körper kreucht und fleucht. Viele Mikroorganismen ließen sich nicht in der Kulturschale züchten und blieben unerkannt. Doch seit einiger Zeit kann man die Besiedler anhand ihres Erbguts – ihrer DNA – identifizieren. Dank ausgefeilter Methoden können Mikrobiologen sogar winzig kleine DNA-Spuren im und auf dem Körper des Menschen aufspüren und unterschiedlichen Bakterienarten zuordnen. Denn so wie jeder Mensch einen unverwechselbaren Fingerabdruck hat, trägt jeder Bakterienstamm ein eigenes Muster in der DNA.

Das Ergebnis dieser Bestandsaufnahme ist beeindruckend: Jeder Mensch lebt demnach in einer Wolke aus Mikroorganismen. Neben Viren, Urtierchen und Pilzen siedeln Hunderte Billionen Bakterien, die zu mehr als tausend Arten zählen, auf den äußeren und inneren Häuten des Menschen. Sie besitzen mehr als hundertmal so viele Gene wie ihr großer Wirt.

Eine einzelne Person mag sich zwar wie ein Individuum fühlen, aus Sicht von Biologen ist sie jedoch ein Superorganismus.[19] Dieser gedeiht nur, weil seine Mitglieder schon seit Urzeiten zusammenarbeiten. Die im Darm tätigen Bakterien steuern mehr als 30 Prozent der kleinen Moleküle bei, die sich im Menschenblut finden. Die Winzlinge verwerten pflanzliche Zuckermoleküle und decken auf diese Weise mehr als 10 Prozent des Kalorienbedarfs des Ökosystems Mensch. Die Gesamtheit aller Bewohner des Körpers, das sogenannte Mikrobiom,* bildet ein eigenständiges Organ. Es wiegt mit zwei

* Der Begriff »Mikrobiom« bezeichnet die Gesamtheit aller Genome von Mikroorganismen in einem bestimmten Lebensraum. Damit ist aber oft die Gesamtheit der Lebewesen selbst gemeint. Der Begriff »Mikrobiota« ist für letztere Bedeutung präziser. Doch in der Mikrobiologie und in der Bodenökologie hat sich »Mikrobiom« eingebürgert.

Kilogramm mehr als das Gehirn und verfügt über eine biochemische Aktivität, die man mit jener der Leber vergleichen kann.

Der Superorganismus Mensch hat sich über Jahrmillionen entwickelt und bewährt. Doch mit manchen Segnungen der modernen Welt kommt er nur schlecht zurecht. Ein Beispiel ist die Kaiserschnittgeburt. Sie ist zwar oft nötig und hat schon vielen Kindern und Müttern das Leben gerettet. Jedoch hat sie auch den Nachteil, dass sie die natürliche Besiedlung des Neugeborenen mit Bakterien stört. Bei der normalen Geburt gleitet das Kind durch den Geburtskanal und wird dabei mit Laktobakterien der mütterlichen Vagina angeimpft. Das sind genau die Bakterien, die dem Säugling helfen, die Muttermilch zu verdauen. Doch beim Kaiserschnitt kann diese natürliche Kolonisierung nicht geschehen. Das Mikrobiom von Kaiserschnittkindern kann auch noch sieben Jahre nach der Geburt verändert sein. Womöglich liegt das daran, dass sie in einer zu sterilen Umwelt aufwachsen und den Kontakt mit den Mikroorganismen nie richtig nachholen.

Auch die Einnahme von Antibiotika kann das Mikrobiom schädigen. Diese Medikamente töten zwar gefährliche Bakterien ab und werden in vielen Fällen völlig zu Recht eingesetzt, damit sie Leben retten. Doch leider räumen die Mittel auch die vielen nützlichen Besiedler im Körper ab. Bereits zwei Behandlungszyklen mit dem Mittel Ciprofloxacin reichen aus, um der Mikrobiota einen empfindlichen Schlag zu versetzen. Die Bakterien im Darm wachsen zwar nach; jedoch lässt sich die ursprüngliche Vielfalt kaum mehr erreichen.

Als weiterer Punkt kommt hinzu, dass viele Menschen kaum noch mit den Bakterien aus dem Boden in Berührung kommen.

Der Eintrag über die Nahrung wird immer weniger, weil Menschen zunehmend Produkte aus den Fabriken der Nahrungsindustrie verzehren. Diese Lebensmittel sind ganz wesentlich aus Fett, Zucker sowie Salz zusammengesetzt. Sie enthalten Antioxidationsmittel, künstliche Aromen, Emulgatoren, Konservierungsstoffe, Stabilisatoren, Feuchthaltemittel, Komplexbildner, Geschmacksverstärker, aber kaum noch Ballaststoffe, die wiederum die Lebensgrundlage der nützlichen Darmbakterien darstellen. Tütensuppen, Tiefkühlpizzen und Fertiggerichte verdrängen mehr und mehr die Ernährung selbst zubereiteter Speisen mit frischen Zutaten, die noch natürliche Mikroorganismen enthalten.

Auch der direkte Kontakt mit Viren oder Bakterien aus dem Boden wird seltener. Mehr als die Hälfte der Menschheit lebt inzwischen in Städten. Doch dort sind die meisten Flächen versiegelt und beherbergen kaum noch Mikroorganismen, geschweige denn Bodenbakterien, die ja als Reservoir für die Besiedlung des Menschen dienen. Das bleibt nicht ohne Folgen. Die Einwohner moderner Städte haben offenbar die Hälfte ihrer Darmbakterien eingebüßt.[20]

Den betroffenen Menschen droht eine dauerhafte Verarmung des Mikrobioms. Aus der segensreichen Symbiose kann in vielen Fällen eine krank machende »Dysbiose« werden. »Gute« und »schlechte« Darmbakterien befinden sich dann in einem Missverhältnis zueinander. Das wiederum gilt als Auslöser für eine Vielzahl von Erkrankungen. Die betroffenen Menschen werden nicht nur anfällig für Allergien, sondern auch für chronische Darmentzündungen sowie für Darmkrebs, Diabetes Typ 2 und nicht zuletzt krankhaftes Übergewicht.

Durch die Dysbiose können bestimmte Bakterien im Darm heranwuchern, die besonders viele Kalorien aus der Nahrung aufnehmen. Diese supereffizienten Stämme bringen den Körper dazu, zusätzliche Fettpolster anzulegen, und machen es einem schwerer, ein gesundes Körpergewicht zu halten. In der Landwirtschaft ist dieser Effekt ebenfalls bekannt. Wenn man Hühnern, Schweinen oder Rindern Antibiotika ins Futter mischt und dadurch ihre normale Darmflora durcheinanderbringt, setzen die Tiere rascher als sonst Fett- und Muskelgewebe an. Der Einsatz von Antibiotika als Leistungsbeschleuniger für Tiere ist in Deutschland seit einiger Zeit verboten.

Neue Studien legen den Verdacht nahe, dass eine Dysbiose sogar zur Parkinson-Krankheit beitragen kann. Als Ursache des Leidens gelten nämlich krankhaft veränderte Versionen eines Proteins namens Alpha-Synuklein. Sie lagern sich wie Schlacke im Gehirn ab und töten dort offenbar vor allem jene Nervenzellen ab, die den wichtigen Botenstoff Dopamin herstellen. Wenn es nicht mehr ausreichend Dopamin gibt, kommt es zu verschiedenen Symptomen: Die betroffenen Menschen zittern, haben steife Muskeln und können sich nur langsam bewegen. Manche von ihnen haben zunehmend Probleme mit der Geisteskraft, wenn sie denken und Schlüsse ziehen müssen.

Lange gingen Neurologinnen und Neurologen davon aus, dass das schädliche Alpha-Synuklein im Gehirn der erkrankten Menschen entsteht. Doch zumindest bei einem Teil der Patienten kommen die Alpha-Synuklein-Proteine womöglich aus dem Darm und werden in der Blutbahn ins Gehirn transportiert.[21] Dazu passt folgende Beobachtung: Viele Menschen mit Parkinson haben eine dysbiotische Darmflora und Probleme mit der Verdauung. Diese Veränderungen breiten sich offenbar im Körper aus und können das Gehirn erreichen. Das Alpha-Synuklein wird im Blut transportiert und könnte die Blut-Hirn-Schranke überwinden. Das würde bedeuten: Was wie eine reine Erkrankung des Gehirns erscheint, geht zurück auf fehlenden Kontakt zu Mikroorganismen aus dem Boden.

Viel Schmutz, viel Schutz

Die meiste Zeit der Menschheitsgeschichte war es völlig normal, dass man ständig mit Boden und den darin enthaltenen Keimen in Berührung kam. Die Vorteile der heutigen Reinlichkeit will niemand mehr missen, aber zugleich lässt sich nicht länger übersehen, dass die Welt für viele Menschen inzwischen zu steril geworden ist.

Das wurde auch offenbar, als 1989 die Berliner Mauer fiel. Das Team der Kinderärztin Erika von Mutius, die damals am Klinikum Innenstadt in München arbeitete, zeigte in einer Studie, dass Allergien in der DDR weitaus seltener vorkamen als in Westdeutschland. Vor der Wiedervereinigung litten im damals stark luftverschmutzten Leipzig statistisch gesehen deutlich weniger Kinder unter Heuschnupfen als im vergleichsweisen sauberen München. Nach der Wende wurde die Luft im Osten viel besser. Allerdings stiegen auch die Heuschnupfen-Quoten.

»Es ist also irgendetwas im westlichen Lebensstil, was zu den Allergien führt«, vermutete Erika von Mutius schon vor einiger Zeit.[22] Lag es daran, dass Kinder in der Stadt in einer allzu keimfreien Umgebung aufwuchsen? Um das herauszufinden, untersuchte die Ärztin gemeinsam mit anderen Wissenschaftlern Mädchen und Jungs mit Asthma in Deutschland. Das Ergebnis: Kinder vom Land hatten mehr Kontakt mit Mikroben aus der Umgebung – und erkrankten deutlich seltener an Asthma.

Ein ähnliches Bild ergab sich, als Erika von Mutius gemeinsam mit US-Forschern Untersuchungen in Amerika anstellte. Es ging um die Kinder von Amischen, einer Glaubensgemeinschaft, deren Mitglieder moderne Technik meiden und zum Beispiel das Feld noch mit dem Pferd bestellen. Es ist ein Leben, das man in der Kleinstadt Shipshewana im US-Bundesstaat Indiana sehen kann. Viele Einwohner fahren dort in Einspännerkutschen, die Wäsche flattert draußen an Leinen, die Kinder radeln zur Schule.

In der Studie wurden Kinder einer Amischengemeinde in Indiana mit Mädchen und Jungen gleichen Alters verglichen, die in einer anderen Glaubensgemeinschaft lebten, und zwar in der Gruppe der Hutterer im US-Staat South Dakota. Mitglieder beider Gruppen stammen von Vorfahren ab, die einst in niederländischen oder deutschsprachigen Gegenden lebten und eine ähnliche genetische Abstammung haben. Sie betreiben Landwirtschaft und haben eine Vorliebe für deftige Kost. Sie haben große Familien, werden im Kindesalter geimpft, stillen ihre Kinder, trinken Rohmilch und haben keine Haustiere in der Wohnung.

Die beiden Gemeinschaften unterscheiden sich allerdings in zwei wesentlichen Aspekten. Während die Amischen meist Einfamilien-Milchviehbetriebe auf traditionelle Weise bewirtschaften, arbeiten die Hutterer in großen Gemeinschaftsbetrieben und verwenden moderne, industrielle Landmaschinen. Dadurch haben Kinder in der Gemeinschaft der Hutterer weniger direkten Kontakt mit Nutztieren im Alltag.

Und es gibt große Unterschiede bei den Asthmaraten. Etwa 5 Prozent der amischen Schulkinder im Alter von 6 bis 14 haben Asthma. Bei den Kindern der Hutterer dagegen sind es ungefähr 21 Prozent.

Um diese Unterschiede zu verstehen, untersuchten die Forscherinnen und Forscher 30 amische Mädchen und Jungs im Alter von 7 bis 14 Jahren und 30 hutterische Kinder gleichen Alters. Sie verglichen die Arten von Immunzellen im Blut der Kinder, sammelten Luftstaub aus den jeweiligen Häusern und maßen die Menge an Mikroorganismen darin.

Das Ergebnis: Die Kinder der Amischen hatten mehr Neutrophile; das sind Immunzellen, die für die Bekämpfung von Infektionen wichtig sind. Und sie hatten weniger Eosinophile – Immunzellen, die bei allergischen Reaktionen eine wichtige Rolle spielen und diese fördern können. Darüber hinaus zeigten weitere Untersuchungen, dass das Immunsystem der amischen Kinder insgesamt gestärkt war.

Die Wissenschaftler führten das auf den Hausstaub zurück. Dieser enthielt in der Umgebung der Amischen viel mehr Mikroorganismen. Genau deshalb hatte er offenbar einen schützenden Effekt. Darauf deuteten auch zusätzliche Untersuchungen hin. Mäuse, die dem Staub aus Häusern von Amischen ausgesetzt wurden, waren gefeit gegen asthmaähnliche Reaktionen auf Allergene. Im Gegensatz dazu waren Mäuse, die Hausstaub aus Häusern der Hutterer ausgesetzt wurden, nicht geschützt.

Die an den Untersuchungen beteiligte Forscherin Carole Ober von der University of Chicago legte Wert auf die Feststellung, weder die Häuser der Amischen noch die der Hutterer seien verschmutzt.[23] Diese seien in ordentlichem Zustand. »Die Scheunen der Amischen liegen jedoch viel näher an ihren Häusern. Ihre Kinder laufen den ganzen Tag über hinein und hinaus, oft barfuß. In den Häusern der Amischen gibt es keinen offensichtlichen Schmutz, keinen Mangel an Sauberkeit. Er befindet sich einfach in der Luft und im Staub.«

Der Kontakt zum Boden beugt also Autoimmunerkrankungen vor. Finnische Forscherinnen und Forscher haben einen ähnlichen Zusammenhang für Diabetes mellitus Typ 1 entdeckt, eine Krankheit, bei der das Immunsystem ebenfalls nicht mehr richtig reguliert ist. Es ist fehlgeleitet und attackiert fatalerweise Zellen der eigenen Bauchspeicheldrüse, in denen das Hormon Insulin gebildet wird. Das Insulin regelt normalerweise die Aufnahme von Traubenzucker (Glukose) in die Körperzellen. Ohne Insulin steigt der Gehalt an Zucker im Körper und richtet schlimme Schäden an.

Ob die Erkrankung entsteht, hängt offenbar auch davon ab, in welcher Umgebung ein Mensch aufwächst. Die finnischen Wissenschaftler fanden das heraus, indem sie Daten zum Gesundheitszustand und Wohnort von mehr als 10 000 Kindern analysierten. Kinder, deren Wohnort von vielen Äckern, Feldern und Wäldern umgeben war, hatten ein verringertes Risiko, an Diabetes mellitus Typ 1 zu erkranken. Offensichtlich liegt es daran, dass diese Mädchen und Jungen vermehrt mit Mikroorganismen aus dem Boden in Berührung kamen.

Frischer Waldboden in die Kitas

Diese Befunde führen zu einer spannenden Frage: Kann man Allergien und Autoimmunerkrankungen vorbeugen, indem man Menschen gezielt mit Bodenbakterien in Kontakt bringt? Tatsächlich wurden erste Studien dazu bereits gemacht, und zwar in Finnland. Ein Team um die Forscherin Nora Nurminen von der Universität Tampere untersuchte, wie man sich mit Schmutz gleichsam gesund waschen kann. Zunächst bereitete das Team eine Bodenprobe zu, die unter anderem Schlick, Laub, Kuhfladen und Pferdeäpfel enthielt. Das Material wimmelte nur so von Mikroorganismen.[24] Anschließend begann die Studie, an der 14 gesunde Frauen und Männer teilnahmen (eine zugegebenermaßen überschaubare Stichprobenzahl). Die eine Hälfte von ihnen war in der Kontrollgruppe und brauchte nichts weiter zu tun. Die anderen sieben Testpersonen dagegen mussten das Material jeden Tag dreimal für jeweils 20 Sekunden in ihren Händen reiben. Das Ritual fand jeweils kurz vor dem Frühstück, kurz vor dem Abendessen sowie vor dem Schlafengehen statt. Danach reinigten die Probandinnen und Probanden ihre Hände nicht etwa mit Seife, sondern spülten sie bloß fünf Sekunden lang mit Leitungswasser ab. Anschließend verzehrten sie eine Mahlzeit oder gingen schlafen. So ging es zwei Wochen lang.

Danach wurden die Testpersonen untersucht und die Gruppen miteinander verglichen. Bei jenen Menschen, die ihre Hände in dem Bodenmaterial gerieben hatten, fanden die Forschenden eine größere mikrobielle Vielfalt auf der Haut und im

Verdauungstrakt, ihre Bakterienflora war artenreicher geworden. Das war womöglich mit einem günstigen Einfluss auf das Immunsystem verknüpft.

In einer weiteren Studie wollte die Forscherin Marja Roslund von der Universität Helsinki mit Kollegen herausfinden, inwiefern man das Immunsystem von Mädchen und Jungs im Alter von drei bis fünf Jahren durch den Kontakt mit Bodenbakterien stärken kann.[25] An der Studie nahmen insgesamt zehn Kindertagesstätten teil. Drei von ihnen hatten bereits ein naturnahes Konzept; die Kinder unternahmen jeden Tag einen Ausflug in nahe gelegene Wälder und durften nach Herzenslust auf dem Waldboden spielen. Diese Kitas dienten als Vergleichsmaßstab.

Die sieben anderen Kindertagesstätten dagegen hatten Spielflächen mit Schotter als Untergrund und waren größtenteils von Beton umgeben. Vier dieser öden Einrichtungen wurden nach dem Zufallsprinzip ausgewählt und umgestaltet. Auf den kargen Höfen der Kindertagesstätte wurde natürlicher Waldboden angeschüttet. Das Material bestand aus etwa 20 Zentimetern Mutterboden und einer reichen Vegetation, darunter Blaubeeren und Moose. Diese Verwandlung geschah an einem Tag im Mai.

Die Kinder waren von der neuen, naturnahen Umgebung begeistert. In den nächsten 28 Tagen spielten sie jeden Tag anderthalb Stunden darin. Von den Erzieherinnen angeleitet, topften sie zum Beispiel Pflanzen ein und bastelten Dinge mit den Naturmaterialien.

Vor Beginn dieser naturnahen Spielzeit hatten die Forscher Blutproben von den Kindern genommen und die mikrobielle

Vielfalt auf der Haut sowie Darmmikrobiota bestimmt. Sie wiederholten diese Untersuchungen, als die Kinder die neue Umgebung 28 Tage lang erkundet hatten, und verglichen die Daten. Das Ergebnis: Die Bakterienflora der Kinder, die auf dem eingebrachten Waldboden spielen durften, hatte sich deutlich verändert. Sie ähnelte jetzt der Bakterienflora jener Kinder aus den Kitas, in denen Waldausflüge jeden Tag zum pädagogischen Konzept gehörten. Manche Bakterienarten waren zahlreicher geworden, andere nahmen mengenmäßig ab. Die Mädchen und Jungs entwickelten jeweils ein robusteres Immunsystem.

Solche günstigen Veränderungen wurden bei den Kindern der dritten Gruppe der drei unveränderten Kitas, die nach wie vor nur auf Schotter und Beton spielen durften, mitnichten verzeichnet. Diese Unterschiede verfestigten sich übrigens im Laufe der Zeit. Manche Kinder spielten bis zu zwei Jahre in den Kitas mit dem hinzugefügten Waldboden. In dieser Zeit sank die Zahl der schädlichen Bakterien auf ihrer Haut weiter, und die Zahl der nützlichen Mikroorganismen dagegen nahm noch zu.

In einer anderen Studie schließlich ließ das Team um Marja Roslund 26 Mädchen und Jungs in zwei unterschiedlichen Sandkästen spielen.[26] Die eine Hälfte der Kinder war mit Schäufelchen und Eimerchen in einer Sandkiste zugange, deren Sand zuvor eigens mit Erde aus sechs verschiedenen Böden versetzt worden war und deswegen viele Bodenbakterien enthielt. Die anderen Kinder buddelten in einem Sand, der zwar genauso aussah, jedoch nur mit Torf vermischt war und viel weniger Mikroorganismen enthielt. Die Kinder spielten zweimal täglich 20 Minuten im jeweiligen Sandkasten. Nach zwei Wochen hatten die Kinder mit dem mikrobiell angereicherten Sand eine erhöhte Vielfalt an Hautbakterien und ein gestärktes Immunsystem, anders als die Kinder im »Torf-Sandkasten«. Das Spielen in der Kiste voller Bodenbakterien war also gesund.

Putzen mit Bazillen

Die Befunde aus Finnland bestätigen einmal mehr, dass der Reinlichkeitsfimmel wahrlich auch schlechte Seiten haben kann. Doch soll man so weit gehen, dass man seine vier Wände sogar mit Bakterien putzt? Im Bettenhaus der Berliner Charité haben Forschende es bereits in einer Studie ausprobiert: Anstatt möglichst viele Bakterien zu entfernen, verteilten sie in Krankenzimmern der neurologischen Station jeden Tag eine Flüssigkeit, die voller Bazillen war. In einem Milliliter fanden sich 50 Millionen Bakterien. Darunter waren Exemplare von Bacillus subtilis, einem stäbchenförmigen Bodenbakterium, sowie vier weitere Arten von Bakterien, die in Erde häufig vorkommen.

13 Wochen lang wurde in neun Patientenzimmern der Charité mit einer Lösung gewischt, die fünf Arten von Bodenbakterien enthielt. Zum Vergleich wurden die Räume ebenfalls jeweils 13 Wochen lang mit einem konventionellen Oberflächenreiniger oder mit einem Desinfektionsmittel gesäubert. Die Patienten und Patientinnen im Bettenhaus der Charité hatten in die Studie eingewilligt; sie wussten allerdings nicht, an welchen Tagen mit welchem Mittel geputzt wurde. Auch dem

medizinischen Personal und den Reinigungskräften wurde nicht gesagt, was sich in den Wischeimern befand. Das sollte eine Verfälschung der Studie verhindern.

Nach den unterschiedlichen Reinigungsprozeduren untersuchten die Forschenden, ob und, wenn ja, welche Bakterien jeweils an der Türklinke, auf dem Fußboden und am Waschbecken zu finden waren. Das Ergebnis: Im Vergleich zum Desinfektionsmittel führte die mit Bodenbakterien angereicherte Lösung dazu, dass es weniger Bakterien in den Klinikzimmern gab. Deren mikrobiologische Vielfalt allerdings war größer. Der Artenreichtum dieser »guten« Bakterien erhöhte den Schutz der Oberflächen gegen unerwünschte Bakterien. Weil viele Nischen im Patientenzimmer bereits durch die guten Bakterien besetzt waren, konnten sich Krankheitskeime schlechter ansiedeln.

Bemerkenswert war der Befund an einem Waschbecken. Nach dem Putzdurchgang mit den Bodenbakterien waren in den auf dem Becken nachweisbaren Bakterien deutlich seltener Resistenzgene gegen Antibiotika zu finden. Dadurch sinkt das Risiko, sich einen Krankenhauskeim einzufangen.

Die in der Studie eingesetzte Lösung aus Bodenbakterien stammt von einem Hersteller in Belgien, der das Produkt kommerziell anbietet. Die darin enthaltenen Bakterien verdrängen offenbar nicht nur böse Keime, sondern fressen auch sonstigen Schmutz weg.

Die im Fachblatt *Clinical Microbiology and Infection* veröffentlichte Studie steht für einen neuartigen Ansatz:[27] Statt gefährliche Keime mit harten Desinfektionsmitteln zu zerstören, will man sie durch friedfertige Mikroben ersetzen.[28] »Wir verwenden gute Bakterien gegen schlechte Bakterien«, sagte die federführende Ärztin Petra Gastmeier, die das Institut für Hygiene und Umweltmedizin an der Berliner Charité damals leitete.[29] »Die guten Bakterien besetzen nicht nur die Fläche, sondern sie konkurrieren mit den pathogenen Erregern auch um die Nahrungsbestandteile, die da eventuell vorhanden sind.«

Das in der Studie zum Vergleich eingesetzte klassische Desinfektionsmittel raffte die Bakterien in einem Raum zwar schnell dahin, aber die gereinigten Flächen wurden bald wieder von nachrückenden Keimen verunreinigt. »In einer halben Stunde können da schon wieder neue Bakterien sein«, so Petra Gastmeier. Damit nicht genug: Die chemischen Mittel haben generell noch weitere Nachteile. Ihre giftigen Inhaltsstoffe bedrohen die Gesundheit der Patienten, des Krankenhauspersonals und der Reinigungskräfte. Außerdem belasten sie das Abwasser und damit die Umwelt.

Darüber hinaus können missliebige Bakterien sich mit der Zeit gegen die Chemie wehren. Sie werden nicht nur resistent gegen das Desinfektionsmittel selbst, sondern auch gegen Antibiotika. Mit anderen Worten: Ausgerechnet durch die harten Hygienemaßnahme werden multiresistente Erreger herangezüchtet. Die sind perfekt an das Milieu im Krankenhaus angepasst – und lauern nur darauf, Patienten zu befallen. Bei rund 15 Prozent der Menschen, die in Industriestaaten in einem Hospital behandelt werden, kommt es zu Ansteckungen dieser Art, die das Ergebnis ihrer medizinischen Behandlung merklich verschlechtern. Nach einer Schätzung des Robert Koch-Instituts sterben jedes Jahr ungefähr 10 000 bis 20 000 Menschen an einer Krankenhausinfektion.

Aus diesem Grund könnten Hygieniker künftig also ihre Strategie überdenken. Anstatt einen aussichtslosen Krieg gegen die Keime zu führen, kann es wirksamer sein, Krankheitserreger durch nützliche Mikroorganismen zu ersetzen, um Infektionen zu verringern.

Dieses Prinzip lässt sich übrigens auch auf die Umwelt übertragen. Intakte Böden, in denen Mikroorganismen auf natürliche Weise gedeihen können, haben eine reinigende Wirkung und sorgen dafür, dass sich gefährliche Erreger gar nicht erst ausbreiten können. Artenreiche Böden wirken wie eine biologische Barriere gegen Krankheitskeime.[30]

Das wahre Glück des Gärtnerns

Es spricht also vieles dafür, in die intakte Natur zu gehen, um sein Mikrobiom zu stärken. Eine Möglichkeit wäre, sich einen Garten zuzulegen oder einen zu pachten. Gärtnern erhöht nämlich erwiesenermaßen die Artenvielfalt im Körper. Eine Gruppe um die Forscherin Marina Brown von der University of Illinois in Urbana und Champaign zeigte das in einer Studie, an der zehn Familien (insgesamt 30 Personen) teilnahmen, deren Mitglieder im Garten arbeiteten. In der Kontrollgruppe waren weitere neun Familien (insgesamt 27 Personen), die allesamt keine Gärtner waren. Zu jeder teilnehmenden Familie gehörten zwei Erwachsene und ein Kind (5 bis 18 Jahre alt). Alle Teilnehmer gaben vor der Gartensaison (April) und auf dem Höhepunkt der Gartensaison (August) jeweils eine Stuhlprobe ab. Die Gärtner stellten auch eine Bodenprobe zur Verfügung.

Die Untersuchung der Stuhlproben und der darin enthalten Mikroorganismen ergab: Während der Gartensaison wiesen die gärtnernden Familien im Vergleich zur Kontrollgruppe eine höhere mikrobielle Vielfalt in den Exkrementen auf. Doch welche Rolle spielten die Bodenmikroben dabei? Um das herauszufinden, verfolgten die Forscherinnen und Forscher die Spur bestimmter Bakterienarten – und diese führte tatsächlich von der Gartenerde bis in den Darm. In einem Aufsatz zur Gartenstudie schreibt die Gruppe um Marina Brown: »Unsere Ergebnisse zeigten, dass Bakterien aus dem Boden in den menschlichen Fäkalproben nachgewiesen wurden und mit direktem und indirektem Bodenkontakt zunahmen.«[31]

Obwohl es in der Studie nur einen Hauptgärtner pro Familie gab, trugen auch die meisten der nur gelegentlich gärtnernden Mitglieder (20 von 23) die aus dem Boden stammenden Bakterien in sich. Das bedeutet: Die Mikroorganismen wurden von den Familienmitgliedern untereinander weitergegeben.

Gärtnern ist also gut für die Flora im Darm und stärkt vermutlich die Abwehrkräfte. Um diese positiven Effekte zu haben, muss man nicht unbedingt selbst in den Garten gehen. Es reicht schon, wenn man jemanden in der Familie hat, der gern in Beeten und Rabatten buddelt.

Kranke Böden machen krank

In Böden können allerdings auch Gefahren lauern. Das weltweit vorkommende Bakterium *Clostridium tetani* kann über kleinste Verletzungen in den menschlichen Körper gelangen.

Es stellt Gifte her, die entlang der Nervenbahnen in Gehirn und Rückenmark wandern und die Verbindungsstellen der Nervenenden blockieren können. Es kommt zum Wundstarrkrampf (Tetanus), der zu Mattigkeit, Kopfschmerz, Muskelversteifungen sowie zu Beschwerden beim Schlucken und Sprechen führen kann. Im weiteren Verlauf verkrampft die Gesichtsmuskulatur, der ganze Körper erstarrt, Krämpfe der Atemmuskulatur führen mitunter zum Atemstillstand. Selbst wenn die Betroffenen mit moderner Therapie intensiv behandelt werden, sterben 10 bis 20 Prozent von ihnen an Tetanus. Die Ständige Impfkommission in Deutschland empfiehlt, dass man sich alle zehn Jahre dagegen impfen lässt.

Solche Gefahren könnten in Zukunft zunehmen, falls immer mehr Böden beispielsweise durch Überweidung, allzu intensive Landwirtschaft oder Erosion bis hin zum vollständigen Verlust geschädigt werden und damit degradieren. Allzu viel Staub etwa in Bodennähe kann die Schleimhäute im Rachenraum angreifen, sodass Bakterien schneller in den Körper eindringen können. Diesen Zusammenhang haben Forscher in der afrikanischen Sahelzone beobachtet: Je höher die Staubbelastung in einem Gebiet war, desto mehr Menschen wurden von gefährlichen Bakterien infiziert, nämlich von Meningokokken. Diese können eine Hirnhautentzündung hervorrufen. Durch den Klimawandel und die damit verbundene Temperaturerhöhung wird diese Gefahr vergrößert, weil es trockener und staubiger wird.

Im sonnigen Südwesten der USA wiederum steigen bedrohliche Pilzsporen aus dem Boden empor und stecken Menschen mit der sogenannten Kokzidioidomykose an. Diese kann Fieber, Husten, Schüttelfrost, Nachtschweiß, Gelenkschmerzen und andere grippeartige Symptome hervorrufen. Die Lunge und das Brustfell können sich entzünden. Die meisten Patientinnen und Patienten erholen sich davon, weniger als ein Prozent stirbt daran. Die Krankheit wird »Valley Fever« genannt, also Talfieber, weil sie zum ersten Mal im kalifornischen San Joaquin Valley erkannt wurde. Sie wird auch Wüstenfieber genannt und Wüstenrheumatismus, weil sie zu Gelenkschmerzen führen kann. Der Pilz (*Coccidioides immitis*) gedeiht besonders gut in Böden, die mal überflutet werden, dann wieder heiß und trocken sind. Geht der Klimawandel so weiter wie bisher, dann wird sich auch das Wüstenfieber weiter ausbreiten.

Darüber hinaus können Böden Sammelbecken für toxische Elemente sein, die durch menschliche Aktivitäten freigesetzt wurden. Das Schwermetall Blei war früher im Kraftstoff und in vielen Farben enthalten und belastet bis heute weltweit viele Böden und generell die Umwelt. In Senegal und Nigeria wurden Menschen vergiftet, die alte Autobatterien recycelten. Sie legten das Blei frei, schmolzen es und pressten es dann zu Barren. Dadurch konnte das Schwermetall ins Abwasser und in die Böden gelangen. Fatal sind auch die Auswirkungen auf die Menschen: Wer über einen längeren Zeitraum Blei aufnimmt, wird nach und nach vergiftet. Bei Kindern wird die Entwicklung des Gehirns nachhaltig geschädigt. Das Kinderhilfswerk der Vereinten Nationen (Unicef) geht davon aus, dass jedes dritte Kind weltweit bedenklich hohe Bleiwerte im Blut hat.

Diese Liste lässt sich weiter fortführen. Die Elemente Arsen, Cadmium und Quecksilber – sie kommen alle auch natürlich vor – können sich ebenfalls in Böden anreichern und darin zu einer Gefahr werden. Der übermäßige Einsatz chemischer Düngemittel wiederum kann zu hohen Mengen an Nitrat auf den Feldern führen. Von dort kann es ins Wasser und schließlich in den Menschen gelangen. Nitrat als solches ist zwar nicht giftig, aber bestimmte Bakterien in unserem Darm wandeln es in Nitrit um. Dieses Nitrit ist dann nicht mehr harmlos, es kann den Sauerstofftransport empfindlich behindern.

Nicht zuletzt können Böden durch künstliche radioaktive Elemente belastet sein. Im April 1986 kam es im Atomkraftwerk Tschernobyl zu einem Unfall, bei dem das Grafit im Reaktorkern in Brand geriet. Dadurch stiegen radioaktive Stoffe in die Höhe und wurden mit dem Wind weiträumig über Europa verteilt. Aufgrund der Wetterlage war auch Bayern stark betroffen. Die Wolke aus Tschernobyl enthielt ungefähr 30 unterschiedliche Spaltprodukte und regnete sich besonders über dem Bayerischen Wald und südlich der Donau ab – die Böden dort wurden außerordentlich stark kontaminiert. Die Strahlenbelastung sei heute noch nachweisbar, so das Bayerische Landesamt für Umweltschutz: »Die Halbwertszeit von Cäsium-137 beträgt etwa 30 Jahre, sodass die 1986 deponierte Aktivität bis heute etwa zur Hälfte zerfallen ist.«[32]

Chemikalien für die Ewigkeit

Es gibt sogar Substanzen, die sehr langlebig sind und praktisch gar nicht mehr im Boden abgebaut werden können. Bei diesen »ewigen Chemikalien« handelt es sich um per- und polyfluorierte Alkylsubstanzen (PFAS); es gibt ungefähr 10 000 verschiedene Sorten davon. Mittlerweile stecken sie in allen Böden der Welt. Sie haben aus Sicht der chemischen Industrie zunächst einmal nützliche Eigenschaften, weil sie Wasser, Öl und generell Schmutz abweisen. PFAS werden deswegen in vielen industriellen Produkten verwendet: in Outdoorjacken, Schaumlöschmitteln, Schmierstoffen, Möbeln oder in Papierverpackungen.

Doch einmal in die Umwelt gelangt, sind PFAS ein riesiges Problem. Im Sommer 2013 hatte eine Routineuntersuchung eines Trinkwasserbrunnens im Landkreis Rastatt in Baden-Württemberg eine Verunreinigung durch PFAS offenbart. Weitere Nachforschungen ergaben, dass in der Gegend viele landwirtschaftlich genutzte Böden damit verseucht sind. In Mittelbaden gelten rund 1100 Hektar Boden und 170 Millionen Kubikmeter Grundwasser als mit PFAS belastet. Womöglich verursachte ein Unternehmen das Desaster, indem es auf Äckern einen bestimmten Kompost ausbrachte, der zuvor mit PFAS-belasteten Papierschlämmen versetzt worden war. Das geschah im Jahr 2008, diverse Gerichtsverfahren zur Schuldfrage dauern bis heute an. Der Skandal von Rastatt ist kein Einzelfall. Mehr als 1500 Orte sind in Deutschland mit PFAS verseucht, haben Recherchen einer Journalistengruppe ergeben.[33]

Von den Böden gelangen die PFAS ins Trinkwasser sowie in Pflanzen und Tiere. Der Mensch ist das letzte Glied in den Nahrungsketten, deshalb landen die Stoffe unweigerlich in seinem Körper. Jeder hat sie im Blut. Die durch die zuständige Europäische Behörde für Lebensmittelsicherheit festgelegte tolerierbare wöchentliche Dosis für vier bestimmte PFAS wird Schätzungen zufolge vielfach überschritten. »Von einigen PFAS ist bekannt, dass sie schon bei niedrigen Konzentrationen chronisch toxisch wirken können, zum Beispiel schädigen sie das Immunsystem und die Funktion der Schilddrüse«, so der Toxikologe Hubertus Brunn von der Universität Gießen.[34] Außerdem förderten sie die Entstehung von Krebs beim Menschen. Hubertus Brunn fordert, die bedenklichen Stoffe durch unbedenkliche Substanzen zu ersetzen. Deutschland und vier weitere EU-Staaten wirkten inzwischen auf die Europäische Chemikalienagentur dahingehend ein, dass PFAS von 2026 an weitgehend verboten werden.

Die vorangestellten Beispiele zeigen, wie bedroht der Boden bereits ist. Wenn es so weitergeht, wird die Krume zu einem Schadstofflager. Das sollten wir nicht zulassen. Es kann nicht sein, dass wir eines Tages den Boden meiden, weil er zu gefährlich für uns geworden ist. Vielmehr sollten wir ihn überall wieder gesund machen und den Kontakt zu ihm suchen. Dann wird es einen auch in Zukunft nicht umbringen, wenn man sich ab und zu eine Portion Erde genehmigt.

7 Ein Speicher fürs gute Klima

Auf Mooren, Wiesen und Wäldern ruhen große Hoffnungen. Die dortigen Böden sollen gegen den Klimawandel helfen, indem sie Kohlenstoff binden, damit er nicht in Form von Kohlenstoffdioxid in der Atmosphäre die Erde aufheizt. Beim sogenannten Carbon Farming sollen Äcker so bestellt werden, dass sie besonders viel Kohlenstoff aufnehmen. Doch wie erfolgreich sind solche Maßnahmen?

Böden sind tatsächlich der wichtigste Speicher für Kohlenstoff an Land, allerdings binden sie ihn hauptsächlich in organischer Form.[1] Dabei spielen Bodenbewohner eine zentrale Rolle. Sie zerspalten das organische Material in Einheiten, die dauerhaft in die Bodenaggregate eingebaut werden können. Indem man zerstörte Böden renaturiert, können sie wieder als Senke für Kohlenstoff dienen und helfen, den Ausstoß von Kohlenstoffdioxid aus dem Boden zu verringern. (Kohlenstoff ist ein chemisches Element, während Kohlenstoffdioxid eine Verbindung aus Kohlenstoff und Sauerstoff ist.) Diese Einlagerung von Kohlenstoff ist auch als C-Sequestrierung bekannt.

Organischer Kohlenstoff im Boden ist von überragender Wichtigkeit. Wenn man ein Lehrbuch der Bodenkunde durchblättert, wird schnell klar, dass organischer Kohlenstoff praktisch alles andere im Boden beeinflusst. Kohlenstoff im Boden ist eine zentrale Messvariable bei allen Bodenuntersuchungen; Bodenkohlenstoff ist ein wichtiges Maß für die allgemeine Gesundheit des Bodens, quasi wie die Körpertemperatur bei uns Menschen. Verliert Boden an Kohlenstoff, ist das ein schlechtes Zeichen.

Organischer Kohlenstoff ist mitnichten *eine* bestimmte chemische Verbindung, sondern er liegt in Form von sehr, sehr vielen unterschiedlichen Substanzen vor – eine komplett unübersichtliche Angelegenheit. Alles, was stirbt, kommt letztendlich in den Boden, inklusive allem, was im Boden selbst lebt und darin stirbt. Und diese riesige Biodiversität der Organismen spiegelt sich auch in ihrer Substanzvielfalt: alle Botenstoffe, alle Zellmembranbestandteile, alle Abwehrstoffe, verschiedene Makromoleküle, verschiedene Proteine und Kohlenhydrate – am Ende landet alles im Boden, von jedem, von jeder Pflanze, jedem Tier, jeder Mikrobe. Das macht Kohlenstoff im Boden so schwer zu fassen.

Einerseits ist es vergleichsweise leicht, organischen Bodenkohlenstoff in seiner Gesamtheit zu messen. Na gut, nicht ganz, man braucht dafür schon ein Labor und ein Gerät zur Analyse des Kohlenstoffs.[2] Die Bodenprobe wird exakt in ein Zinnschiffchen eingewogen und dann in einer sauerstoffangereicherten Atmosphäre bei 950 Grad Celsius verbrannt. Anschließend werden die entstehenden Gase quantifiziert, und schon hat man den Gesamtkohlenstoffgehalt eines Bodens.

Aber damit hat man noch lange nicht verstanden, was mit dem Bodenkohlenstoff los ist. In welcher Form liegt er vor? Wie stabil ist er? Wer setzt ihn um? Wo befindet sich der Kohlenstoff im Bodengefüge? Wie wird er modifiziert? All das sind Fragen, die recht schwierig zu beantworten sind, eben weil Bodenkohlenstoff so komplex und vielfältig ist. Und die Wissenschaft gab auf manche dieser Fragen in den vergangenen Jahren ganz andere Antworten als in den Jahrzehnten zuvor, insbesondere zum eigentlichen Wesen des Bodenkohlenstoffs. All dies ist aktiver Forschungsgegenstand an der spannenden Schnittstelle von Bodenkunde, Biogeochemie und mikrobieller Ökologie.

Doch schauen wir uns zunächst einmal an, welche Menge an Kohlenstoff überhaupt im Boden enthalten ist. Das ist nicht nur wichtig für ein Verständnis des Bodens selbst, sondern auch, um die Bedeutung des Bodenkohlenstoffs für das Klima zu verstehen.

Senke für Kohlenstoff

Bodenkohlenstoff und Klima? Was soll das denn bitte miteinander zu tun haben? Ganz schön viel. Aber um das richtig zu verstehen, muss man sich erst mal die Zahlen anschauen. Wir betrachten jetzt den ganzen Planeten, die Zahlen sind deswegen riesig. Die Einheiten sind hier Gigatonnen Kohlenstoff, gezählt werden hier lediglich die Kohlenstoffatome in den organischen Molekülen, nicht die anderen Atome in den organischen Verbindungen. Eine Gigatonne entspricht einer Milliarde Tonnen, also 10 hoch 9 Tonnen – das ist eine Eins mit neun Nullen: 1 000 000 000 Tonnen. Das kann sich nun wirklich niemand vorstellen. Aber das soll uns erst mal nicht aus der Bahn werfen, denn hier kommt es nur darauf an, diese unvorstellbar großen Zahlen miteinander zu vergleichen.

Wie viel Kohlenstoff gibt es also im Boden im Vergleich zur Atmosphäre und zur gesamten Vegetation auf der Erde? Hand aufs Herz, man könnte automatisch denken, dass es sehr viel mehr Vegetationskohlenstoff geben muss, denkt man nur an all die Bäume und all das Grün auf dem Planeten sowie die Atmosphäre, die einfach riesig ist vom Volumen her, und es gibt sie ja auch über dem Meer, nicht nur über der Landmasse. Im Vergleich dazu erscheint der Boden klein.

Aber wie sehen die Zahlen tatsächlich aus? In Böden sind global 1700 Gigatonnen Kohlenstoff in organischer Form gespeichert.[3] In der Atmosphäre befinden sich demgegenüber nur 875 Gigatonnen Kohlenstoff. Im Boden und in der Atmosphäre liegt Kohlenstoff in unterschiedlichen Formen vor, deswegen vergleichen wir hier fairerweise auf Basis der Kohlenstoffatome. Im Vergleich mit der Atmosphäre ist der Boden damit der klare Gewinner: Ungefähr doppelt so viel Kohlenstoff befindet sich tatsächlich im Boden.

Aber wie sieht es aus mit der Gesamtmasse der Vegetation, wie viel Kohlenstoff ist darin enthalten? Ungefähr 450 Gigatonnen, lautet die Antwort. Unter dem Strich ist also im Boden deutlich mehr Kohlenstoff enthalten als in der Atmosphäre und in der Vegetation zusammen. Bei dieser Rechnung sind weitere ungefähr 1400 Gigatonnen noch nicht einmal berücksichtigt, die in den dauerhaft gefrorenen Böden, den Permafrostböden, enthalten sind.

Man kann allein anhand dieser Zahlen verstehen, dass Änderungen im Bodenkohlenstoffgehalt wichtige Auswirkungen auf die Menge an Kohlenstoff in der Atmosphäre haben können. Aufgrund der Größe dieses Speichers im Boden können selbst kleinere Verschiebungen wichtig sein für den Gehalt an Kohlenstoffdioxid in der Atmosphäre, denn in dieser Form, also gasförmig als Kohlenstoffdioxid, geht Kohlenstoff dem Boden verloren und gelangt damit in die Atmosphäre, wo das Gas zum Treibhauseffekt beiträgt. Das ist die Verbindung zum Klimawandel.

Aber bevor wir über Verluste aus dem Boden reden, fangen wir erst einmal am Anfang an: Wie kommt Kohlenstoff überhaupt in den Boden?

Kohlenstoff für den Boden

Kohlenstoff gelangt in den Boden in Form organischer Kohlenstoffverbindungen, nicht in Form von Gas. Kohlenstoff muss zunächst von Pflanzen im Prozess der Fotosynthese aus dem in der Luft enthaltenen Kohlenstoffdioxid gebunden werden. Durch pflanzliche Produktion wechselt der gasförmige Kohlenstoff aus der Atmosphäre in organischen Kohlenstoff. Diesen Prozess der Fotosynthese auf der Ebene des ganzen Planeten kann man beobachten, indem man Stichproben von Luft nimmt und sie auf Kohlenstoffdioxid analysiert.

Diese Art Atmung unseres Planeten beobachtete erstmals Charles David Keeling, ein US-amerikanischer Wissenschaftler an der Scripps Institution of Oceanography im kalifornischen La Jolla, der 1958 mit Messungen der atmosphärischen Kohlenstoffdioxidkonzentration auf Hawaii begann.[4] Diese Messungen hat er bis zu seinem Tod im Jahr 2015 weitergeführt;

Matthias Rillig hatte das Glück, ihn noch persönlich Anfang der 2000er-Jahre kennenzulernen, als er Assistant-Professor an der University of Montana war.

Diese berühmte Langzeitmessreihe der atmosphärischen Kohlenstoffdioxidkonzentration ist die längste ihrer Art, und sie wird immer noch weitergeführt. Bekannt ist sie nach ihrem Initiator als »Keeling-Kurve«. Man findet sie in jedem Buch der Erdsystemwissenschaften oder der Biogeochemie. Neben dem stetigen Anstieg der Kohlenstoffdioxidkonzentration, die auf menschliche Aktivitäten zurückzuführen ist,[5] dokumentiert diese Kurve auch ein periodisches Auf und Ab der atmosphärischen Kohlenstoffdioxidkonzentration im Jahresrhythmus. Die Abnahme geht auf die Fotosynthese im Sommer der Nordhalbkugel zurück, in dem Kohlenstoffdioxid aus der Luft heraus in Pflanzen gebunden wird und deswegen in der Atmosphäre abnimmt. Im Winter dagegen steigt der Gehalt an Kohlenstoffdioxid, weil nun die Zellatmung (Respiration) der Bodenorganismen dominiert, bei der ja Kohlenstoffdioxid entsteht. Man kann auf diese Weise den Planeten beim »Atmen« beobachten.

Die Mengen an Kohlenstoff, die umgesetzt werden, sind groß. Diese Messreihe unterstreicht somit auch die Dynamik der Prozesse: Man kann diese direkt messen in der atmosphärischen Kohlenstoffdioxidkonzentration. Das ist die zweite wichtige Einsicht in puncto Klimarelevanz des Bodens: Die Austauschraten von Kohlenstoff zwischen Atmosphäre und Boden sind groß. Das heißt, es handelt sich beim Boden nicht nur um einen großen Speicher von Kohlenstoff, sondern dieser steht auch im regen Austausch mit der Atmosphäre. Jedes Jahr werden ungefähr 3,1 Gigatonnen Kohlenstoff aus der Atmosphäre durch Landökosysteme aufgenommen.

Pflanzen nehmen also Kohlenstoffdioxid aus der Luft auf und fixieren dann den Kohlenstoff (chemisch gesehen ist es eine Reduktion) in Form von organischem Material. Dieses besteht anfangs aus Zucker, später dann aus vielen verschiedenen Molekülen und Substanzen – eben aus allem, was man so braucht, um eine Pflanze zu bauen.

Damit ist der Kohlenstoff zwar in der Pflanze, aber noch nicht im Boden. Wie kommt er dorthin? Es gibt fünf verschiedene Wege. Der erste Eintragspfad von Kohlenstoff in den Boden ist jener über die Laubstreu. Wenn Bäume im Herbst die Blätter abwerfen und diese auf der Bodenoberfläche landen, ist das nicht zu übersehen. Dieses Blattmaterial wird, sofern es von der Bodenoberfläche nicht entfernt wird, von verschiedenen Bodenorganismen bewegt und verarbeitet und gelangt auf diese Weise in den Boden. Zu ihnen gehören Regenwürmer, die das Blattmaterial in den Boden ziehen können, verschiedene Insekten, die das Material fressen und zerkleinern, und natürlich Mikroorganismen, allen voran Pilze, die in das Blattmaterial selbst hineinwachsen und es von innen heraus verdauen und zersetzen. All diese Prozesse führen dazu, dass am Ende Kohlenstoff in organischer Form im Boden landet, als kleine Partikel von Blattmaterial, aber hauptsächlich als Biomasse der Bodenorganismen.

Dieser Prozess ist nicht zu 100 Prozent effektiv, denn bei solchen Umsetzungen geht eine beträchtliche Menge an Kohlenstoff verloren, und zwar durch die Zellatmung. Die Bodenbewohner atmen (wie wir auch) und gewinnen ihre Energie durch die Nutzung der organischen Substanz. Der darin enthaltende Kohlenstoff wird durch die Atmung in die anorganische Form von Kohlenstoff oxidiert (bei diesem Schritt entsteht die Energie für den verarbeitenden Organismus) und landet damit wieder in der Atmosphäre – er wurde also nicht im Boden gebunden.

Mit der Zeit werden nicht nur die Blätter zersetzt, sondern auch das restliche Pflanzenmaterial: Äste, Zweige, Baumstämme. Nur dauert das länger, denn es besteht aus organischen Substanzen, die deutlich schwerer zu zersetzen sind, wie zum Beispiel Lignin, einem Bestandteil von Holz.

Die Eintragspfade Nummer zwei bis vier von Kohlenstoff in den Boden sind deutlich weniger offensichtlich, denn das läuft alles im Boden ab, ohne dass man davon als Betrachter direkt etwas merkt oder sieht.

Eintragspfad Nummer zwei ist die Wurzelstreu: Wenn Blätter von einem Strauch oder einem Baum fallen, dann sehen wir das. Aber etwas Ähnliches geschieht auch mit Anteilen der Pflanze im Boden: den Wurzeln. Genau wie Blätter haben auch Wurzeln eine Lebensspanne, und an deren Ende werden sie von der Pflanze aufgegeben. Solche toten Wurzeln werden ebenfalls zu Streu und dienen den Bodenorganismen als Nahrungsquelle. Der in den Wurzeln enthaltene organische Kohlenstoff geht im Zuge der Zersetzung in den umliegenden Boden über, wieder in Form von Partikeln von Wurzelmaterial oder als Biomasse von Bodenorganismen. Der Abbau toter Wurzeln wurde zwar noch nicht ganz so genau untersucht wie der Abbau von Blättern, jedoch ist er ein wichtiger Eintragspfad von Kohlenstoff in den Boden, den wir nicht unterschätzen dürfen.

Der dritte Pfad des organischen Kohlenstoffs von der Pflanze in den Boden geht ebenfalls von Wurzeln aus – allerdings von Wurzeln, die noch leben. Das erklärt sich so: Pflanzenwurzeln sind keine geschlossenen Systeme. Sie sind undicht und verlieren andauernd organischen Kohlenstoff. Dieser Vorgang wird auch als Exsudation bezeichnet. Hauptsächlich gehen dabei kleinere Moleküle verloren, etwa Einfachzucker, Aminosäuren oder organische Säuren.

Pflanzenwurzeln geben beim natürlichen Wachstum eine beachtliche Menge an organischem Kohlenstoff in den Boden ab. Denn um überhaupt durch den festen Boden dringen zu können, produziert eine Wurzel schleimige Substanzen sowie eine Schutzschicht von Zellen an ihrer Spitze. Der Schleim und die Schutzschicht verbleiben im Boden – und mit ihnen auch der organische Kohlenstoff, den sie enthalten.

Der Austrag von Kohlenstoff durch lebende, völlig gesunde Wurzeln in den Boden heißt Rhizodeposition. Ein weiterer Fall solch einer Rhizodeposition, der ziemlich erstaunlich ist aufgrund der mangelnden Eleganz des Vorgangs, beruht auf der Art und Weise, wie Wurzeln Seitenwurzeln bilden, wenn sie sich verzweigen. Da eine neue Seitenwurzel von Anfang an auch in den Versorgungsapparat der Mutterwurzel eingebunden sein muss, ist in deren Mitte eine Stelle angelegt, aus der die Seitenwurzel später herauswachsen kann. Die Art der Anlage führt dazu, dass die neue Wurzel aus der Mitte der Mutterwurzel geradezu seitlich herauswachsen muss – sie bricht gewissermaßen tief aus der Mutterwurzel heraus. Dabei entsteht ein Leck, durch welches kohlenstoffhaltiges Material verloren geht. Das passiert jedes Mal, wenn eine Seitenwurzel entsteht, (und es gibt viele Seitenwurzeln in einem Wurzelsystem).

Unterm Strich wird durch Rhizodeposition eine beträchtliche Menge an Kohlenstoff in den Boden abgegeben. Je nach Pflanzenart und örtlichen Wuchsbedingungen geht vom Kohlenstoff, den die Pflanze an die Wurzel schickt, der größte Teil verloren, manchmal sind es aber auch nur wenige Prozent.

Im Boden entsteht durch die Präsenz und Aktivität der Wurzel ein besonders aktiver Raum, die Rhizosphäre, definiert als das Bodenvolumen, das unter dem unmittelbaren Einfluss einer Wurzel steht. Da in der Rhizosphäre viel organischer Kohlenstoff – und damit Energie – ankommt und umgeschlagen wird, ist sie ein Hotspot der Aktivität im Boden. Vorgänge in der Rhizosphäre sind übrigens nicht nur für die Kohlenstoffspeicherung relevant, sie bestimmen auch mit, wie gut die Pflanze wächst.

Das führt uns zum vierten Pfad, bei dem es abermals um die lebende Wurzel geht: die Abgabe von Kohlenstoff an Wurzelsymbionten. Ein Paradebeispiel dafür ist die bereits mehrfach erwähnte Mykorrhiza. Die Pflanze nutzt diesen Symbiosepartner zur Beschaffung von Nährstoffen, aber sie »zahlt« dafür in der Währung von organischem Kohlenstoff. Das ist das klar organisierte Tauschgeschäft zwischen den Symbiosepartnern: Ich (der Pilz) gebe die Nährstoffe, die ich für dich aus dem Boden beschaffe, und du (die Pflanze) gibst mir dafür organischen Kohlenstoff. Damit ist die Symbiose ein weiterer Eintragspfad von Kohlenstoff in den Boden. Dieses Mal führt der Weg nicht durch die Rhizosphäre, vielmehr wird der organische Kohlenstoff aus der Wurzel per »Direktinjektion« in den

Pilz gegeben. Von dort gelangt er irgendwann in den Boden, etwa dann, wenn der Pilz stirbt.

Der fünfte Pfad von Kohlenstoff schließlich führt in intakten Ökosystemen über die Tiere in den Boden. Die Pflanzenfresser unter ihnen fressen die pflanzliche Biomasse, und zwar die oberirdischen Pflanzenteile wie auch die unterirdischen Wurzeln, und setzen sie nach der Verdauung als Kot auf dem Boden ab. Diese Hinterlassenschaften haben eine andere Beschaffenheit als das ursprüngliche Pflanzenmaterial oder die Streu, da sie durch den Verdauungstrakt des Tieres gegangen sind. Man muss sich nur einen dampfenden Kuhfladen vorstellen.

So weit die fünf Eintragspfade, auf denen Kohlenstoff in natürlichen Ökosystemen in den Boden gelangen kann. Darüber hinaus gibt es wichtige Eintragspfade über den Menschen, und zwar besonders in landwirtschaftlichen Ökosystemen. Auf vielen Äckern wird dem Boden von außen organisches Material in Form etwa von Kompost, Stroh oder Gülle zugeführt, zur Düngung oder zur Bodenverbesserung.

Ein besonderer Fall der Kohlenstoffzufuhr in den Boden ist der Eintrag von sogenannter Biokohle.[6] Sie entsteht durch Pyrolyse (unvollständige Verbrennung unter sauerstoffarmen Bedingungen) aus Biomasse und wird dem Boden beigemischt. Biokohle verleiht Böden oft günstige Eigenschaften: Sie verbessert den pH-Wert (im sauren Boden wird der pH-Wert größer) und steigert die Wasserhaltefähigkeit sowie die Fähigkeit des Bodens, Nährstoffe zu speichern. Ganz allgemein wird die Bodenfruchtbarkeit erhöht.

Von diesen Effekten abgesehen, führt das Beimengen von

Biokohle auch zu einer dauerhaften Erhöhung des Bodenkohlenstoffgehalts, zumal sie nur sehr langsam abgebaut wird. Die Idee, Böden mit Biokohle zu verbessern, geht zurück auf die Entdeckung von Böden im brasilianischen Amazonasgebiet, die vor der Ankunft europäischer Siedler von indigenen Menschen angelegt wurden. Dort sind durch den Eintrag von Küchenabfällen, Dung und verkohltem Material dauerhaft sehr fruchtbare Böden entstanden, die sogenannte Terra Preta de Indio (portugiesisch für Schwarze Erde). Obwohl nicht genau bekannt ist, durch welche Prozesse und menschlichen Eingriffe genau diese Böden entstanden sind, sind sie noch heute fruchtbarer als die umliegenden, nicht vom Menschen beeinflussten tropischen Böden. Die Schwarze Erde ist ein großartiges Beispiel dafür, wie der Mensch Fruchtbarkeit sowie Bodenkohlenstoffgehalt eines Bodens nachhaltig positiv beeinflussen kann.

Wir dürfen auch nicht vergessen, dass Menschen Kohlenstoff in Form von Plastik in den Boden einbringen. Plastikprodukte zerfallen zu Mikroplastik. Dieses ist auf weltweit allen Flächen zu finden, auch wenn die absolute Menge an Kohlenstoff gering sein mag im Vergleich zur Menge, die auf den oben beschriebenen Pfaden in den Boden gelangt. Plastik als Polymer besteht hauptsächlich aus Kohlenstoff, und keines der gängigen Analyseverfahren kann diesen Kohlenstoff vom restlichen Bodenkohlenstoff im Boden unterscheiden. Diese Art der Umweltverschmutzung ist daher auch eine Art unbeabsichtigter Kohlenstoffeintrag in den Boden.[7]

Nun wissen wir, wie Kohlenstoff prinzipiell in den Boden hineingelangt. Aber wie genau wird er denn im Boden festgelegt, sprich: gespeichert?

Wie wird Kohlenstoff im Boden gespeichert?

Um es vorwegzunehmen: Man hat noch nicht vollständig verstanden, was im Detail geschieht, damit der in den Boden gelangte Kohlenstoff längerfristig dort verbleibt. Klar ist: Würde der Kohlenstoff von den Bodenbewohnern zersetzt und durch die Bodenatmung umgesetzt, würde er zum gasförmigen Kohlenstoffdioxid und den Boden alsbald wieder verlassen. Tatsächlich kann organischer Kohlenstoff aber für längere Zeit im Boden bleiben – es muss also Vorgänge geben, die verhindern, dass er veratmet wird.

Nach traditioneller Sicht von Bodenkundlern besteht Kohlenstoff, der langfristig im Boden gebunden ist, aus Pflanzenrückständen, die von Mikroorganismen modifiziert wurden; es sind demnach sehr große Moleküle. Dieses Material wird als Humus bezeichnet, die verschiedenen Bestandteile darin heißen Huminstoffe.

Diese gängige Vorstellung von Humus halten etliche Forscherinnen und Forscher allerdings seit einiger Zeit für überholt, sie muss ihnen zufolge neu gefasst werden.[8] Der Grund für dieses Umdenken: Mit modernen Analysemethoden konnte man die vermuteten sehr großen Moleküle, die Huminstoffe, nicht nachweisen. Es gibt sie offenbar gar nicht. Vielmehr ergaben neuere Studien, dass Kohlenstoff, der langfristig im Boden gebunden ist, aus sehr viel kleineren Molekülen besteht. Obwohl diese Befunde unstrittig sind, hält sich die alte Vorstellung hartnäckig in der Fachwelt und auch in der Öffentlichkeit; zu sehr haben wir uns an das alte Bild vom Humus gewöhnt.

Vermutlich ist es also nicht so, dass organischer Kohlenstoff im Boden verbleibt, weil Mikroorganismen ihn als Ausgangsmaterial nutzen, um selbst große Moleküle daraus herzustellen. Vielmehr ist es wohl so, dass die in Pflanzenresten und tierischen Überresten enthaltenen organischen Verbindungen von der Gesamtheit der Mikroorganismen in kleinere Moleküle umgewandelt werden. Diese können in Bodenaggregate eingebaut werden oder sich an Strukturen im Boden binden. Diese verwickelten Vorgänge hat man noch nicht genau verstanden, sie führen aber dazu, dass die kohlenstoffhaltigen Moleküle im Boden stabilisiert werden. Sie sind dadurch vor weiterer Zersetzung geschützt und können durch die Bodenatmung nicht mehr ins gasförmige Kohlenstoffdioxid umgewandelt werden.

Allerdings werden die Moleküle nicht für immer stabilisiert, sondern nur für einen bestimmten Zeitraum. Doch was bestimmt ihre Verweildauer im Boden? Von den in Biokohle enthaltenen Molekülen ist bekannt, dass sie mehrere Hundert Jahre im Boden verbleiben können, was daran liegt, dass sie durch Pyrolyse entstanden sind. Überraschenderweise (und entgegen der einst vorherrschenden Lehrmeinung) kann man von der Größe oder Struktur oder den chemischen Eigenschaften der anderen Moleküle nicht darauf schließen, wie lange sie jeweils im Boden gebunden bleiben werden.[9] Das gilt etwa für Zucker, Proteine (Eiweiße) und Lignin.

Diese neue Einsicht führt zur nächsten Frage: Wenn es nicht vorwiegend die Eigenschaften der Moleküle sind, welche Faktoren bestimmen dann ihre Verweildauer im Boden? Die Antwort: Es sind die Verhältnisse im jeweiligen Boden, im jeweiligen Bodenaggregat. Beispielsweise spielt es eine Rolle, ob der

Kohlenstoff chemisch mit Bodenmineralien assoziiert und damit geschützt ist. Ebenso ist bedeutsam, ob er in kleinen Porenräumen vorliegt und damit unerreichbar für Bodenmikroorganismen ist, die den Kohlenstoff abbauen könnten. Solche Aspekte sind also entscheidend für den Verbleib im Boden, nicht so sehr, was genau das Molekül eigentlich ist.

Schauen wir uns den Unterboden an, in Bodentiefen von 30 Zentimetern oder mehr. Einmal in dieser Tiefe angekommen, kann Kohlenstoff hier sehr lange verbleiben. Es ist dort nicht selten Material zu finden, das Tausende von Jahren alt ist. Ein Grund dafür ist, dass Mikroorganismen im Unterboden oftmals nur eingeschränkt aktiv sind. Sie finden nur wenig Material zum Zersetzen und nur wenige Nährstoffe. Auch die Versorgung mit Sauerstoff ist suboptimal.

Nun eine weitere neue Einsicht: Vermutlich besteht ein großer Anteil (manche Forscher reden von 50 Prozent) des Bodenkohlenstoffs aus den Überresten toter Mikroorganismen, die in ihrer Gesamtheit als mikrobielle Nekromasse bezeichnet werden.[10] Diese mikrobielle Nekromasse rückt immer stärker in den Brennpunkt der Forschung. Erschienen im Jahr 2000 weniger als 40 Fachartikel zu diesem Thema, so waren es 20 Jahre später mehr als 150 pro Jahr.[11]

Auch das Team von Matthias Rillig konnte sich der Faszination der Nekromasse nicht entziehen. Im Vordergrund standen Überlegungen, dass es einen Unterschied geben muss zwischen den Eigenschaften lebender mikrobieller Biomasse und der Nekromasse, die daraus entstehen kann. Die Überlegung, die das Team beschäftigte: Im Vergleich zur lebenden mikrobiellen Biomasse müsste Nekromasse reich an Zellwandbestandteilen sein und arm an leicht löslichen Substanzen wie einfachem Zucker und Aminosäuren sowie Nährstoffen. Dazu kommt, dass bestimmte Eigenschaften der Nekromasse wohl davon abhängen, auf welche Weise die Mikroorganismen gestorben sind.[12] Nicht nur das Leben und das Wachstum von Mikroorganismen sind demnach wichtig für das, was mit Kohlenstoff im Boden passiert, sondern auch die Form ihres Ablebens.

Das führt zur Frage, wie Mikroorganismen im Boden sterben. Wir können uns eine Reihe von Möglichkeiten vorstellen: Sie können von Bodenorganismen gefressen werden, zum Beispiel von Fadenwürmern oder von Protisten. Sie können auch von Viren infiziert werden und daran zugrunde gehen. Teile von Pilzmyzel können altern und absterben. Mikroorganismen können verhungern, an Trockenstress zugrunde gehen oder an giftigen Chemikalien, die in den Boden gelangen.

Das Interessante: Die unterschiedlichen Todesumstände führen zu unterschiedlichen Eigenschaften von Nekromasse – mit potenziell unterschiedlichem Verhalten im Boden. Was hier exakt passiert, ist noch nicht genau bekannt. Aber es ist ziemlich klar, dass zum Beispiel die Nekromasse eines Pilzmyzels, das von einem Arthropoden gefressen und nach der Passage durch den Verdauungstrakt wieder ausgeschieden wurde, ganz anders ist als die Nekromasse eines Myzels, das an natürlicher Alterung starb und zum Todeszeitpunkt kaum noch Nährstoffe enthielt.

Diese Ereignisse genau zu rekonstruieren ist schwierig. Dennoch kann man sie in Experimenten erforschen. Dazu gilt es, Mikroorganismen auf realistische und für den Boden relevante Arten »umzubringen«. Anschließend kann man die daraus resultierenden Eigenschaften der Nekromasse untersuchen. Im Labor von Matthias Rillig werden reihenweise Mikroorganismen in Experimenten ins Jenseits befördert. Geleitet werden diese Versuche von Tessa Camenzind, einer Postdoktorandin im Labor, und ihrer Mitarbeiterin Jessie Gawronski. Sie arbeiten mit zwei unterschiedlichen Arten von Schlauchpilzen (Ascomycota), die sie auf mannigfaltige Weise im Labor malträtieren. Einige Exemplare bekommen sehr wenig Kohlenstoff und auch wenig andere Nährstoffe. Andere werden starker Trockenheit ausgesetzt; das entsprechende Nährmedium in der Kulturschale enthält eine chemische Substanz (Polyethylenglykol), welche die Wasserverfügbarkeit drastisch senkt. Manche Pilze finden sich in einem Medium wieder, das Kupfer enthält, das toxisch für sie ist; andere werden erhitzt. Die Experimente sind noch nicht abgeschlossen, aber erste Ergebnisse deuten an: Wenn Pilze einen schnellen Tod sterben, ähnelt ihre Nekromasse der Biomasse, die sie zu Lebzeiten hatten.

In einem weiteren Ansatz wuchsen Pilze sechs Wochen lang unbehelligt auf gewöhnlichem Nährmedium, bis manche Zellen des Myzels aufgrund der Alterung eines natürlichen Todes starben. Danach wurden das alte, gleichsam greisenhafte Myzel im Inneren und das junge Myzel an den Rändern miteinander verglichen. Und siehe da: Es gab deutliche Veränderungen, etwa im Stickstoff- und Kohlenstoffgehalt des Myzels. Daraus können wir schließen: Auf natürliche Weise entstandene Nekromasse unterscheidet sich im Elementgehalt deutlich von der lebenden Biomasse.

Das ist eine neue Erkenntnis, die sogleich neue Fragen aufwirft: Gibt es weitere Unterschiede, etwa im Schwefel- oder Phosphorgehalt? Haben diese Unterschiede einen Einfluss darauf, wie schnell Nekromasse im Boden zersetzt und in Kohlenstoffdioxid umgewandelt wird? Führt die jeweilige Beschaffenheit von Nekromasse zu messbaren Unterschieden bei der Rate, mit der Kohlenstoff gespeichert werden kann?

Auf diese Art und Weise kann man sich mithilfe von Experimenten ein immer besseres Bild der mikrobiellen Prozesse machen, die wichtig für die Kohlenstoffspeicherung im Boden sind. Vielleicht stößt man dabei auch auf weitere unerwartete Erkenntnisse, die neue Perspektiven eröffnen, wie man mehr Kohlenstoff im Boden speichern könnte.

Die Zukunft

Wenn eines in diesem Kapitel klar geworden ist, dann hoffentlich, dass das Thema Bodenkohlenstoff wichtig ist, um den Klimawandel zu verstehen. Böden stellen von Natur aus einen riesigen Kohlenstoffspeicher dar, der allerdings empfindlich auf menschliche Eingriffe reagiert. Die ökologische Forschung gewinnt immer neue Einsichten, gerade in letzter Zeit. Dennoch gibt es noch viel Neues zu entdecken. Unterboden etwa ist sehr aufwendig in der Beprobung, sodass er noch wenig erforscht ist. Das ist misslich, zumal gerade im Unterboden viel Kohlenstoff gespeichert ist. Aber auch wie bestimmte mikrobielle Prozesse sich zwischen verschiedenen Bodentypen unterscheiden, wird ein wichtiges Thema werden. Tatsächlich liegt das Augenmerk beim Bodenkohlenstoff schon heute viel stärker auf der Mikrobiologie als bis vor Kurzem noch. Auf diesem Gebiet wird es wohl auch die größten künftigen Entdeckungen geben. Mikrobielle Lebensgemeinschaften im Boden sind nicht nur unfassbar artenreich, sondern decken eine riesige Spannbreite von Funktionen ab.

Forschungsbedarf besteht darüber hinaus bei der Frage, welche Mechanismen bei der Kohlenstoffspeicherung im Boden bedeutsam sind. Zum Beispiel führen Fachleute eine hitzige Debatte darüber, ob es eine Kohlenstoffsättigung im Boden gibt. Kann er von einer bestimmten Konzentration an keinen weiteren Kohlenstoff mehr aufnehmen? Oder gibt es diesen Punkt nicht, sodass immer mehr Kohlenstoff gespeichert werden kann?[13] Selbst bei dieser fundamentalen Frage gehen die Meinungen der Expertinnen und Experten weit auseinander. Wer eine leidenschaftlich geführte Debatte in der Bodenwissenschaft miterleben will, hat hier das perfekte Thema dafür.

Modellrechnungen haben ergeben, dass die Menschheit durch Landwirtschaft und die damit einhergehende Umwandlung von ursprünglichen Böden in Agrarflächen in den vergangenen 12 000 Jahren einen Bodenkohlenstoffverlust von ungefähr 133 Gigatonnen verursacht hat – einen Verlust, der in den vergangenen 200 Jahren besonders dynamisch verlief.[14] Eine der größten Herausforderungen der Zukunft wird sein, diesen Schwund zu stoppen und zumindest teilweise umzukehren – und zugleich zu gewährleisten, dass die Menschheit ausreichend mit Lebensmitteln versorgt wird. Wir haben bislang enorm davon profitiert, dass Böden Kohlenstoff speichern. Denn sie haben dadurch einen Teil der Treibhausgas-

Emissionen aus der Verwendung fossiler Brennstoffe kompensiert.[15] Ohne Böden wäre es schon viel heißer auf der Erde. Wir sollten daher alles tun, um die Böden zu schützen, damit sie ihre Kohlenstoffspeicher-Funktion weiterhin ausüben können.

Ein besonderer Handlungsbedarf besteht bei Moorböden. Durch Trockenlegung verlieren sie gewaltige Mengen an Kohlenstoffdioxid an die Atmosphäre. Allein in Deutschland wurden im Jahr 2021 aus zuvor trockengelegten Moorböden 48,2 Millionen Tonnen an Kohlenstoffdioxid-Äquivalenten freigesetzt (zusätzlich zum Kohlenstoffdioxid setzten sie noch weitere Treibhausgase frei). Diese Menge ist größer als die Menge, die der Industriesektor pro Jahr freisetzt (ungefähr 44,7 Millionen Tonnen an Kohlenstoff-Äquivalenten).[16] Eine Wiedervernässung von Moorböden ist dringend geboten, wenn man den Klimawandel eindämmen will.

Bei alldem dürfen wir das Potenzial des Bodens aber nicht falsch einschätzen. Im deutschen Klimaschutzgesetz von 2024 war schon fest verrechnet, dass hiesige Moore und Wälder bis 2030 jedes Jahr 25 Millionen Tonnen Kohlenstoffdioxid aufnehmen werden. Doch hat man diese Rechnung ohne die Böden gemacht. Denn die kurz darauf veröffentlichten Ergebnisse der vierten Bundeswaldinventur offenbarten, dass der deutsche Wald von einer Senke zu einer Quelle von Treibhausgasemissionen geworden ist.[17] Nach vielen Dürren, Stürmen und Schädlingsbefällen starben viele Bäume, die jetzt als Totholz modern und einen Gutteil ihres Kohlenstoffs als Kohlenstoffdioxid abgeben werden. Hinzu kommen die Emissionen aus entwässerten Mooren. Statt der veranschlagten 25 Millionen

Tonnen Kohlenstoff pro Jahr werden in der nächsten Zukunft demnach allenfalls 0,2 Millionen Tonnen Kohlenstoff in Wäldern und Mooren gespeichert.

Mehr noch: Selbst wenn alle Böden dieser Welt von heute auf morgen so gemanagt würden, dass sie Kohlenstoff aufnähmen, würde das die Menge an Kohlenstoffdioxid in der Luft nicht auf das vorindustrielle Niveau senken. Der Boden allein kann die Erderwärmung nicht gänzlich ungeschehen machen. Gleichwohl kann er einen Beitrag leisten – aber nur dann, wenn wir ihn schützen und stärken.

8 Plastik an jedem Platz

Es gibt weltweit keinen Boden mehr, der nicht mit Plastik belastet ist. Warum das so ist? Schauen wir uns einmal um, und zwar egal, wo wir uns gerade aufhalten. Ob auf der Couch im Wohnzimmer, im Zug oder am Arbeitsplatz: Wir sind umgeben von Produkten aus Plastik. Auch die Kleidung enthält vielfach Plastik. Das dunkelblaue Hemd von Matthias Rillig besteht zwar laut Etikett zu 100 Prozent aus Baumwolle, die Knöpfe sind aber aus Plastik gefertigt. Auch die Hose enthält neben Baumwolle ungefähr 6 Prozent Polyester. Im Arbeitszimmer gibt es verschiedene Stecker, Kugelschreiber, Kabel – alle enthalten Plastik. Das gilt ebenso für die Tastatur, auf der gerade geschrieben wird. Die Wände sind einem hellen Gelbgrün gestrichen; auch Farbe enthält Plastik, als Bindemittel. Wir sind umgeben von Plastik.

Natürlich bringt Plastik viele Vorteile. Als Verpackungsmaterial hilft es, Lebensmittel vor dem Verderben zu bewahren. Auf dem Acker schützt es als Folien Pflanzen vor Witterungseinflüssen und erwärmt den Boden. Aus dem medizinischen Bereich oder dem Forschungsbetrieb im Labor ist es nicht wegzudenken.

Das Problem ist, dass bei der Herstellung von Plastik nur in eine Richtung gedacht wurde: Einweg – statt in Kreisläufen. Ein Vorteil des Materials – seine Beständigkeit – wird nun, da wir unfassbare Mengen von Plastik produziert haben, zum Nachteil. Nach einer Schätzung hat die Menschheit bislang mehr als 6,3 Milliarden Tonnen Plastikabfall produziert; nur 9 Prozent davon wurden recycelt. Insgesamt 79 Prozent des weltweiten Plastikabfalls sind auf Mülldeponien oder in der Umwelt gelandet, 12 Prozent wurden verbrannt.[1] Wo immer man nach Plastik in der Umwelt sucht, findet man es auch. Ein besonderer Schwerpunkt der Verschmutzung scheinen Äcker zu sein. Das liegt an der besonderen Vielfalt der Eintragspfade, zum Beispiel die Düngung mit Kompost, Gülle oder mineralischem Dünger, aber auch der Einsatz von Plastikfolien in bestimmten Pflanzenkulturen, etwa Spargel.[2] Folgerichtig widmet sich die Erforschung von Plastik in Böden vor allem landwirtschaftlich genutzten Böden.

Mit Plastik meinen wir aber nicht nur die achtlos weggeworfenen Plastikdeckel oder Verpackungen von Süßigkeiten, die man auf einem Spaziergang durch die Stadt leider allzu häufig erblickt. Das Problem mit den Materialien ist, dass sie in der Umwelt rasch in immer kleinere Teile zerfallen. Wenn die Partikel die Größe von 5 Millimetern unterschreiten, spricht man gemeinhin von Mikroplastik. Diese besondere Eigenschaft, dass Plastik fragmentiert, ist wichtig, wenn wir uns die Auswirkungen auf den Boden anschauen: Plastik belastet ihn in immer kleiner werdenden Partikeln. Am Ende sind sie sogar kleiner als ein Mikrometer und liegen damit im Nanobereich.

Die kleinen Partikel gelangen in die Luft, weil Plastik als

Material generell leicht ist. Und wenn sie dann noch in der Form von Fasern vorliegen, zum Beispiel aus Fleece-Kleidung, entschweben sie leicht in die Luft und werden im Luftstrom über größere Entfernungen transportiert, sicher viele Kilometer weit. Das bedeutet aber, dass diese kleinen Plastikpartikel, insbesondere als Fasern, so gut wie überallhin gelangen können. Mikroplastik kommt selbst dahin, wo kein Mensch je einen Plastikbecher weggeworfen hat, selbst in abgelegene Gegenden wie die Antarktis. Es ist eine verstörende Erkenntnis, dass Mikroplastikpartikel als Niederschlag vom Himmel fallen, quasi als »Plastikregen«.[3]

Wie hoch ist die Plastikbelastung im Boden?

Die Messung von Plastikpartikeln im Boden ist nicht einfach. Das Problem ist, dass die Partikel unterschiedlich beschaffen sind. Sie bestehen aus verschiedenen Polymeren, variieren in Größe und Form. Diese Vielfalt erschwert die Analyse. Aber das größere Problem ist der Boden an sich, denn er besteht praktisch selbst aus Partikeln unterschiedlicher Größe: den Bodenaggregaten und vielen Partikeln aus organischem Material. Es gleicht einer Suche nach einer Stecknadel im Heuhaufen, aus diesen Bodenpartikeln die Mikroplastikpartikel herauszufischen. Es gibt mittlerweile Methoden, die funktionieren, aber sie sind recht langwierig und generell noch nicht international genormt. Auch die Analyse an sich ist nicht trivial, denn Plastik ist überall, also auch im Labor; besondere Qualitätssicherungsmaßnahmen sind daher erforderlich. Zum Beispiel tragen die Forschenden im Labor Kittel aus reiner Baumwolle und benutzen keine Gefäße oder Materialien aus Plastik. Alle flüssigen Reagenzien, auch Wasser, werden vor der Benutzung gefiltert.

Und wir wissen, dass die gängigen Nachweisverfahren nicht alle Arten von Mikroplastik im Boden erfassen. Ein Beispiel sind Pigmentpartikel aus Farben. Das Team von Matthias Rillig hat in einer Fallstudie im Berliner Mauerpark Böden in der Nähe von mehrfach übersprühten Graffitiwänden untersucht. Dabei hat die Doktorandin Yaqi Xu eine der höchsten jemals gemessenen Konzentrationen an Mikroplastik im Boden gefunden: Hunderttausende bis mehrere Millionen Partikel pro Kilogramm.[4]

Durch das Sprühen gelangt die Farbe in die Luft. Viele Plastikpartikel im Sprühstrahl setzen sich nach unten ab und landen im Boden. Da sind sie aufgrund ihrer Farbe übrigens gut erkennbar. Der Nachweis am Mauerpark war also leicht, allerdings waren die Farbpartikel nur schwer aus dem Boden herauszulösen. Dazu musste im Labor eine eigene Methode entwickelt werden. Diese Farbpartikel sind nämlich schwerer als Partikel aus anderen Plastiksorten. Deswegen gehen sie in der gängigen Analysemethode in einem der ersten Schritte, der auf Auftrennung nach Massendichte beruht, verloren. Man kann sich fragen, welche Plastiksorten sonst noch durch das Raster fallen. Für Plastikpartikel im Nanobereich fehlen noch Nachweismethoden. Wir wissen also nichts darüber, wie viele Nanopartikel im Boden enthalten sind.

Ein erster Übersichtsartikel gab die Konzentration der meisten beprobten Böden weltweit mit einem Wert unter

13 000 Mikroplastikpartikel pro Kilogramm Boden an.[5] In Gewichtsanteilen entspricht das 4,5 Milligramm Mikroplastik pro Kilogramm Boden. Die Werte schwanken stark in Abhängigkeit vom Ort der Probenahme (zum Beispiel Acker vs. Stadt). Darüber hinaus wurden unterschiedliche Analysenmethoden eingesetzt, was eine Einordung der Ergebnisse zusätzlich erschwert. Neuere Übersichtsartikel geben eine erstaunlich große Spannbreite von Werten an: von mehreren Dutzend Mikroplastikpartikeln bis mehrere Hundert oder vielen Hunderttausend pro Kilogramm Boden.[6] Der Schwerpunkt der Forschung liegt auf Ackerflächen, wie eine weitere Zusammenstellung unterstreicht, und hier ist die geografische Ungleichverteilung der Analysepunkte auf der Erde gewaltig: Aus Afrika liegen fast keine Daten vor, die meisten Daten kommen aus Asien und Europa.[7] Ebenfalls ist bemerkenswert, dass noch sehr wenige Daten aus dem Wald vorliegen.[8] Bei der Inventur von Mikroplastik im Boden stehen wir also noch ganz am Anfang.

Warum wurde Plastik im Boden als Problem so spät erkannt?

Plastik ist sichtbarer im Wasser als im Boden. Wir kennen die Bilder von Meeresschildkröten, die sich in Folien oder Schnüren aus Plastik verheddern. Plastikmüll im Meer zieht große Aufmerksamkeit auf sich und wird seit den 1970er-Jahren erforscht. Das Problem der maritimen Plastikverschmutzung ist den meisten Leuten präsenter als jene im Boden.

Dass Böden ebenfalls massiv mit Plastikpartikeln belastet

sind, wurde in der Forschung erst vor einiger Zeit erkannt. Das Umdenken begann mit einem Aufsatz, den Matthias Rillig 2012 veröffentlichte:[9] In dem Aufsatz wurde die Überlegung vorgestellt, dass Mikroplastik auch im Boden und an Land ein Problem sein könnte. Die Idee entstand in einem Labormeeting, in dem es um eine Studie zum Thema Mikroplastik im Meer ging. Müsste es Mikroplastik nicht auch im Boden geben? Davon hatte noch niemand im Team gehört.

Das Echo auf den Aufsatz, der einige Monate nach dem Labormeeting erschien, fiel sehr mager aus. Auch mehrere Jahre nach Erscheinen wurde er in der wissenschaftlichen Community praktisch nicht zur Kenntnis genommen. Mittlerweile hat sich das gründlich geändert.

Warum kam die ökologische Forschung so spät auf den Boden beim Thema Plastik? Dafür gibt es wohl verschiedene Gründe. Die Aufmerksamkeit beim Plastik ist allgemein auf Mikroplastik fokussiert, also Plastikpartikel, die kleiner als fünf Millimeter sind. Diese findet man relativ leicht im Meerwasser und kann sie dort nachweisen, zum Beispiel durch Filtration und anschließendes Auszählen. Aber im Boden? Wenn man einen Löffel Mikroplastikkügelchen in eine Tasse voller Boden rührt, sieht man am Ende nichts mehr von diesen Kügelchen, sie verschwinden einfach zwischen und unter den Bodenaggregaten. Genauso ist es, wenn wir eine Handvoll Boden von einem Acker nehmen: Die Mikroplastikpartikel darin sind nicht zu erkennen. Darüber hinaus ist es, wie gesagt, sehr aufwendig, die Plastikpartikel im Boden mit Analyseverfahren überhaupt nachzuweisen.

Das könnte zu folgender Überlegung verführen: Wenn man

etwas im Boden weder sehen noch messen kann, warum sollte man sich dann überhaupt darüber Gedanken machen? Die festen Bestandteile des Bodens sind ja die Bodenaggregate und mineralischen Partikel (in den Größenklassen Sand, Schluff und Ton). Von daher könnte man sich die Frage stellen, ob ein paar Partikel mehr oder weniger da einen Unterschied machen. Die innere Oberfläche des Bodens ist bereits riesig – würde Mikroplastik das nennenswert verändern?

Im Wasser ist die Situation völlig anders. Der Umstand, dass Mikroplastik in Form von Partikeln vorliegt, ist hier von Bedeutung. Die Partikel fügen dem Wasser nämlich eine neue Oberfläche hinzu. Auf dieser können sich zum Beispiel Mikroorganismen ansiedeln. Zudem können Fische, Muscheln und andere Organismen Plastikpartikel mit Nahrungspartikeln verwechseln und aufnehmen. Kurzum: Im Wasser verleihen Plastikpartikel der Umwelt eine neue Eigenschaft. Für den Boden dagegen wurde dieses Problem lange Zeit nicht angenommen.

Mikroplastik hat Effekte auf Boden und Pflanzen

Es hat viele Jahre der Forschung gebraucht, doch inzwischen ist klar: Mikroplastik hat durchaus Effekte auf den Boden, sehr vielfältige sogar. Man kann sie in Gruppen einteilen:[10] Effekte auf die physikalische Beschaffenheit des Bodens; Effekte, die auf die Chemie der Partikel zurückzuführen sind; und schließlich Effekte, die mit der Mikrobiologie der Plastikpartikel zu tun haben, genauer gesagt mit der mikrobiellen Besiedlung der Partikel und des unmittelbar an sie grenzenden Bodenbereichs.

Widmen wir uns zunächst den physikalischen Effekten auf den Boden. Nach der Beschreibung des möglichen Problems im Jahr 2012 haben Forschende im Team von Matthias Rillig aus Neugier über mehrere Jahre etwas herumprobiert und quasi mit Mikroplastik und Boden gespielt. Man gab Mikroplastik in Böden und schaute, inwiefern sich das Bodengefüge änderte. Oder man untersuchte, ob Pflanzen in Böden voll Mikroplastik besser oder schlechter wachsen. Am Anfang wurden dazu Mikroplastik-Kügelchen benutzt, die man in verschiedenen Größen unter fünf Millimeter im Katalog für Forschungsbedarf bestellen kann. Diese »microbeads« werden in der biomedizinischen Forschung eingesetzt, man benutzt sie auch zur Kalibrierung von Messgeräten.

Tatsächlich ließ sich anhand der ersten Experimente nicht feststellen, dass die Kügelchen aus dem Katalog besondere Effekte auf den Boden hatten. Im nächsten Schritt probierte man andere Plastiksorten aus; dazu kauften Mitglieder des Teams in einem Geschäft für Modellbau und Bastelbedarf Dinge aus verschiedenen Plastiksorten und zerkleinerten sie, um Stückchen oder Fragmente aus Plastik für die Experimente zu erhalten. Dann kam Rillig und seinem Team die Idee, nicht mit Kügelchen und Fragmenten, sondern mit Fasern zu arbeiten. Zunächst nutzten sie Kunststofffasern von Kleidung aus dem Sieb eines Wäschetrockners. Bald darauf stiegen sie auf einfacher handzuhabende Fasern um, mit Seilen aus Polyester, die durch mühsames Schnipseln zerschnitten wurden, bis man Fasern in der Hand hielt.

Dieser Schritt änderte alles.[11] Die Effekte mit Fasern waren deutlich. In den ersten Experimenten hatten sie direkte Auswirkungen auf die physikalische Bodenbeschaffenheit: Der Boden wurde lockerer und fluffiger (in der Fachsprache: Er hatte eine geringere Lagerungsdichte). Es erhöhte sich auch die Wasserspeicherfähigkeit von Boden, der experimentell mit Fasern versetzt wurde.

Durch diese überraschenden Ergebnisse reifte eine neue Einsicht: Mikroplastik hat Effekte auf den Boden, die auf die *Form* der Kunststoffpartikel zurückgehen. Daran hatte man vorher nicht gedacht, denn Schadstoffe haben normalerweise keine Form; sie sind keine Partikel, sondern einfach chemische Moleküle. Das Besondere an Mikroplastik aber ist: Es ist nicht nur ein chemisches Molekül, sondern es besteht eben aus Partikeln, also Gebilden mit einem Volumen und einer Form. Fasern sind lineare Gebilde und verhalten sich im Boden vollkommen anders als eher runde Formen. Sie können zum Beispiel aus Bodenaggregaten herausragen, nachdem sie dort verbaut wurden – das verrät schon ein Blick durch die Lupe. Damit können die Fasern zur Veränderung der Bodenaggregats-Stabilität beitragen, es können Schwachstellen in den Bodenaggregaten entstehen, sie fallen dann leichter auseinander.

Für die Effekte auf die Lagerungsdichte kann man eine ähnliche Erklärung finden: Die Fasern wirken vermutlich wie winzige Abstandshalter im Boden, der Boden wird dadurch lockerer. Diese Effekte gab es nicht bei den Kügelchen und Stücken, mit denen noch die ersten Versuche durchgeführt wurden. Weitere Experimente zeigten: Oft ist es egal, aus welcher Plastiksorte eine Faser besteht. Entscheidend für den Effekt auf den Boden ist die Form. Später konnte Matthias Rilligs Team auch zeigen, dass Fasern im Boden das Wachstum von

Pflanzen verbessern.[12] Das lag vermutlich daran, dass die Wurzeln den durch die Fasern fluffigen Boden einfacher durchwurzelten.

Es kommt bei den physikalischen Effekten von Mikroplastik im Boden also sehr auf die Form der Partikel an – ein in jeder Hinsicht spannendes Ergebnis.[13] Auch weitere Formen haben Effekte auf physikalische Eigenschaften des Bodens. Folien, die in der Landwirtschaft zum Einsatz kommen, zerfallen zu Bestandteilen, die das Verhalten von Wasser im Boden ändern können; Wasser muss zum Beispiel um die Folienfragmente herumfließen.

Aber damit ist die Geschichte nicht zu Ende, denn es gibt noch viel mehr zu berücksichtigen, wenn man die Effekte dieser Partikel auf den Boden verstehen will.

Reservoir für giftige Stoffe

Kommen wir zu den chemischen Effekten. Plastik ist, neben seinen unterschiedlichen Formen, gekennzeichnet durch eine komplexe Chemie. Zunächst ist da eine Vielfalt an Polymeren, die das Rückgrat des Plastikmaterials bilden; man denke zum Beispiel an Polyvinylchlorid, das sich etwa in Schuhsohlen, Kreditkarten oder Bodenbelägen finden kann; an Polyethylenterephthalat von Plastikflaschen oder an Polyester von Kleidungsfasern. Plastik kann aus sehr vielen unterschiedlichen Polymeren bestehen. Aber oft noch wichtiger als die Art des Polymers sind die chemischen Zusatzstoffe (Additive), die im Plastik enthalten sind. Solche Zusatzstoffe sollen dem jeweiligen Plastik verschiedene Eigenschaften verleihen. Beispiele sind Farbpigmente, Flammschutzmittel, antimikrobielle Chemikalien oder Weichmacher, die das Material biegsam halten. Es gibt auch Zusatzstoffe, die unbeabsichtigt ins Plastik gelangen. Das sind Rückstände aus seiner Produktion, zum Beispiel nicht eingebaute Monomere, also chemische Bausteine für die Polymere. Das Gemisch der Additive ist in haushaltsüblichem Plastikmaterial oft sehr vielfältig. Wenn man eine bestimmte Plastiksorte analysiert, dann findet man viele Zusatzstoffe, mit denen man gar nicht gerechnet hat.

Diese Zusatzstoffe wirken auf viele Bodenorganismen schädlich. Der Biologe Shin Woong Kim, ein koreanischer Postdoktorand im Labor von Matthias Rillig, hat in einem Experiment gezeigt, dass Zusatzstoffe, die aus den Mikroplastikpartikeln entweichen, giftig für Fadenwürmer sind.[14] Das Untersuchungsergebnis war erstaunlich: Frisch gewaschene Mikroplastikpartikel, bei denen die Zusatzstoffe in der Nähe der Oberfläche der Partikel entfernt worden waren, hatten keine toxischen Effekte auf die Fadenwürmer im Labortest, die ungewaschenen Partikel dagegen sehr wohl. Das ist ein deutlicher Hinweis darauf, dass die Zusatzstoffe für die schädliche Wirkung auf die Fadenwürmer verantwortlich sind.

Es gab noch einen überraschenden Befund: Nachdem die gewaschenen Plastikpartikel mehrere Tage im Boden belassen waren, wurden sie plötzlich wieder toxisch! Was war geschehen? Die Erklärung: Die Mikroplastikpartikel haben ein Volumen. Innerhalb dieses Volumens kann Diffusion stattfinden: Moleküle bewegen sich aus dem Inneren der kleinen Partikel zur Oberfläche. Von der Oberfläche aus können sie dann an die

Umgebung abgegeben werden – und somit toxisch auf Fadenwürmer wirken.

Frisch gewaschene Partikel, denen man etwas Zeit gibt, setzen also wieder giftige Zusatzstoffe frei. Mit anderen Worten: Diese Partikel sind ein Reservoir an Toxizität. Die toxischen Substanzen sind nicht alle auf einmal da, sie werden über die Zeit hinweg abgegeben, aus dem Inneren des Mikroplastikpartikels.

Das ist eine ganz besondere Form der Toxizität. Es ist möglich, dass die im Boden vorliegenden Plastikpartikel langfristig immer weiter toxische Substanzen freisetzen. Und dieser Toxizitätseffekt kann womöglich dynamisch zunehmen, denn das Plastik zerfällt ja in immer kleinere Partikel, sodass immer mehr Oberflächen entstehen, an denen schädliche Zusatzstoffe in den umliegenden Boden diffundieren können.

Das ist keine besonders schöne Vorstellung. Matthias Rillig und sein Team haben das Phänomen »Toxizitäts-Schuld« genannt.[15] Seit Jahren lagert sich Mikroplastik weltweit in Böden an. Der Höhepunkt der toxischen Belastung könnte noch vor uns liegen. Ob es wirklich so ist, weiß momentan niemand.

Leben auf dem Mikroplastik

Mikroplastik hat im Boden also physikalische Effekte, durch Wirkung auf das Bodengefüge, und auch chemische Effekte, bedingt durch die Toxizität der Zusatzstoffe. Aber noch ein drittes Problem zeigt sich: Mikroplastikpartikel können das Bodenmikrobiom verändern.[16] An der Oberfläche der Plastikpartikel und im unmittelbar benachbarten Boden bildet sich ein neuartiger Lebensraum, ein Habitat, für Mikroorganismen heraus, die sogenannte Plastisphäre.[17] Zuerst wurde dieses Habitat im Meer beschrieben, aber nun wird dieses Konzept auch auf den Boden übertragen. Es gibt mittlerweile einige Studien, die jene Mikroorganismen untersucht haben, die die Plastisphäre im Boden besiedeln. Die mit Abstand meisten Daten gibt es für Bakterien.

Was wurde gefunden? Die Plastisphäre ist tatsächlich ein eigenes Habitat für Mikroorganismen-Lebensgemeinschaften im Boden – das kannte man auch schon vom Meer. Mikroorganismen reagieren empfindlich auf viele Variablen in ihrer Umgebung. Und das bedeutet: Verändern sich die Mikroplastik-Eigenschaften, dann heißt das in der Regel auch, dass sich ganz andere Lebensgemeinschaften von Mikroorganismen in der entsprechenden Plastisphäre einstellen.

Vor diesem Hintergrund ist es überraschend, dass Plastisphären insgesamt doch einige Gemeinsamkeiten zu haben scheinen. Genauer untersucht wurden diese mikrobiellen Habitate mithilfe von Metagenomik. Das ist eine Methode, bei der DNA aus der Umwelt sequenziert und dafür benutzt wird, Genome von Mikroorganismen zu rekonstruieren. Durch diese Methode wird eine Fülle von Informationen über die Lebensgemeinschaften der Bakterien in der Plastisphäre verfügbar. Zwei Erkenntnisse schälen sich heraus: In Plastisphären finden sich erstens vermehrt potenzielle bakterielle Krankheitserreger. Der Grund dafür ist nicht bekannt. Welche Effekte das genau haben wird, ist ebenfalls noch unbekannt. Sollte die Plastisphäre weiter an Bedeutung im Boden gewinnen, weil immer mehr Plastik dort eingetragen wird, könnten die zunehmend angereicherten bakteriellen Pathogene negative Auswirkungen auf Pflanzen oder die menschliche Gesundheit haben.

Zweitens: Die Plastisphäre ist angereichert mit Antibiotika-Resistenz-Genen.[18] Matthias Rillig hat dazu an einigen Studien seines chinesischen Kollegen Yong-Guan Zhu mitgewirkt, der an der Chinesischen Akademie der Wissenschaften in Peking forscht. Es gibt auch Anzeichen dafür, dass diese Gene mittels horizontalem Gentransfer von einem Bakterium zum nächsten weitergegeben werden können und sich auf diese Weise in Plastisphären verbreiten. Nun haben auf den ersten Blick Plastikoberflächen mit Antibiotika-Resistenz-Genen gar nichts zu tun. Weshalb tritt dieser Effekt also auf? Die mögliche Antwort: Die Plastikoberfläche ist ein eher unwirtlicher Lebensraum, was man schon daran merkt, dass sie dünner besiedelt ist als der umliegende Boden. Dies hat eventuell mit den toxischen Zusatzstoffen zu tun, die aus den Plastikpartikeln entweichen.

Antibiotika-Resistenz-Gene vermitteln, wie der Name sagt, Resistenz gegen antibiotische Stoffe. Aber zugleich können sie wichtig sein bei der Anpassung an schwierige Umweltbedingungen. Aus diesem Grund finden sich in der unwirtlichen Plastisphäre vermehrt Bakterien, die über solche Antibiotika-Resistenz-Gene verfügen. Es ist seit Langem bekannt, dass der Boden ein Reservoir an Antibiotika-Resistenz-Genen ist (diese gibt es übrigens schon viel länger, als Menschen Antibiotika in der medizinischen Behandlung einsetzen) – eben weil diese Gene auch für Bakterien selbst wichtig sind. Aber das

Risiko besteht, dass die in der Umwelt vorkommenden Antibiotika-Resistenz-Gene auch für den Menschen eine wachsende Gefahr darstellen. Das gemeinsame Vorkommen von krankmachenden Bakterien (Pathogenen) und Antibiotika-Resistenz-Genen in der Plastisphäre gibt daher Anlass zur Sorge.[19]

Die Vielfalt des Problems

Mikroplastik, so viel ist klar, stellt uns nicht vor ein einzelnes Problem, das man klar umreißen könnte. Wir können nie sagen: »Mikroplastik im Boden hat diesen Effekt«, weil es »das Mikroplastik« eben nicht gibt. Das macht die Forschung zu diesem Thema zu einer gewaltigen Herausforderung.[20] Es gibt eine riesige Zahl unterschiedlicher Partikel mit unterschiedlichen Eigenschaften – und damit oft auch unterschiedlichen Effekten auf den Boden. Neben der Form und der Plastiksorte ist natürlich die Größe wichtig. Ein fünf Millimeter großer Partikel wird sehr wahrscheinlich andere Effekte auf einen Boden haben als ein Partikel, der hundert Mikrometer klein ist, schon deshalb, weil sie unterschiedlich gut in Bodenaggregate eingebaut werden können.

Bis hierhin können wir festhalten, dass verschiedene Eigenschaften des Plastiks eine Rolle spielen. Wir wissen, die Form spielt eine Rolle, insbesondere für die physikalischen Effekte. Die Größe der Partikel ist zudem wichtig, der Polymer als Grundgerüst des Plastikmaterials und die Vielfalt der Zusatzstoffe (Additive), die für toxische Effekte verantwortlich sind. Dazu kommt, dass die Partikel sich in der Umwelt verändern;

dieser Prozess wird als Verwitterung bezeichnet. Die UV-Strahlung der Sonne, mikrobielle Enzyme, weitere Fragmentierung und chemische Veränderungen des Materials (etwa durch Oxidation der Oberfläche) tragen dazu bei. Dadurch kann sich die Oberfläche der Partikel grundlegend verändern, sie kann zum Beispiel weniger hydrophob (also weniger wasserabweisend) werden, was wiederum Auswirkungen darauf hat, wie sich das Mikroplastik im Boden verhält.

Im Labor von Matthias Rillig wurde das mithilfe einer Verwitterungskammer untersucht, bei der Plastik in beschleunigter Weise verwittert wurde, indem man es künstlicher UV-Strahlung aussetzt. Das Plastikmaterial wurde erkennbar verändert, es wurde zum Beispiel gelblicher und spröder. Das verwitterte Plastik hatte im Boden ganz andere Effekte auf die Bodeneigenschaften, und auch die Effekte auf das Pflanzenwachstum waren verändert im Vergleich zu nicht verwittertem Plastik. In einem Experiment waren die Auswirkungen des verwitterten Plastiks oft negativer als die des frischen Plastikmaterials.

Wenn man all dies zusammennimmt – und das sollte man, wenn man Mikroplastik als Gesamtproblem betrachten möchte –, dann ergeben sich extrem viele Kombinationen all dieser unterschiedlichen Eigenschaften und damit eine hohe Vielfalt an Plastikpartikeln, die sich im Boden befinden. Diese können, wie wir heute wissen, jeweils völlig unterschiedliche Auswirkungen auf den Boden und seine Bewohner haben. Das ist eine der größten Herausforderungen für die weitere Erforschung dieses Problems. Es ist zum Beispiel noch nicht klar: Welche Kombination von Eigenschaften der Partikel hat die stärksten Effekte? Auf welchem der drei genannten Pfade – physikalisch, chemisch-toxisch, mikrobiell – werden sie übermittelt?

Auch die Langzeitfolgen von Mikroplastik im Boden sind noch nicht befriedigend experimentell untersucht, dafür ist das Problem zu neu. Eine Befürchtung betrifft das bereits erwähnte Phänomen der »Toxizitäts-Schuld«: dass Plastikpartikel, wenn sie immer weiter zerfallen, toxischer werden, weil die in ihnen enthaltenen Zusatzstoffe umso effektiver aus ihnen entweichen können. Ein weiterer Umstand, der zu diesem Phänomen beitragen könnte, betrifft die Plastikteilchen selbst: Wenn sie durch Fragmentierung immer kleiner werden, könnten sie von einem bestimmten Punkt an selbst eine toxische Wirkung entfalten: als Nanopartikel, die in Zellen eindringen.

Die Vielfalt der Partikel ist noch in anderer Hinsicht ein Problem für die weitere Erforschung: Mikroplastikpartikel tauchen im Boden stets als Gemische auf. Über die Wirkung dieser Gemische weiß man bislang sehr wenig.[21]

Mikroplastik als Faktor des globalen Wandels

In manchen Experimenten verbesserte sich das Pflanzenwachstum, wenn der Boden mit Mikroplastikfasern angereichert war. Das führte im Team von Matthias Rillig zu ungläubigem Kopfschütteln: Wie kann es sein, dass das eigentlich schädliche Mikroplastik auch solche positiven Effekte hat? Das passt nicht ins Konzept der Ökotoxikologie, um das herum die Arbeit im Labor zum Thema Mikroplastik damals noch organisiert war.

Ökotoxikologie ist in der Tat ein naheliegende Ansatz, Effekten von Schadstoffen auf den Boden nachzugehen. Positive Effekte sind dabei aber nicht vorgesehen, denn es handelt sich ja um Schadstoffe. Das Problem kann man lösen, indem man Mikroplastik als einen Faktor des globalen Wandels *(global change)* betrachtet.[22] Der globale Wandel umfasst die durch menschliche Aktivitäten beschleunigten Veränderungen des Erdsystems; dazu zählen Klimawandel, Artensterben, Umweltverschmutzung und soziale Ungleichheiten, die sich allesamt gegenseitig beeinflussen und Lebensgrundlagen gefährden. Bei den Global-change-Faktoren gibt es ebenfalls positive Effekte auf Pflanzen, etwa hinsichtlich Erwärmung, atmosphärischem Stickstoffeintrag oder erhöhter Kohlenstoffdioxidkonzentration in der Atmosphäre.

Wir müssen hier betonen, dass »positiv« in diesem Fall ausdrücklich nicht gleichzusetzen ist mit »wünschenswert«! Erstens bedeutet ein positiver Effekt auf einer Ebene, zum Beispiel auf der Ebene einer einzelnen Pflanze, die besser wächst, keineswegs, dass dadurch auch auf der nächsthöheren Organisationsebene der Ökologie ein positiver Effekt eintritt. In einem Experiment konnte die Biologin Yudi Lozano im Labor von Matthias Rillig zeigen, dass Mikroplastik im Boden zu Verschiebungen in der Lebensgemeinschaft der Pflanzen führen kann – bei gleichzeitiger Erhöhung der Biomasse. Das bedeutet: Ein »positiver« Effekt aufs Pflanzenwachstum führte also zugleich dazu, dass bestimmte Pflanzenarten sich zulasten anderer vermehrten – und dieser Effekt ist nicht notwendigerweise positiv. Mehr noch: Die Pflanze, die in dem Experiment im Wachstum am meisten vom Mikroplastik profitierte, gehört zu einer Art, die sich in Deutschland ohnehin stark ausbreitet: das Land-Reitgras (*Calamagrostis epigejos*). Es könnte also sein, dass durch Mikroplastik im Boden insbesondere invasive Arten gefördert werden. Das wäre nun gewiss nicht wünschenswert.

Zweitens: Die gleichen Plastikteilchen, die positive Effekte auf das Pflanzenwachstum hatten, führten zu negativen Effekten auf andere Messgrößen im Boden, zum Beispiel auf die Stabilität von Bodenaggregaten. Eine Unterteilung in positiv und negativ ist daher nicht sinnvoll, solange man das gesamte Spektrum möglicher Effekte in einem Ökosystem nicht kennt. Im Gegenteil, es wäre irreführend und falsch, ein einzelnes Ergebnis herauszugreifen, um dann zu sagen: Mikroplastik im Boden ist ja gar nicht so schlimm beziehungsweise sogar vorteilhaft.

Dass man Mikroplastik als einen Faktor des globalen Wandels betrachtet, ist in der Praxis der ökologischen Forschung noch in anderer Hinsicht hilfreich: Man stellt diesen Faktor dann auf eine Stufe mit anderen menschenverursachten Faktoren, etwa dem Klimawandel oder Luftverschmutzung durch chemische Schadstoffe. Damit ist nicht gemeint, dass die verschiedenen Global-change-Faktoren gleich wichtig sein müssen, es bedeutet nur, dass sie in die gleiche Kategorie der menschengemachten Umweltveränderungen einzuordnen sind. Dieses Verständnis führt dazu, dass man Experimente durchführt, in denen man untersucht, wie die Effekte von Mikroplastik die anderen Global-change-Faktoren beeinflussen. Zum Beispiel kann man sich folgende Fragen stellen: Wie kann Mikroplastik im Boden die Effekte von Trockenheit modifizieren? Kann Mikroplastik die Ausbreitung invasiver Pflanzen begünstigen? Wird Mikroplastik bei Erwärmung schneller abgebaut?

Dass man Mikroplastik den Global-change-Faktoren zuschlägt, verändert auch den Ansatz der Forschung. Experimente unter kontrollierten und standardisierten Laborbedingungen, wie sie in der Ökotoxikologie üblich sind, werden im Labor von Matthias Rillig nun weniger häufig gemacht. Dafür macht man mehr Studien, mit denen man ganze Ökosysteme und deren Funktionalität untersuchen kann.[23] Dieser neue Blickwinkel lenkt das Augenmerk dann auf Effekte, die das Erdsystem betreffen: Hat Mikroplastik im Boden Auswirkungen auf Treibhausgasemissionen aus dem Boden, also von Kohlenstoffdioxid, aber auch Methan und anderen Gase?

Zumindest in Experimenten ist das so. Mikroplastik kann allein durch seine Effekt auf die Mikrobiologie des Bodens, gekoppelt mit den Einflüssen auf die Bodenaggregation, eine Veränderung der Treibhausgasemissionen aus dem Boden verursachen.[24] Ob die in der Umwelt vorhandene Menge von Mikroplastik im Boden diesen Effekt auch in der realen Welt verursacht, ist nicht klar.

Diesen Effekt würde man im klassischen Sinne übrigens nicht als »toxischen« Effekte bezeichnen, so wie die zuvor beschriebenen Effekte auf Fadenwürmer. In diesem Fall ist es ein Einfluss auf die Art und Weise, wie ein Ökosystem funktioniert. Das heißt aber keineswegs, dass dieser nicht wichtig wäre, im Gegenteil. Dieser Zusammenhang ist somit ein gutes Beispiel dafür, wie wichtig der Blickwinkel ist, aus dem man Forschung betreibt: Eine nur auf Toxizitätstests ausgerichtete Forschung würde diesen ökologischen Effekt im Dunkeln lassen.

Schließlich gibt es noch einen weiteren Gedanken, wenn man Experimente mit Mikroplastik im Boden aus dem Blickwinkel des globalen Wandels entwirft. Dieser ist in die Zukunft gerichtet. Zum Beispiel geht es darum, welche Konzentrationen von Kohlenstoffdioxid in der Atmosphäre wir in 50 bis 100 Jahren haben könnten. Solche Prognosen sind die Grundlage für Experimente: Man möchte herausfinden, welche Effekte die dann vermutlich herrschenden Konzentrationen hervorrufen werden. Übertragen auf Mikroplastikpartikel im Boden bedeutet das: Es ist nicht vorrangig wichtig, welche Konzentrationen heute in den Böden vorhanden sind. Vielmehr ist es entscheidend, zu erfahren, was in Zukunft passieren würde, wenn wir mit dem Plastikkonsum so weitermachten wie bisher. Die Konzentrationen an Mikroplastik, die wir künftig im Boden haben werden, können wir zwar nicht genau vorhersagen, aber sie werden auf jeden Fall höher sein als heute, da das Mikroplastik im Boden nur in geringem Umfang abgebaut wird und sich dort daher mehr und mehr anreichert.

Wider die Plastikflut

Mikroplastik aus dem Boden mechanisch wieder herauszuholen wird vermutlich nicht möglich sein. Die Plastikpartikel sind im Bodengefüge eingebaut. Man müsste das Bodengefüge zerstören, um an das Plastik zu gelangen, das wäre ein enormer Aufwand.

Der Abbau durch geeignete Mikroorganismen (Bakterien oder Pilze) ist eine viel diskutierte Möglichkeit, Mikroplastik im Boden wieder loszuwerden. Doch sie erscheint nicht besonders Erfolg versprechend, zumal das Plastikmaterial so vielfältig ist, was Polymere, Zusatzstoffe, Form und Größe anbelangt. Es mag für einzelne Polymersorten gelingen, hocheffektive Mikroorganismen zu finden und zu züchten, die sie jeweils vollständig abbauen können. Aber würden sie auch in der Umwelt funktionieren? Die Hürden, solche Mikroorganismen zu etablieren, sind hoch; von den Risiken, sie auf Böden freizusetzen, ganz abgesehen.

Vielleicht kann man Maßnahmen entwickeln, die die Effekte von Mikroplastik im Boden abmildern. Das könnte zum Beispiel mit dem Eintrag von organischem Material, etwa Streu, gelingen, also mit allgemeinen Bodenverbesserungsmaßnahmen. Aber klar ist das noch nicht, da in vielen Fällen die Effekte noch nicht ausreichend verstanden sind.

Der beste Weg scheint nach wie vor die Vermeidung zu sein, also den Eintrag von Plastik in den Boden zu reduzieren, bevor das Problem zu groß wird. Das wiederum heißt, Alternativen zum derzeit verwendeten Plastik zu finden. Es gibt dazu schon spannende Ansätze: Sogenannte biologisch abbaubare Plastiksorten, wie Polylactid, werden aus Maisstärke, Zuckerrohr oder anderen erneuerbaren Materialien gewonnen. Biologisch abbaubare Plastiksorten gelten als kompostierbar, das bedeutet, unter bestimmten Bedingungen können sie durch Mikroorganismen innerhalb einer gewissen Zeit zu Kohlenstoffdioxid abgebaut werden. Im Boden, unter natürlichen Umweltbedingungen, dauert das freilich länger als unter den genormten Bedingungen in der Kompostieranlage.

Auch biologisch abbaubare Plastiksorten können zunächst

in Mikroplastik zerfallen und dadurch Effekte im Boden verursachen. Einige dieser Plastiksorten enthalten Zusatzstoffe (Additive), die auch sie in die Umgebung abgeben, sodass es zu toxischen Auswirkungen kommen kann. Deswegen gehören solche Plastiksorten mitnichten in die Bioabfallsammlung, zumal dieser Abfall zur Herstellung von Blumenerde oder von Düngemitteln für die Landwirtschaft verwendet wird.

Dennoch ist der Einsatz von biologisch abbaubaren Plastiksorten ein Schritt in die richtige Richtung. Es wird nicht möglich sein, gänzlich auf Plastik als Material zu verzichten. Wir müssen es deswegen durch bessere, unbedenklichere Varianten ersetzen, die wieder in den Stoffkreislauf zurückgeführt werden können und weniger schädlich für die Umwelt sind.

9 Vom Acker zum Ödland

Sie brauchen ungefähr vier Sekunden, bis Sie diesen Satz gelesen haben. In dieser Zeit sind auf der Erde gesunde Böden zerstört worden, die eine Gesamtfläche von 16 Fußballfeldern ausfüllen.[1] Das geschah vielleicht irgendwo in einer brasilianischen Feuchtsavanne, in einem indonesischen Regenwald oder auf einer Wiese in Ihrer Nachbarschaft. Es ist ein Trend hin zu einer bodenlosen Zukunft.

Oft ist es ein schleichender Niedergang: Die Flächen zerbröseln, beherbergen immer weniger Mikroorganismen und andere Bodenbewohner, können ihre verschiedenen ökologischen Aufgaben Stück für Stück weniger erfüllen – kurzum, sie degradieren.

Die Bodendegradation schreitet schneller voran als jemals zuvor. Das Sekretariat der Konvention der Vereinten Nationen zur Bekämpfung der Desertifikation hat gemeinsam mit dem Potsdam-Institut für Klimafolgenforschung einen Report vorgelegt und warnt darin, dass bereits jetzt bis zu 40 Prozent der weltweiten Landflächen degradiert sind.[2] Eine Fläche von 15 Millionen Quadratkilometern sei für den Anbau von Pflanzen praktisch nicht mehr nutzbar – das entspricht fast der Fläche Russlands, dem größten Land der Erde. Und jedes Jahr kommt ungefähr eine weitere Million Quadratkilometer an degradiertem Boden hinzu, das entspricht ungefähr der Größe Ägyptens.

In Europa ist das Problem besonders weitverbreitet. Hier sind 60 bis 70 Prozent der Flächen in einem beklagenswerten Zustand.[3] Die wichtigsten Ursachen sind die Entwaldung, das Bauen immer neuer Siedlungen und Straßen und nicht zuletzt die industrielle Landwirtschaft.

Weltweit gesehen ist der Ausbau von Städten, Verkehrswegen und sonstiger Infrastruktur mit einem Anteil von mehr als 6 Prozent die drittgrößte Ursache dafür, dass Wälder gerodet oder verbrannt werden. In Europa ist er allerdings der häufigste Grund. In Deutschland nahmen zwar die Waldflächen etwas zu, die versiegelten oder zubetonierten Flächen wurden jedoch ebenfalls größer. Jeden Tag gehen bei uns mehr als 50 Hektar (0,5 Quadratkilometer) Äcker und Felder (entspricht 70 Fußballfeldern) verloren, weil darauf Häuser oder Straßen gebaut werden.[4]

Die Versorgung des Landes mit Nahrungsmitteln ist dadurch noch nicht akut gefährdet, dennoch ist der Trend bedenklich. Gerade in Deutschland und anderen mitteleuropäischen Staaten sind die Flächen fruchtbarer und ertragreicher als in vielen anderen Regionen der Welt.

Der Flächenverbrauch in Deutschland könnte sogar noch zunehmen. Mitarbeiterinnen und Mitarbeiter des Thünen-Instituts schätzen, dass bis 2030 allein mehr als 200 000 Hektar für Siedlungen und Verkehr benötigt werden, wenn in Deutschland tatsächlich mehr Wohnraum geschaffen werden sollte, wie dies politische Parteien angekündigt haben.[5] Der Ausbau erneuerbarer Energien, insbesondere der Freiflächen-Photovoltaik, könnte bis 2030 mehr als 100 000 Hektar an Flächen beanspruchen.

Nun wäre niemandem geholfen, die Ziele Wohnraum, Photovoltaik und Naturschutz gegeneinander auszuspielen; man sieht aber, dass der Boden im 358 000 Quadratkilometer großen Deutschland ein verdammt knappes Gut ist. Ungefähr die Hälfte der hiesigen Flächen sind von Äckern und Almen, Feldern und Wiesen bedeckt; etwa 30 Prozent des Landes ist bewaldet; Siedlungen und Verkehrswege haben 14,5 Prozent unter sich begraben; die restlichen Flächen sind Gewässer, Gehölze, Kiesgruben, Steinbrüche oder sogenanntes Unland, wie in der Statistik Flächen bezeichnet werden, die nicht geordnet genutzt werden. Felsen oder Dünen beispielsweise können Unland sein.

Während man für neue Nutzungen in Deutschland meistens bestehende Agrarflächen umwandelt, werden die landwirtschaftlich genutzten Flächen in vielen anderen Staaten vergrößert – auf Kosten bewaldeter Flächen. Mit Ausnahme von Europa ist die Landwirtschaft die Hauptursache dafür, dass Büsche und Bäume gerodet werden. Die Ernährungs- und Landwirtschaftsorganisation der Vereinten Nationen (FAO) geht davon aus, dass allein im Zeitraum von 1990 bis 2020 weltweit 4,2 Millionen Quadratkilometer entwaldet wurden.[6] Das entspricht einer Fläche, die größer ist als die der Europäischen Union (EU). Nur noch 60 Prozent der Waldflächen, die es einst auf der Erde gab, sind erhalten. Jedes Jahr werden weitere 100 000 Quadratkilometer Wald vernichtet. Vor allem in den Tropen verschwinden die Waldflächen immer schneller, damit Platz für Weiden oder Plantagen entsteht. Niemand schaut sich gern Bilder an, auf denen zu sehen ist, wie auf den Inseln Borneo und Sumatra unberührte Regenwälder verbrennen. Allerdings sind auch wir in Deutschland indirekt daran beteiligt. Das geht aus einem Report der Umweltschutzorganisation World Wide Fund for Nature (WWF) hervor, in dem untersucht wurde, inwiefern über Handelsbeziehungen die EU-Länder in den Jahren 2005 bis 2017 mit Naturzerstörungen verbunden waren.[7] Das Ergebnis: Die EU ist für 16 Prozent der weltweiten Tropenwaldvernichtung verantwortlich und liegt in dieser traurigen Statistik sogar vor den USA und dem Riesenland Indien. Spitzenreiter ist China, mit einem Anteil von 24 Prozent.

Auf den abgeholzten Regenwaldflächen in Südamerika und Südostasien werden Sojabohnen, Ölpalmen oder Kaffee angebaut, um daraus jeweils Tierfutter, Pflanzenfett oder Kaffeebohnen zu gewinnen. Ein Teil dieser Produkte wird von den EU-Ländern importiert, um die Bevölkerung zu versorgen. Wenn wir uns also ein T-Bone-Steak von einem Rind kaufen, das mit Soja gefüttert wurde, dieses in Palmöl braten und uns nach der Mahlzeit noch einen Espresso gönnen, konsumieren wir Produkte, für deren Herstellung Regenwald gerodet wurde. Naturschützer sprechen zu Recht von einer »importierten Entwaldung«.

Das Problem betrifft übrigens nicht nur Wälder, sondern auch Grasland mit wenig oder gar keinen Bäumen. Im Cerrado, einer artenreichen Savanne mitten in Brasilien, werden besonders viele Flächen zerstört, um Sojabohnen darauf anzubauen.

Die EU hat das Problem erkannt und eine Verordnung auf

den Weg gebracht, die vermutlich 2026 wirksam wird. Dann sollen Güter wie Kakao, Kaffee, Palmöl, Rindfleisch, Holz, Kautschuk oder Produkte, die daraus hergestellt wurden, nicht mehr in der EU verkauft werden, wenn für sie nach 2020 Wald zerstört wurde. Hersteller und Händler müssen die Unbedenklichkeit ihrer Produkte lückenlos nachweisen, deshalb ist die EU-Verordnung umstritten. Händler beklagen die damit verbundene Bürokratie. Wenn dadurch jedoch tatsächlich Wälder und intakte Waldböden gerettet werden, würde der Mehraufwand sich gewiss lohnen.

Die Folgen der konventionellen Landwirtschaft

Es wäre falsch, die Landwirtschaft in Bausch und Bogen zu verteufeln. Schließlich müssen inzwischen mehr als acht Milliarden Menschen weltweit ernährt werden. Mit dem Haber-Bosch-Verfahren gelang es, Ammoniak im großen Stil zu produzieren, den Grundstoff für chemisch hergestellte Düngemittel. Wenn es diese nicht gäbe, würden viele von uns gar nicht leben. Nicht nur künstliche Dünger, sondern auch der Einsatz von Pestiziden führt dazu, dass Bauern bessere Ernten einfahren können. Viele Landwirtinnen und Landwirte verstehen sich zudem als Hüter und Treuhänder des Landes, das sie bestellen, sind ihren Böden naturgemäß verbunden und versuchen, sie zu erhalten.

Auch ist es unvermeidlich, dass das Korn halt irgendwo wächst und die Kühe irgendwo weiden. Ungefähr 95 Prozent aller Lebensmittel werden unmittelbar auf Böden erzeugt. In

Deutschland wird ungefähr die Hälfte der Fläche für die Landwirtschaft genutzt. Das sind zu 70 Prozent Ackerland, zu 28 Prozent Dauergrünland und zu einem Prozent Obst- oder Rebflächen. Der Anteil der ökologisch bewirtschafteten Flächen ist in den vergangenen Jahren zwar auf rund 11 Prozent gestiegen, das bedeutet aber umgekehrt, dass fast 90 Prozent der hiesigen Äcker und Felder konventionell bewirtschaftet werden. Dies geschieht womöglich zu einem hohen Preis. Denn intensive Landwirtschaft ist nicht nachhaltig und hat langfristig eindeutig negative Auswirkungen auf den Boden, die im Detail noch gar nicht vollständig geklärt sind.

Eine naheliegende Frage lautet: Was geschieht eigentlich mit den Bodenbewohnern auf einem Acker, der seit Jahrzehnten intensiv benutzt wird? Gemeinsam mit Kollegen hat Matthias Rillig das am Beispiel der AM-Pilze untersucht.[8] Die Studie fand in einer Gegend statt, in der Agrarflächen rekultiviert werden, im sogenannten Rheinischen Revier im Städtedreieck zwischen Aachen, Köln und Mönchengladbach. Die oberste Bodenschicht wird aus der Landschaft geschaufelt, um an Braunkohle zu gelangen. An den Tagebauen Garzweiler, Inden und Hambach können Besucher von verschiedenen Aussichtspunkten aus betrachten, wie riesenhafte Schaufelradbagger das begehrte Material aus dem Erdreich holen.

Im Abbaufeld Inden sind die Kohleflöze bis zu 45 Meter stark und liegen bis zu 230 Meter tief unter der Erdoberfläche. Die Braunkohle wird per Förderband ins benachbarte Kraftwerk Weisweiler transportiert und dort verfeuert, um Strom zu gewinnen. Die dabei entstehende Dampfwolke kann man schon von Weitem sehen, wenn man auf der Autobahn zwischen Aachen und Köln unterwegs ist. Der Braunkohleabbau ist für die Stromversorgung wichtig, aber er steht in der Kritik, weil er die Landschaft zerstört, Dörfer verschlingt und mit einem hohen Ausstoß von Kohlenstoffdioxid verbunden ist – Braunkohle gilt als der klimaschädlichste aller Energieträger. Deswegen haben sich der Betreiber RWE (einst als Rheinisch-Westfälisches Elektrizitätswerk gegründet) und die Politik darauf geeinigt, im Jahr 2030 aus der Braunkohle auszusteigen. Dann wird es sich ausgekohlt haben.

Die Tagebaue werden danach rekultiviert: Die durch die Entnahme der Kohle entstandenen Restmulden sollen mit Wasser aus Flüssen und mit Grundwasser befüllt werden, auf dass eine Landschaft voller Seen entsteht. Vermutlich werden auch neue Siedlungen und künstliche Naturschutzgebiete angelegt. Nicht zuletzt sollen wieder Äcker und Felder eingerichtet und an die Landwirte der Region übergeben werden.

Dazu sollte man wissen, dass die Böden in jener Gegend von einer meterdicken Lössschicht bedeckt und deshalb sehr fruchtbar sind. Schon seit Jahrhunderten haben Menschen hier deshalb Ackerbau betrieben. Doch inwiefern lassen sich solche Böden im Zuge der Rekultivierung wiederherstellen? Werden sie wieder von Mikroorganismen besiedelt? Und wie verkraften es die Winzlinge, wenn in ihrem Lebensraum ganz normale Landwirtschaft betrieben wird?

Es sind Fragen, die Matthias Rillig schon vor einiger Zeit interessierten: Gemeinsam mit seinen Mitarbeitern Julien Roy und Stefan Hempel in Berlin sowie den Kollegen Rüdiger Reichel und Nicolas Brüggemann vom Forschungszentrum Jülich konnte er dazu eine Feldstudie machen. Da das Forschungszentrum Jülich nur wenige Kilometer von den Tagebauen entfernt liegt, kannten die dortigen Kollegen sich mit den örtlichen Begebenheiten bestens aus. Die Zusammenarbeit war eine glückliche Fügung und sollte zu einer erstaunlichen Erkenntnis führen. Sie untersuchten verschiedene Agrarflächen, die durch den Braunkohleabbau zunächst abgetragen worden waren und danach wieder zu Äckern wurden. Einige von ihnen wurden sogar 1964 schon wieder landwirtschaftlich genutzt. Wie war es diesen Böden seither ergangen?

Die Rekultivierung der Flächen vollzieht sich in einer festen Abfolge in drei Phasen: Zuerst werden eine Mischung aus der ursprünglichen obersten Bodenschicht sowie Abraummaterial, das viel Löss enthält, auf die Fläche gefüllt. Der ursprüngliche Oberboden wird auf diese Weise sehr verdünnt. Auf diesem Grund wird nun eine bestimmte Pflanze angepflanzt: die Luzerne. Sie ist dafür bekannt, dass sie die Anreicherung von Stickstoff im Boden fördert. Die Luzernen werden drei Jahre lang auf den Flächen belassen, auf dass sich der Boden erholt und wieder zum Lebensraum von Mikroorganismen werden kann. Weder Pestizide noch künstliche Dünger werden eingesetzt. Das alles ist die Phase eins: Erholung und Wiederbelebung des Bodens.

Danach wird Gerste ausgebracht. Pflügen und Düngen werden allerdings noch zurückhaltend durchgeführt – die Äcker sollen vorsichtig wieder an die landwirtschaftliche Nutzung herangeführt werden (Phase 2).

Schließlich werden die Flächen wieder an örtliche Landwirte übergeben, die sie auf konventionelle Weise bewirtschaften. Zuckerrüben und Weichweizen werden im Wechsel angebaut. Jedes Jahr wird der Boden 30 Zentimeter tief durchgepflügt, Pestizide und Dünger werden je nach Bedarf eingesetzt (Phase 3).

Das Team nahm nun insgesamt 50 Bodenproben von Flächen aus allen drei Phasen der Rekultivierung und untersuchte, wie viele AM-Pilze sie enthielten. Die gute Nachricht: Bereits nach sechs Monaten waren darin wieder Pilze zu finden, womöglich waren diese als Sporen schon im ausgebrachten Erdmaterial enthalten. In der Folgezeit kamen schnell viele weitere Arten hinzu; sie stammten aus der Umgebung und fanden in den Luzernen-Feldern gute Bedingungen vor. Das bedeutet: Böden lassen sich offenbar erfolgreich rekultivieren. Die Pilze darin helfen mit, den Boden wieder fruchtbar zu machen.

Es gab leider auch eine schlechte Nachricht: Sobald die Böden wieder konventionell für den Anbau von Zuckerrüben und Weichweizen genutzt wurden, nahm die Artenzahl der AM-Pilze deutlich ab. Das zeigte sich auch auf den Äckern, die schon 1964 wieder an die Landwirte zurückgegeben worden waren. Damit konnte die Studie bestätigen, was andere Wissenschaftlerinnen und Wissenschaftler ebenfalls beobachtet hatten: Pflügen und der Einsatz von Pestiziden, nebst anderen Bewirtschaftungsmethoden, können natürlich vorkommende Pilze dauerhaft aus dem Boden vertreiben.

Das alles könnte bedeuten: Ein Boden kann sich durchaus davon erholen, dass man ihn wegbaggert und dann wieder ausbringt, er wird aber geschädigt und verliert mit Fortdauer der konventionellen Bewirtschaftung kontinuierlich an Biodiversität. Durch die zeitliche Aneinanderreihung dieser unterschiedlich alten Bodenprobenflächen, die in ihrer Gesamtheit eine sogenannte Chronosequenz darstellen, konnte man diese dynamischen Abläufe, die viele Jahre bis Jahrzehnte dauern, rekonstruieren.

Die Erkundungen im Rheinischen Revier konnten nicht klären, welche Faktoren der konventionellen Landwirtschaft zum Rückgang der AM-Pilze führen. Es liegt allerdings nahe, dass der Einsatz von Fungiziden hierbei eine wichtige Rolle spielt. Diese Mittel töten Pilze oder deren Sporen oder hemmen zumindest ihr Wachstum.

Fungizide bekämpfen nicht nur die schädlichen Pilze, die Pflanzenkrankheiten wie Mehltau verursachen, sondern schaden auch den nützlichen AM-Pilzen. Gemeinsam mit der Bodenökologin Anna Edlinger und anderen Forschern hat Matthias Rillig dieses Phänomen im Rahmen eines europäischen Projekts untersucht.[9] Die praktische Umsetzung der Studie begann vor einiger Zeit in der warmen Jahreszeit in Spanien, Frankreich, Deutschland, Dänemark und Schweden. Einige der Wissenschaftler schwärmten aus und nahmen Bodenproben auf 160 Feldern, auf denen Weizen, aber auch Hafer oder Gerste auf konventionelle Weise angebaut wurden. Sie nahmen an jeder Stelle acht Proben, dazu benutzten sie Bohrer, die einen Durchmesser von fünf Zentimeter hatten und 20 Zentimeter in die Tiefe gingen. Ebenso wurden Proben an 60 Wiesen oder Blühstreifen genommen, die in der Nähe der Äcker lagen, aber nicht bewirtschaftet wurden.

Die Bodenproben wurden geteilt und auf vielfältige Weise untersucht. In einem Teil bestimmte die Gruppe um Anna Edlinger im Labor von Marcel van der Heijden jeweils, wie viele AM-Pilze sie enthielten. Darüber hinaus füllte sie den Boden der verschiedenen Beprobungsflächen jeweils in Gartentöpfe, in die sie Spitzwegerich pflanzte, eine Pflanze, die mit vielen verschiedenen AM-Pilzen in Symbiose leben kann und deswegen oft in der Mykorrhizaforschung als Wirtspflanze eingesetzt wird. In einem Gewächshaus konnten die Pflanzen zwölf Wochen lang wachsen; von den verschiedenen Bodenproben einmal abgesehen, waren die äußeren Bedingungen für alle Spitzwegeriche gleich. Doch wie erging es ihnen auf den verschiedenen Böden? Um das herauszufinden, maßen Anna Edlinger und die anderen Wissenschaftler, wie gut oder wie schlecht die Pflanzen das fürs Wachstum wichtige chemische Element Phosphor aufnehmen konnten.

Die Ergebnisse sind in dreierlei Hinsicht spannend. Erstens: Die von den Getreidefeldern stammenden Bodenproben enthielten viel weniger Arten von AM-Pilzen als die Proben von den Blühstreifen und Wiesen. Zweitens: In den Proben aus den intensiv genutzten Agrarflächen war die Masse der Mikroorganismen im Vergleich zu den natürlichen Böden um 40 Prozent reduziert, der Gehalt an Phosphor hingegen lag um 60 Prozent höher. Drittens schließlich wurden die Spitzwegeriche, die in den natürlichen Bodenproben gezogen wurden, viel besser mit Phosphor versorgt. Das lag an den AM-Pilzen: Sie leiteten 64 Prozent mehr Phosphor an die Pflanzen als die AM-Pilze, die aus den Böden der Getreidefelder stammten.

Aber auch zwischen den verschiedenen Getreidefeldern gab es Unterschiede in der Phosphorversorgung der Pflanzen. Natürlich war die Gruppe um Anna Edlinger gespannt, wie diese Unterschiede zu erklären sind. In den untersuchten Getreidefeldern waren die Bedingungen wie pH-Wert, die Intensität des

Pflügens, die Temperatur oder die Häufigkeit von Niederschlägen natürlich nicht alle gleich – immerhin lagen die Flächen bis zu 3000 Kilometer voneinander entfernt. Die Analysen ergaben aber einen Faktor, der besonders herausstach: die Fungizide. Die AM-Pilze aus den Bodenproben, die noch nie mit Fungiziden traktiert worden waren, konnten im Durchschnitt mehr als doppelt so viel Phosphor aus dem Boden aufnehmen wie Pilze, die schon dreimal Fungizide verabreicht bekommen hatten. Es gab einen Zusammenhang: Je mehr Fungizide auf einem bestimmten Feld ausgebracht wurden, desto stärker war die Phosphoraufnahme eingeschränkt.

Für diese Befunde gibt es eine naheliegende Erklärung: Fungizide schädigen die AM-Pilze, sodass diese ihre Aufgabe, Phosphor aus dem Boden aufzunehmen und an die Pflanzen weiterzugeben, nicht mehr normal erledigen können. Diese Schädigung kann lang andauern, weil Restmengen von Fungiziden längere Zeit im Boden gegen AM-Pilze wirksam sind. Die Folge des Fungizid-Einsatzes ist bizarr: Obwohl es eigentlich genug Phosphor im Boden gibt, werden die Nutzpflanzen nicht mehr ausreichend mit Phosphor versorgt und wachsen daher schlechter. Der Grund dafür ist, dass Phosphor im Boden für die Pflanzen im Allgemeinen schlecht verfügbar ist; sie benötigen die Hilfe der AM-Pilze, um ihn aus dem Boden aufzunehmen.

Um diesem Mangel an Verfügbarkeit von Phosphor zu begegnen und um durch die Ernte abgetragenen Phosphor zu ersetzen, wird in der landwirtschaftlichen Praxis zusätzlich Phosphor als Dünger in großen Mengen ausgebracht – und damit hat man das nächste Problem: Der Boden und die Lebewesen darin können das viele Phosphor nicht vollständig aufnehmen. Deswegen wird ein Teil davon vom Regen in Flüsse, Seen und Teiche gespült, wo es dann eine unbeabsichtigte Düngung bewirkt, sodass sich Algen übermäßig ausbreiten.

Darüber hinaus wurden moderne Kulturpflanzen bereits unter Bedingungen von hoher künstlicher Phosphorversorgung gezüchtet und haben kein »Interesse« mehr daran, sich von Pilzen damit versorgen zu lassen. Jene AM-Pilze, die den Fungizid-Einsatz überleben, finden daher oft zu wenige Wirtspflanzen, die mit ihnen eine Symbiose eingehen. Das liegt auch daran, dass manche Kulturpflanzen, die in der Fruchtfolge vorkommen, diese Symbiose nicht eingehen.

Der Acker wird für die AM-Pilze also zunehmend zu einem Ödland, in dem sie nur schwer überleben können. In einem vom Bundesministerium für Bildung und Forschung finanzierten Projekt untersuchte das Team von Matthias Rillig verschiedene Äcker und Felder in Deutschland – und konnte AM-Pilze in manchen Böden praktisch nicht mehr finden, auch nicht mit molekularen Nachweismethoden, die recht empfindlich sind.

Neben Fungiziden werden auch Herbizide, also Stoffe, die giftig für Pflanzen sind, sowie Insektizide, also Gifte gegen Insekten, in der Landwirtschaft eingesetzt. Diese Mittel halten Kulturpflanzen gesund und Schädlinge fern. Beim Rübenanbau, um nur ein Beispiel zu nennen, werden unerwünschte Kräuter mit Herbiziden weggespritzt, auf dass allein die Zuckerrübe auf der Scholle wachsen kann.

Der Einsatz von Pestiziden in der Landwirtschaft steigt seit Jahrzehnten. Im Jahr 1990 wurden etwa auf dem amerikanischen Kontinent 0,6 Millionen Tonnen Pestizide verbraucht,

2022 waren es laut der Onlineplattform Statista bereits 1,88 Millionen Tonnen Pestizide.[10] Auch in Deutschland ist der Verbrauch hoch. Im Durchschnitt haben hiesige Landwirte auf einem Hektar Acker 2021 rund 4,1 Kilogramm Pestizide ausgebracht – damit lagen sie klar über dem europäischen Durchschnitt von 1,75 Kilogramm pro Hektar Anbaufläche.

Dieser weiträumige Einsatz hat viele unerwünschte Nebenwirkungen, die im Detail noch nicht alle bekannt sind. Eines ist aber klar: Nicht nur die nützlichen Pilze im Boden werden dadurch geschädigt, sondern auch Bakterien, Einzeller und Tiere leiden. Aus diesem Grund trägt der Einsatz von Pestiziden dazu bei, dass Böden ihre Funktion verlieren.

Vorsicht, Pflug!

Ein weiteres Merkmal der industriellen Landwirtschaft ist, dass die Krume mit schwerem Gerät umgepflügt wird. Die Zeiten, in denen der Bauer mit einem Ochsen- oder Pferdegespann den Boden behutsam bearbeitete, sind in Deutschland lange vorbei. Um 1800 drang ein Pflug höchstens 10 bis 12 Zentimeter in die Oberfläche ein.[11] Die Krume wurde dadurch nicht weiter geschädigt. Im Zuge der Industrialisierung wurden auf dem Acker jedoch immer häufiger schwere Maschinen eingesetzt. Kaum ein Bauer schreitet noch hinter einem Zugtier durch die Pflugfurche, vielmehr sitzt er auf einem Traktor, mit dem er den Pflug übers Feld schleppt. Beim heute üblichen Einsatz wird der Boden viel tiefer gepflügt als früher; die Schicht der oberen 30 Zentimeter, die sogenannte Ackerkrume, wird gewendet und gelockert. So entsteht eine Oberfläche, die durchlüftet und frei von Vegetation ist. Nutzpflanzen können nach der Aussaat auf dem kahlen Grund gut Wurzeln schlagen.

Lange Zeit wurde jedoch nicht ausreichend bedacht, was das für das natürliche Gefüge im Boden bedeutet. Viele Regenwürmer werden durch den Pflug dahingemetzelt, und ihre Röhren werden im wahrsten Sinne des Wortes zerpflügt. Auch die anderen Bodenbewohner leiden darunter, dass ihr Lebensraum durcheinandergewirbelt wird. Wo viel gepflügt wird, verliert der Boden seine Fähigkeit, Humus zu bilden. Er wird artenarm und dient nur noch als eine Art Wurzelgrund für Nutzpflanzen, die mit künstlich zugeführtem Dünger am Leben gehalten werden.

Die vom Pflug aufgeworfene Erde kann indessen rasch verdichten, erst recht, wenn sie mit schwerem Gerät befahren wird, wie es in der konventionellen Landwirtschaft üblich ist. Da rattern Mähdrescher übers Feld, die bis zu 27 Tonnen wiegen. Rübenroder zum Ernten von Zuckerrüben sind noch schwerer, sie bringen bis zu 60 Tonnen auf den Acker. Gerade bei feuchtem Wetter können solch gewaltige Maschinen den Boden fest zusammenpressen. Die Erde der oberen Schichten kann man zwar durchs Pflügen wieder auflockern, doch in den tieferen Bodenschichten zwischen 30 und 60 Zentimetern, die vom Pflug nicht erreicht werden, können sich die Verdichtungen aufsummieren und verfestigen. Es bildet sich dann oftmals eine Pflugsohle, eine verdichtete Barriere, die horizontal unter der Oberfläche verläuft. Wasser, Luft, Mineralstoffe und Pflanzenwurzeln gelangen von oben kaum mehr durch diese Barriere in die tieferen Schichten. Der Boden verliert seine Funktion als Schwamm, er kann nur noch wenig Wasser aufnehmen. Die Folgen sind klar: Bei Starkregen entsteht schnell Staunässe, Überschwemmungen nehmen zu. Und in verdichteten Böden kann die Fruchtbarkeit unterm Strich abnehmen.

Niemand weiß genau, wie viele Böden in Deutschland bereits verdichtet sind. Das Umweltbundesamt mit Sitz in Dessau-Roßlau erwähnt Schätzungen, die von 10 bis 20 Prozent der Ackerfläche ausgehen. In der EU sind offenbar bis zu 35 Prozent der landwirtschaftlich genutzten Flächen durch Verdichtung gefährdet.[12]

Von der Abnahme der Bodenfruchtbarkeit und dem Rückgang der Biodiversität einmal abgesehen, werden verdichtete Böden bei Regen eher weggespült und bei Wind leichter verweht. Das lässt sich besonders auf gepflügten, nackten Äckern in Hügellandschaften beobachten. »Bei Starkregen trifft das Niederschlagswasser ungehindert auf die Bodenoberfläche auf. Die feinen Bodenpartikel werden mobilisiert und können das Porensystem des Bodens verstopfen«, warnt das Umweltbundesamt.[13] Dann entsteht eine Verschlämmungsschicht, die das Niederschlagswasser zusätzlich daran hindert, im Boden zu versickern. Vielmehr läuft das Wasser auf der Oberfläche des Ackers ab und schwemmt dabei Bodenpartikel in Flüsse und Seen.

Obwohl diese Probleme schon länger bekannt sind und es einen Trend zur schonenderen Bodenbearbeitung gibt, werden die meisten Äcker in Deutschland nach wie vor mit schwerem Gerät bearbeitet. Auch dadurch schreitet die Bodendegradation voran.

Krusten voller Salz

Ohne Wasser können Pflanzen nicht überleben, also muss man künstlich nachhelfen, wenn die natürlichen Niederschlagsmengen nicht ausreichen. Doch eine falsche Bewässerung kann den Boden versalzen und in unfruchtbares Land verwandeln, vor allem in Gebieten mit großer Hitze. Das künstlich eingebrachte Wasser dringt dann zunächst in den Boden und löst die dort enthaltenen Salze. Während das Wasser aufgrund der Erwärmung des Bodens wieder verdunstet, bleiben die Salze zurück – und reichern sich mehr und mehr an. Es können regelrechte Salzkrusten entstehen. Dieser Prozess wird noch verstärkt, wenn das zum Wässern verwendete Nass bereits selbst Salze enthält oder Dünger eingesetzt werden, in denen Salze (wie Ammoniumsulfat oder Kaliumchlorid) vorliegen. Von einer bestimmten Salzkonzentration an können viele Kulturpflanzen nicht mehr gedeihen. Das künstlich zugeführte Wasser hat ihren Lebensraum zerstört.

Je höher die Temperaturen, desto schneller laufen diese Vorgänge ab. »Steigende Temperaturen im Sommer führen dazu, dass mehr Wasser verdunstet, und häufigerer Regen wäscht den Boden aus, wodurch Salze freigesetzt und umverteilt werden und neue Gebiete der Versalzungsgefahr ausgesetzt werden«, so der Wissenschaftler Nima Shokri, der an der TU Hamburg das Institut für Geo-Hydroinformatik leitet und eine Methode entwickelt hat, mit der man das weltweite Ausmaß der Versalzung messen kann.[14] Weltweit sind ungefähr 10 Prozent der Ackerflächen davon betroffen.

In Europa war die Versalzung lange Zeit kein großes Problem, doch das ändert sich im Zuge des Klimawandels. Manche Böden in Spanien, Portugal, Italien und Griechenland sind bereits betroffen. Auch in Deutschland muss man sich Sorgen machen: Steigende Meerespegel könnten dazu führen, dass salzhaltiges Meerwasser in Küstennähe das Grundwasser erreicht. Im Alten Land in der Elbmarsch, dem größten Obstanbaugebiets Deutschland, wären nach Einschätzung der TU Hamburg die Apfel-, Kirsch-, Birnen- und Zwetschgenbäume in Gefahr, wenn die Obstbauern sie mit dem dann salzhaltigen Grundwasser bewässern.

Aus Weide wird Wüste

Wie Überweidung ein intaktes ökologisches System ruinieren kann, hat die Forscherin Sandra Spielvogel vom Institut für Pflanzenernährung und Bodenkunde der Universität Kiel gemeinsam mit Kollegen im tibetischen Hochland untersucht.[15] Es liegt mehr als 4000 Meter über dem Meeresspiegel und enthält Böden, die dauerhaft gefroren sind. Seit Jahrhunderten schon lebten dort Nomaden und zogen mit Ziegen, Schafen sowie urtümlichen Rindern, den Yaks, herum. Die Menschen trieben die Rinder im Sommer in immer neue Weidegründe, wo an der Oberfläche zu jener Jahreszeit bestimmte Gräser grünten. Die Yaks lieferten Milch, Fleisch, Leder und Haar sowie Kot, der getrocknet wurde und als Brennmaterial diente.

Auf den Flächen hatte sich ein ganz bestimmter Rasen herausgebildet, der zwei bis vier Zentimeter hoch wuchs. Er war daran angepasst, dass während der drei bis vier Monate langen

Vegetationsperiode ab und zu Yaks, Schafe oder Ziegen vorbeikamen und ihn in einem moderaten Umfang beweideten. Die Gräser bildeten einen Teppich, der die darunterliegenden Permafrostböden intakt hielt.

Doch seit einiger Zeit ist die Welt auf dem Dach der Welt nicht mehr in Ordnung. Ungefähr 30 Prozent der Böden können ihre ökologische Aufgabe nicht mehr erfüllen. Sie sind degradiert, mitunter ist der nackte Unterboden zu sehen.

Mit ihrem Team untersuchte Sandra Spielvogel verschiedene Standorte, die unterschiedlich stark vom Bodenschwund betroffen waren. Dazu bestimmten die Forscher, wie viel Stickstoff und Kohlenstoff die Böden noch enthielten. Das Ergebnis: An den geschädigten Standorten war die Menge der beiden Stoffe erheblich zurückgegangen. Dieser Verlust an Stickstoff und Kohlenstoff zeigt, dass vom ursprünglichen, fruchtbaren Oberboden bereits ein Gutteil erodiert war. Darüber hinaus gelangte weniger pflanzliches Material als früher zurück in den Rasen. Die Ursache dafür war die Kombination zweier Einflüsse, die es einst im Hochland von Tibet nicht gab: die allzu starke Beweidung und der durch den Klimawandel bedingte Temperaturanstieg, der den Boden auch in tieferen Schichten tauen lässt.

Einmal in Gang gesetzt, verändert dieser Prozess auch die Zusammensetzung der im Boden lebenden Lebensgemeinschaft von Mikroorganismen, wie Sandra Spielvogel weiter herausfand. Diese ernähren sich zunächst von den leicht abbaubaren Bestandteilen abgestorbener Wurzeln. Doch da die Mikroorganismen im degradierenden Boden diese Nahrung nicht mehr ausreichend vorfinden, ändern sie ihren Stoffwechsel und beginnen damit, auch verholzte Wurzelrückstände zu zersetzen – doch genau diese verholzten Wurzeln stabilisieren üblicherweise den Rasenteppich und damit auch den Boden.

In ihren Experimenten konnten die Forschenden diesen Wendepunkt genau erkennen. »Fehlt dann erst einmal die schützende Wurzeldecke, nimmt auch die Erosion deutlich zu, wodurch der verbleibende Oberboden komplett abgetragen wird«, so Sandra Spielvogel.[16] Damit nicht genug: Weil er nicht mehr mit Gräsern bedeckt ist, reflektiert der Boden die Strahlen der Sonne stärker, darüber hinaus verändert sich die Verdunstung in den betroffenen Gebieten. »Dies wiederum beeinflusst nachweislich die Wolkenbildung und weitere Eigenschaften über dem Tibetplateau«, so Spielvogel. Nach ihrer Auffassung gibt es eine Möglichkeit, die noch intakten Böden der Hochebene zu schützen: Die Nomaden müssten wieder weniger Vieh halten und die Flächen häufiger wechseln.

Die Überweidung von Flächen, die Versalzung von Böden und die Abholzung von Wäldern können jeweils eine fruchtbare Gegend zum Ödland machen. Das sind Landstriche, in denen nur wenige oder gar keine Pflanzen mehr leben und es kaum noch Niederschläge gibt. Die fortschreitende Wüstenbildung (Desertifikation) wird dadurch noch weiter verstärkt, zumal es infolge des Klimawandels immer wärmer wird. Ungefähr drei Viertel der Landflächen sind in den vergangenen drei Jahrzehnten dauerhaft trockener geworden, so das Sekretariat der Konvention der Vereinten Nationen zur Bekämpfung der Wüstenbildung (UNCCD) mit Sitz in Bonn.[17] In Kenia etwa steigen Hirten von Rindern auf Kamele um, weil es dort immer häufiger Dürren gibt. Die Länder rund um das Mittelmeer waren früher historisch gesehen wahre Kornkammern – jetzt wird es immer trockener. In Spanien etwa waren 2016 schon 37 Prozent der Landesfläche von Wüstenbildung betroffen, weitere 37 Prozent waren davon bedroht.

Bei Wüste denken viele zuerst nur an die Sahara, doch in der nördlichen Hemisphäre hat sich ein Wüstengürtel gebildet, der von der Sahara über den Nahen Osten bis hin zu den Wüsten Chinas reicht. In diesem Gürtel kommt es vermehrt zu Sandstürmen, die Bodenpartikel in der ganzen Welt verteilen. Insgesamt gelangen jedes Jahr ungefähr 1500 Megatonnen davon in die Atmosphäre.[18] Dort verweilen sie im Durchschnitt ein bis zwei Wochen, ehe der Wind sie an einen neuen Ort bringt. Als Hauptquelle gilt die Sahara, aber auch Wüsten und Steppen Zentralasiens tragen dazu bei. Der Aralsee war bis Anfang der 1960er-Jahre der viertgrößte See der Erde, sein Wasser kam aus den Hochgebirgen Pamir und Tienschan. Doch einer der wichtigen Zuflüsse versickert heute im Boden, bevor er das alte Mündungsgebiet am Aralsee erreicht – ihm wird wegen der Landwirtschaft zu viel Wasser entnommen. Die Folge: Der Aralsee trocknete immer stärker aus, heute ist nur noch ein kleiner Teil von ihm mit Wasser bedeckt. Der Großteil des Seebodens hingegen ist jetzt eine riesige Wüste – Aralkum taufte man sie. Die Aralkum ist mittlerweile eine der größten vom Menschen verursachten Staubquellen der Erde, stellten Forscherinnen und Forscher des Leibniz-Instituts für Troposphärenforschung in Leipzig und der Freien Universität Berlin fest.[19] Das Austrocknen des Aralsees hat Zentralasien in den vergangenen 30 Jahren um 7 Prozent staubiger gemacht.

Auch in der Sahelzone in Afrika haben Menschen Böden

zerstört und auf diese Weise zur Wüstenbildung beigetragen. Dieser ungefähr 600 Kilometer breite Streifen erstreckt sich südlich der Sahara von Senegal im Westen bis nach Dschibuti im Osten. Die Gegend ist halbtrocken, es gibt kurze Regenzeiten und lange Zeiten, in denen es keine Niederschläge gibt. Die dort ansässigen Menschen lebten lange im Einklang mit den Bedingungen. Als Nomaden trieben sie ihre Ziegen- und Rinderherden an immer neue Orte. Sie hatten nur so viele Tiere, wie das Land ernähren konnte. Die Bauern ließen jeweils eine Fläche brachliegen, auf dass diese sich erholen konnten. Der karge Boden konnte somit alle ernähren.

Doch technischer Fortschritt veränderte in den 1960er-Jahren diese traditionelle Lebensweise. Es wurden Brunnen gebohrt, sodass Wasser auf einmal scheinbar im Überfluss verfügbar war. Die Bevölkerung stieg rasant. Einerseits wurde mehr Land dauerhaft als Ackerfläche für Hirse, Yams, Süßkartoffeln oder Maniok genutzt – dadurch wurden Böden ausgelaugt. Zum anderen wurden die Herden der Hirten größer, und Rinder und Ziegen zergrasten nun vielerorts das Weideland. Als dann der Regen jahrelang ausblieb, konnte das staubtrockene Land die Menschen nicht mehr ernähren. Schätzungsweise 100 000 Kinder, Frauen und Männer sind 1973 gestorben. »Das Vordringen der Wüste ist weitgehend eine Folge des Missmanagements des Bodens durch den Menschen«, warnte der UN-Experte H. A. Fosbrooke bereits im Juli 1973 mit Bezug auf die Sahelzone.[20]

Doch man hat aus der Katastrophe nicht viel gelernt. Im Gegenteil: Der menschengemachte Klimawandel vergrößert die Gefahr, weil er das Monsunsystem verändert. Aus diesem

Grund gehen in der Sahelzone häufiger als früher sintflutartige Regenfälle nieder. Der degradierte Boden kann die Wassermassen nicht aufnehmen – und diese spülen die letzten noch verbliebenen Erdschichten weg.

Mit einem einzigartigen Pflanzprojekt will die Afrikanische Union der Wüstenbildung entgegenwirken. Die sogenannte Grüne Mauer soll von West nach Ost einen fast 8000 Kilometer langen und mindestens 15 Kilometer breiten Gürtel entstehen lassen, in dem die Böden wieder fruchtbar sind. Auf einer Fläche von rund 18 Millionen Hektar ist diese Begrünung bereits gelungen, mehr als 80 Millionen Hektar stehen noch aus. Das ehrgeizige Projekt leidet unter Geldmangel, Korruption, Fehlplanungen sowie Kriegen und Konflikten in manchen Staaten des Sahels. Und es ist nicht damit getan, Setzlinge in den Boden zu stecken – die Bäumchen benötigen eine aufwendige Betreuung. Man muss sie nicht nur regelmäßig wässern, sondern sie auch davor schützen, dass Rinder und Ziegen sie kaputt beißen. Die Grüne Mauer Afrikas ist ein Projekt der Hoffnung, weil der Sahel dadurch zumindest an einigen Stellen wieder grün geworden ist. Und sie ist ein Projekt der Mahnung, weil es zeigt, wie unendlich mühselig es ist, verlorene Böden zurückzugewinnen.

Nach einer Schätzung des UNCCD-Sekretariats sind bis 2030 Gesamtinvestitionen in Höhe von mindestens 2,6 Billionen US-Dollar erforderlich, um weltweit eine Milliarde Hektar degradierter Flächen wiederherzustellen und die Widerstandsfähigkeit gegen Dürren zu erhöhen.[21] Ein Ansatzpunkt dafür wäre es, abträgliche Anbaumethoden nicht mehr finanziell zu fördern. Von 2013 bis 2018 wurde dem UNCCD-Sekretariat zufolge in 88 Ländern mehr als eine halbe Billion US-Dollar für Subventionen für Bauern ausgegeben. Doch fast 90 Prozent dieser staatlichen Gelder flossen in landwirtschaftliche Praktiken, die der Umwelt schaden.[22] Es ist höchste Zeit, das System zu ändern. Jedes Jahr gehen 24 Milliarden Tonnen fruchtbarer Boden verloren. Wenn dieser Schwund so weitergeht, könnten bis zum Jahr 2050 ungefähr 95 Prozent aller Böden der Erde massiv geschädigt sein.[23]

10 Vom Winde verweht

Es dauert ungefähr 15 000 Jahre, bis auf der Oberfläche der Erde eine Schicht von Mutterboden entstanden ist, die einen Meter dick ist.[1] Umgekehrt kann diese Schicht sehr schnell verloren gehen. Diese Tragödie hat sich in den 1930er-Jahren in den Vereinigten Staaten abgespielt. In einem Teil der Großen Ebenen, der Great Plains, entfernten Bauern das dort vorkommende Präriegras und schufen Äcker. Diese wurden mit Traktoren und Maschinen bestellt und bewässert. Die Bauern bauten Weizen und andere Kulturpflanzen an. Die Ernten waren gut.

Doch dann kamen einige regenarme Sommer. Weil das Präriegras mit seinen tiefen Wurzeln fehlte, war der Boden der Sonne schutzlos ausgeliefert. Er trocknete vielerorts aus, der Wind wirbelte ihn auf und wehte ihn in gigantischen Wolken fort. Sandstürme verdunkelten die Sonne. Die einst fruchtbare Prärie hatte sich in eine Staubschüssel verwandelt.

Weil ihre Äcker zerstört waren, mussten viele Bauern aufgeben. Sie zogen in Trecks Richtung Westen, nach Kalifornien, wo sie sich als Wanderarbeiter durchschlugen. Die einst stolzen Landwirte wurden dort zu Tagelöhnern.

Die Staubschüssel, die »dust bowl«, war ein Fanal. Die

US-Regierung beschloss daraufhin ein Programm, um die verbliebenen Böden in diesem Teil der Great Plains zu schützen. Bis 1942 wurden ungefähr 220 Millionen Bäume gepflanzt, damit sie die Äcker vor dem Wind schützten.

Die schonungslose Ausbeutung des Bodens und das Schicksal der betroffenen Bauern hat der amerikanische Schriftsteller John Steinbeck in seinem 1939 erschienenen Roman *Früchte des Zorns* beschrieben, der in mehr als 20 Sprachen übersetzt wurde. 1962 erhielt Steinbeck den Literatur-Nobelpreis für dieses epochale Werk.

Man könnte meinen, das Trauerspiel, wie eine fruchtbare Landschaft zu einer staubigen Wüste verkam, wäre eine Lehre gewesen. Davon kann leider keine Rede sein. Ganz im Gegenteil, die Erosion ist weltweit gesehen nach wie vor die größte Gefahr für die Böden. Jedes Jahr gehen weltweit ungefähr 36 Milliarden Tonnen fruchtbarer Boden verloren.[2] Auch in Deutschland und den anderen Ländern der EU sind viele Flächen bedroht. Jedes Jahr verschwinden schätzungsweise 970 Millionen Tonnen Mutterboden. Mit dem verlorenen Material könnte man die Fläche Berlins bedecken, die Schicht wäre einen Meter dick.[3]

In den Great Plains hat man ebenfalls nicht viel dazugelernt. Die damals im »dust bowl« angelegten Baumreihen sind an vielen Orten längst wieder verschwunden. Farmer begannen schon Ende der 1960er-Jahre damit, die Bäume zu fällen, um noch riesigere Äcker anzulegen, die sie mit modernen Maschinen schnell und profitabel bearbeiten konnten. Die Erträge auf den ausgelaugten Böden hielten die Farmer stabil, indem sie mehr und mehr düngten. Bis heute ist die Dürre in diesem Gebiet der Vereinigten Staaten zwar nicht zurückgekehrt, jedoch wird dies aufgrund des Klimawandels immer wahrscheinlicher – die nächste Katastrophe scheint vorprogrammiert.

Dass es überhaupt zur Bodenerosion kommt, hängt zum einen von den äußeren Einflüssen ab. Wind, abfließendes Wasser oder Schneeschmelze können Bodenbestandteile abtragen. Zum anderen spielt die Struktur des betreffenden Bodens eine Rolle. Diese wird durch die Bodenkrümel bestimmt. Wenn man in einen Boden greift und sich ihn auf der Hand anschaut und zwischen Daumen und Finger reibt, dann sieht und fühlt man, dass er aus einzelnen Krümeln besteht oder eben in diese zerfällt.

Diese Krümel sind die bereits erwähnten Bodenaggregate, die für das Funktionieren des Bodens so fundamental sind. Sie werden von den Bodenorganismen selbst zusammengebaut, und die Aggregate produzieren die Porenräume, jenen geheimnisvollen Lebensraum, in dem etliche Mikroorganismen ihr Leben verbringen. Viele Poren indes sind so klein, dass nicht einmal Bakterien hineinpassen. Die darin eingeschlossenen organischen Substanzen sind vor deren zersetzender Kraft geschützt und werden nicht abgebaut. Deswegen können Bodenaggregate Kohlenstoff speichern, womöglich mehrere Hundert Jahre lang.

Noch wichtiger im Zusammenhang mit der Erosion: Je stabiler und größer die Bodenkrümel sind, desto größer ist ihr Gewicht. Und je schwerer sie sind, desto schlechter können sie vom Wind weggeblasen oder vom Regen weggeschwemmt werden. Sind die Krümel dagegen instabil und fallen leicht auseinander, sinkt ihr Gewicht – Wind und Regen haben dann im wahrsten Sinne des Wortes leichtes Spiel mit ihnen.

Werden und Vergehen

Man könnte versucht sein, Bodenaggregate als statische Gebilde anzusehen. Sie sind die Bausteine für den Aufbau des Bodens, und da könnte man erwarten, dass sie fest und unveränderlich sind, wie bei einem Bauwerk. Ein Haus besteht aus Steinen, die stabil verbaut sind, damit das Gebäude nicht in sich zusammenfällt. Diese Vorstellung können wir aber nicht auf die Bodenstruktur übertragen, denn die Bodenaggregation ist ein dynamischer Prozess: Die kleineren Bausteine können sich verändern. Der Prozess des Aufbaus und Zerfalls der Aggregate läuft allerdings so langsam ab, dass wir ihn nicht unmittelbar beobachten können.

Die Tatsache, dass der Bodenaggregation eine gewisse Dynamik innewohnt, ist äußerst wichtig. Wären die Krümel im Erdreich stabil und unveränderlich, könnten sie neu ankommenden organischen Kohlenstoff nicht integrieren – und damit nicht speichern. Für das Funktionieren eines intakten Bodens ist es somit unabdingbar, dass Bodenaggregate auch zerfallen und wieder neu aufgebaut werden können. Diesen Zyklus aus Zerfall und Neubildung kann man als Aggregat-Umsatz bezeichnen. Wenn die Zeichen auf Neuaufbau stehen, wird der organische Kohlenstoff im Inneren der Bodenaggregate gebunden und damit quasi vor den Bodenmikroorganismen, die ihn ansonsten abbauen würden, versteckt. Im Inneren eines

Aggregates kann der Kohlenstoff sehr lange vorliegen, mindestens so lange, wie der jeweilige Bodenkrümel existiert.

Wie aber misst man diese Dynamik? Das ist gar nicht so einfach. Der Trick besteht darin, dass man verschiedene Größenklassen von Partikeln in geeigneter Weise markiert und dann verfolgt, wo diese Markierungen im Verlauf von Wochen oder Monaten in einer Bodenprobe hinwandern. Findet sich die Markierung einer kleinen Partikelgröße nach einiger Zeit in einer größeren Klasse von Partikeln wieder, dann weiß man, dass der kleine Partikel in einen größeren eingebaut wurde. Umgekehrt können wir das genauso verfolgen: Wenn also die Markierung einer größeren Partikelklasse nach einer Weile in einer kleineren Partikelgrößenklasse auftaucht, dann weiß man, dass der größere Partikel zerfallen ist.

Für die Markierung werden Seltene Erden eingesetzt, also chemische Elemente, die selten in höheren Konzentrationen in der Erdkruste vorkommen. Insgesamt gibt es 17 verschiedene von ihnen. Es ist unwahrscheinlich, dass diese Elemente in einer zu untersuchenden Bodenprobe überhaupt oder in nennenswerter Zahl vorhanden sind. Im Labor sieht ein typisches Vorgehen dann so aus: Zunächst stellt man Chargen von Böden her, die jeweils mit einem seltenen Element markiert sind, und siebt diese auf eine bestimmte Größe. Mehrere solcher Größenklassen – jede hat nur einen bestimmten Seltene-Erden-Marker – werden dann wieder zusammengemischt, und man beginnt mit dem eigentlichen Experiment. Nach einer bestimmten Zeit entnimmt man jeweils Bodenproben und siebt sie wieder in bestimmte Größenklassen. Schließlich wird jede dieser Größenklassen auf die enthaltenen seltenen Elemente untersucht. Wenn man nun in einer bestimmten Klasse seltene Elemente aus anderen Klassen findet, kann man erkennen, wie viel Bodenmaterial von einer Größe in eine andere gewandert ist.

Einer ehemaligen Mitarbeiterin von Matthias Rillig, Kathryn Morris, die heute eine Professur für Biologie im US-Bundesstaat Ohio bekleidet, ist es gelungen, diesen Ansatz sogar noch einen Schritt weiterzuführen.[4] Die Forscherin untersuchte das Bodenmaterial zusätzlich mit der sogenannten Röntgenfluoreszenz, einem Verfahren, das es ermöglicht, die Elementzusammensetzung einzelner Bodenkrümel zuverlässig zu bestimmen. Morris zeigte mit dieser aufwendigen Methode, welche Bestandteile einzelner Aggregate von genau welcher Größenklasse stammten, als sich die Bodenstruktur veränderte. Auf diese Weise konnte sie erstmals rekonstruieren, wie ein bestimmtes Aggregat wohl entstanden sein muss. Wenn man so will, dann hat die Kollegin die Geburt eines Bodenkrümels rekonstruiert.

Krümel auf dem Prüfstand

Bodenaggregate sind also keine starren Strukturen, sondern höchst dynamisch und einem Kreislauf unterworfen. Sie formen sich, sie verfestigen sich, sie zerfallen wieder. Und gerade weil Bodenaggregate instabil werden können, haben sie einen Einfluss darauf, wie schnell ein bestimmter Boden erodiert oder nicht. Schon während seiner Zeit als Postdoktorand, in der Phase zwischen Promotion und Professur, hat Matthias Rillig die Relevanz der enigmatischen Krümel erkannt und in einem Labor der Carnegie Institution of Washington in Stanford, Kalifornien, an ihnen geforscht.

Es ist eine Faszination, die ihn nie mehr losgelassen hat. Das merkt man, wenn man sich in seinem Institut in Berlin dem Raum E.34 nähert, dem großen Bodenlabor seiner Arbeitsgruppe. Schon vor dem Betreten des Labors hört man ein recht ungewöhnliches, regelmäßig-hypnotisches und irgendwie beruhigendes maschinelles Geräusch. Die Boden-Siebmaschine ist im Einsatz. Die einfache Maschine, ungefähr so groß wie ein Brettspiel, ist an diesem Tag beladen mit acht Bodenproben eines Experiments, bei dem es darum geht, inwiefern das Zugeben von Biokohle oder von Kompost die Struktur der Proben verändert und ob dadurch größere Krümel entstehen.

Um das herauszufinden, musste zunächst tüchtig gesiebt werden. Die Proben, jede vier Gramm schwer, sind sorgfältig eingewogen und in kleine Siebe aus Plastik eingefüllt worden, die Maschenweite beträgt einen Viertel Millimeter, also 250 Mikrometer. Alle Krümel, die durch die winzigen Öffnungen hindurchpassen, sind entweder instabile Bruchstücke größerer Aggregate oder sogenannte Mikroaggregate. Diese kleineren Aggregate können Kohlenstoff speichern und sind auch recht stabil. Das Material, das in den Siebchen zurückbleibt, besteht hauptsächlich aus den sogenannten Makroaggregaten. Ihnen gilt auch die Aufmerksamkeit in vielen bodenkundlichen Untersuchungen, ihre Stabilität wird in dem Experiment untersucht.

Dazu werden die Siebchen maschinell gehoben und gesenkt, ungefähr alle zwei Sekunden geht es 13 Millimeter nach oben, dann 13 Millimeter nach unten. Bei der Abwärtsbewegung werden die Siebe mit den Bodenproben in Zylinder aus rostfreiem Stahl gesenkt, die mit Wasser gefüllt sind. Bei diesen Tauchgängen wirbeln die Bodenaggregate der einzelnen Proben sanft im Wasser herum. Das Wasser hat die Tendenz, die Krümel oder Bestandteile zu zerstören, zudem wirken Scherkräfte. Das alles ist die sogenannte standardisierte desintegrierende Kraft, die bei dieser Messung eingesetzt wird. Es ist gleichsam das Hindernis, das die Bodenaggregate überwinden müssen, um als stabil zu gelten.

Die Aggregate, die die Tauchbäder drei Minuten lang unversehrt überstehen, gelten als »wasserstabil«. Diejenigen, die dabei auseinanderbrechen und durch das Sieb fallen, sind folglich nicht wasserstabil. Die Bestimmung der wasserstabilen Aggregate erfolgt dann nach dem Trocknen im Ofen per Gewicht. Auf diese Weise kann man den prozentualen Anteil der wasserstabilen Aggregate einer bestimmten Bodenprobe ermitteln.

Im Labor von Matthias Rillig wurden solche Messungen schon viele Tausend Male durchgeführt. Sie sind relativ einfach und geben über eine grundlegende Bodeneigenschaft Auskunft. Die Messungen simulieren, was bei Regen auf einem Acker oder Feld passiert. Das Wasser dringt in den Boden ein und wirkt auf die Aggregate ein. Einige bleiben bestehen, andere zerfallen in kleinere Krümel. Letzteres geschieht hauptsächlich dann, wenn Wasser in die Aggregate eindringt und die Luft aus den Poren im Innern der Aggregate herauspresst.

Eine leicht unbefriedigende Eigenschaft der Boden-Siebmaschine ist, dass ihr Einsatz nur etwas über die Stabilität von

Makroaggregaten verrät. Die genaue Größe der Partikel kann sie nicht ermitteln. Bisher musste man sich damit behelfen, Siebe mit verschiedenen Maschenweiten nacheinander zu verwenden. Im Bodenlabor sind sie in verschiedenen Größen aufgestapelt: Sie sieben jeweils 1 bis 2 Millimeter, 0,5 bis 1 Millimeter, 0,25 bis 0,5 Millimeter große Krümel heraus – und so weiter.

Das sind aber immer noch recht große Intervalle. Geht das nicht genauer? Seit einiger Zeit hat Matthias Rilligs Labor eine weitere Apparatur: einen Partikelanalysator, der Bodenkrümel tatsächlich einzeln vermisst. Die neue Maschine, aufgebaut in einem separaten Raum, sieht aus wie eine futuristische überdimensionierte Kaffeemaschine. Eine Rinne aus Metall vibriert und sorgt dafür, dass die Aggregate voneinander abrücken und schließlich einzeln vorliegen. Die Rinne befördert nun die Bodenpartikel langsam zu einer Öffnung des Partikelanalysators. Die Bodenaggregate stürzen in ihn hinein und fallen an der Linse einer hochauflösenden Kamera (bis zu 250 Bilder pro Sekunde) vorbei. Die lichtet jedes einzelne von ihnen viele Male ab, während es in die Tiefe saust, und aus diesen Aufnahmen kann man eine dreidimensionale Form berechnen. Auf diese Weise erhält man nicht nur sehr genaue Daten zur Größe der einzelnen Bodenaggregate, sondern man kann sich auch die Form anschauen, also ob die Partikel eher rund sind oder eher flacher.

Doch wie entstehen diese Formen? Das ist noch nicht bekannt. Mit Mitgliedern seines Teams macht Matthias Rillig bereits Experimente, um eine Antwort zu finden.

Aggregate als Artefakt?

Die Forschung wird allerdings dadurch erschwert, dass man Aggregate im Labor untersucht und nicht wissen kann, ob sie unter natürlichen Bedingungen genauso aussehen. Wenn man nach dem Pflügen an einem Acker vorbeiläuft, kann man an der Oberfläche die Krümel natürlich erkennen. Der Boden wurde aber bearbeitet und seine Struktur durch diesen Eingriff womöglich verändert. Es gibt eine leidenschaftliche Debatte in der Bodenkunde, ob es die Aggregate wirklich so gibt, wie sie in Lehrbüchern und Aufsätzen beschrieben werden, oder ob sie erst entstehen, sobald man sie aus dem eigentlichen Bodengefüge herauslöst, um sie wissenschaftlich zu untersuchen.[5] Das würde bedeuten: Indem wir Proben in unserer Boden-Siebmaschine oder mit dem Partikelanalysator studieren, verfälschen wir vielleicht das Ausgangsmaterial. Damit wären die Krümel Artefakte, also durch künstliche Einwirkung entstandene Objekte.

Für beide Ansichten gibt es zwar gute Argumente, jedoch ist es aus praktischen Gründen sinnvoll, beim Konzept der Bodenaggregate zu bleiben – weil man sie sonst nur schwer erforschen könnte. Gleichwohl erinnert uns die Debatte daran, dass die Krümel, die wir im Labor erforschen, nicht genauso in der Umwelt vorliegen. Vielmehr sind sie verbaut in einem bestimmten Bodengefüge. Dieser Umstand beeinflusst wiederum, wie anfällig sie jeweils für Erosion sind.

Geheimnisvoll ist auch, wie die Krümel im Boden genau entstehen. Die von Kathryn Morris in Berlin durchgeführten Experimente sind zwar eine gute Annäherung, jedoch ist es noch nicht gelungen, den Vorgang unter natürlichen Bedingungen zu beobachten. Es ist ein Traum von Matthias Rillig, das einmal zu sehen, zumal er sich schon seit Jahrzehnten mit der Frage auseinandersetzt. Bekannt ist bisher, dass mineralisches Material und organische Substanzen sich miteinander verbinden. Dabei sind chemische Anziehungskräfte ebenso involviert wie biologische Substanzen, die wie Kleister wirken.

Gemeinsam mit seinen Mitarbeiterinnen Anika Lehmann und Weishuang Zheng legte Matthias Rillig in einer Datenanalyse dar, in welchem Umfang im Boden lebende Tiere, Pilze und Bakterien daran beteiligt sind, aus kleinsten Bausteinen Bodenaggregate zusammenzusetzen.[6] Dazu setzen sie unter anderem klebrige Fäden oder schleimige Substanzen ein. Zum Beispiel können Bakterien biologische Polymere ausscheiden, die Aggregate verbinden. Pilzhyphen können Partikel umschlingen und sie auf diese Weise zusammenhalten. Regenwürmer nehmen Bodenmaterial auf, zermahlen es und formen daraus neue Aggregate und kreieren zusätzliche Bioporen. Die Mechanismen können einander ergänzen und unterstützen. Die vielfältigen Verbindungen können durch Mikroorganismen allerdings auch wieder aufgelöst werden – die Krümel zerfallen dann wieder in kleine Partikel.

Darüber hinaus werden Aggregate durch den Einfluss des Menschen destabilisiert. An erster Stelle ist hier das Pflügen zu nennen. Durch die physikalischen Einwirkungen des Pflugs werden die winzigen Aggregate regelrecht aufgeschlagen. Dadurch liegen organische Substanzen, die zuvor in den Aggregaten eingeschlossen waren, auf einmal offen vor, sind nun zugänglich für Mikroorganismen und werden von diesen zersetzt, sodass Kohlenstoffdioxid entsteht und in die Atmosphäre entweicht. Dieses Phänomen wurde schon in wissenschaftlichen Beobachtungen dokumentiert, die über Jahrzehnte liefen. Der Befund ist ebenso eindeutig wie beunruhigend: Durchs Pflügen geht dem Boden nach und nach Kohlenstoff verloren.

Das ist eine schlechte Nachricht für die Aggregate, denn Kohlenstoff ist auch der Klebstoff, der sie überhaupt zusammenhält. Durch den Kohlenstoffverlust werden auch Aggregate weiter geschwächt, was wiederum die Kohlenstoffspeicherung erschwert – ein Teufelskreis.

Bodenerosion durch Wind und Wasser ist ein natürlicher Vorgang, der schon immer ablief, seit es Boden gibt. Erosion ist unvermeidbar. Das Problem ist eher die durch menschliche Aktivitäten erhöhte Rate der Erosion. Die mit Abstand wichtigste Ursache dafür, dass überall auf der Welt in erhöhtem Maße Mutterboden verloren geht, ist die intensive Landwirtschaft. Erst die heftige Bearbeitung des Bodens macht ihn schutzlos und anfällig für Wind und Wetter.

Unwiederbringlicher Verlust

Schon Ende des vergangenen Jahrhunderts ergab eine Schätzung, dass mehr als 30 Prozent aller Agrarflächen weltweit mehr oder weniger stark von Erosion betroffen sind. Sie verlieren den Mutterboden schneller, als er neu gebildet werden kann. Die von der Oberfläche abgetragene Erde wird über mehr oder weniger weite Strecken transportiert und irgendwo wieder abgelagert, etwa als Sediment in Flüssen, Seen oder im Meer. Weil der Verlust unwiederbringlich ist, werden die betroffenen Böden immer weniger fruchtbar – und sind eines Tages für Landwirtschaft und Gartenbau kaum mehr nutzbar. Damit geht die Lebensgrundlage der Menschheit irgendwann verloren, sofern niemand gegensteuert.

In Deutschland seien ungefähr 25 Prozent der Ackerflächen bedroht durch Winderosion, ein weiteres Drittel der Ackerfläche sei gefährdet durch Wassererosion, berichtet das Bundesinformationszentrum Landwirtschaft.[7] Demnach zeigen Langzeitmessungen auf bestimmten Flächen, dass in Deutschland jedes Jahr im Durchschnitt 1,4 bis 3,2 Tonnen Boden pro Hektar verschwinden. Im selben Zeitraum können sich hingegen nur 0,3 bis 1,4 Tonnen Boden pro Hektar neu bilden. In bestimmten Lagen gehen sogar bis zu 50 Tonnen pro Hektar im Jahr verloren, was bedeutet, dass die Krume jedes Jahr ungefähr fünf Millimeter dünner wird – im Laufe eines Menschenlebens wäre der Oberboden also nicht mehr da.

Das abgetragene Material und die darin enthaltenen Nährstoffe wie Phosphor und Stickstoff lösen sich allerdings nicht in Luft auf, sondern gelangen vielfach in offene Gewässer, wo sie zu einer schädlichen Überdüngung, zur Eutrophierung führen. Das Material findet sich zeitweise auch als Staub in der Luft wieder, wo es zu gesundheitlichen Problemen führen kann.

Wiesen und Weiden sind kaum betroffen – der Boden erodiert vor allem auf unbewachsenen Ackerflächen. Direkt vor oder nach der Saat ist die Lage besonders kritisch, weil der Boden kurz zuvor mit Pflug und Egge bearbeitet wurde. Die feinkrümelige Struktur zeugt davon, dass die größeren Bodenaggregate pulverisiert wurden. Darüber hinaus fehlen im Boden Pflanzenreste oder Wurzeln, die den Krümeln Halt geben könnten. Nicht zuletzt werden einige tierische Bodenbewohner vom Pflug in tiefere Schichten vertrieben oder dahingerafft, sodass auch sie den Boden nicht mehr stabilisieren können. Bei Regen krachen die Tropfen auf die Bodenkrümel auf der Oberfläche und zerschlagen sie in kleinere Stücke.

Vergleichbare Dramen spielen sich auch auf Ackerflächen ab, die nach der Ernte bis zur nächsten Aussaat im Frühjahr brachliegen, also nicht bepflanzt werden. Nach dem Winter ist der nackte Oberboden oft so bröselig, dass er im Frühjahr rasch austrocknet und vom Wind abgetragen wird.

Auch die Art des Anbaus hat einen Einfluss. Die in Deutschland beliebten Kulturpflanzen Mais und Zuckerrübe wachsen anfangs langsam, sodass sie den Boden in dieser Phase kaum schützen können. Darüber hinaus sind die Abstände zwischen den Reihen groß, ein Gutteil des Feldes ist also gar nicht mit Vegetation bedeckt. Mitunter bauen Landwirte mehrere Jahre hintereinander nur Mais an, was man den Böden bald anmerkt:

Sie laugen aus und enthalten immer weniger Humus. Dadurch werden sie gegenüber Wind und Regen noch schutzloser.

Ausgeräumte Landschaft

Ein weiterer Faktor ist, dass die Landschaften in vielen Gegenden Deutschlands ausgeräumt sind. Früher war die Kulturlandschaft voller Hecken, Raine, Feldgehölze und Baumreihen. Traditionell wurden diese Elemente angelegt, um Felder verschiedener Bauern voneinander abzugrenzen. Sie boten nicht nur Vögeln, Insekten und anderen Arten einen Lebensraum, sondern hielten auch den Wind von den Äckern fern. Doch im Zuge von Flurbereinigungen wurden solche Flächen umverteilt und zusammengelegt. Damit erschienen häufig die grünen Grenzstreifen überflüssig und wurden vielerorts gerodet. Übrig blieben weite Äcker, über die nun der Wind pfeift.

Die Bodenerosion könnte weltweit noch schlimmer werden, weil im Zuge des Klimawandels Dürren, Stürme und Starkregen weiter zunehmen werden. Dennoch kann man sie wirksam eindämmen. Die Art und Weise, wir wie Landwirtschaft betreiben, ist hierbei der entscheidende Hebel. Äcker sollten das ganze Jahr hindurch mit Pflanzen bedeckt sein und so bewirtschaftet werden, dass der Boden wieder mehr Kohlenstoff enthält. Es ist wichtig, den Boden sehr schonend zu bearbeiten, damit die Bodenaggregate erhalten und die darin lebenden Organismen unversehrt bleiben.

Der Forscher Jeffrey Kwang von der University of Minnesota untersuchte gemeinsam mit Kollegen, was eigentlich passieren würde, wenn Farmer im Mittleren Westen der USA auf das Pflügen verzichteten.[8] Die besagte Region liegt nördlich der Gegend, die im vergangenen Jahrhundert zur Staubschüssel wurde, und ist ebenfalls von Erosion betroffen. Seit Beginn der Landwirtschaft ist der Boden dort jedes Jahr merklich dünner geworden. Derzeit gehen 1,1 Kilogramm Erde pro Quadratmeter und Jahr verloren. Auf mehr als einem Drittel der Flächen, auf denen vornehmlich Mais angebaut wurde, ist der Mutterboden schon völlig verschwunden.

Durch einen Verzicht auf Bodenbearbeitung könnte man die Erosion so gut wie zum Stillstand bringen, so Kwang. Das wäre aber erst der Anfang. Es sind weitere Maßnahmen nötig, um den bereits verlorenen Mutterboden wieder aufzubauen. Wie das gelingen könnte, werden wir im dreizehnten Kapitel sehen.

11 Krume vor dem Kollaps

Mit dem Begriff Klimawandel können praktisch alle von uns etwas anfangen. Wir hören davon oft genug in den Nachrichten, lesen darüber in der Zeitung und im Internet – und dies völlig zu Recht, denn er ist ein zentrales Problem unserer Zeit, ein Thema, das junge Menschen in besonderem Maße bewegt, aber auch quer durch die Generationen interessiert, und ein Thema, das die Politikerinnen und Politiker intensiv beschäftigt. Selbstverständlich hat Klimawandel sehr viel mit Boden zu tun: Einerseits haben Klimaveränderungen wichtige Auswirkungen auf den Boden und seine Bewohner. Andererseits können Bodenprozesse viel zum Klimawandel beitragen, denn Boden enthält sehr viel Kohlenstoff, der Gefahr läuft, in Form von Kohlenstoffdioxid verloren zu gehen und in die Atmosphäre zu gelangen. Dort trägt dieses Gas dann weiter zur Verschärfung des Treibhauseffektes bei – und damit wiederum zum Klimawandel. Wie wir also mit unseren Böden umgehen, in Deutschland und überall auf der Welt, ist von großer Wichtigkeit.

Wir dürfen aber nicht die menschengemachten Effekte auf den Boden vergessen, die über den Klimawandel hinausgehen. Bei der Debatte über den Klimawandel kommen nämlich die

Effekte zu kurz, die wir sonst noch auf unserem Planeten auslösen.

Umwelt im Wandel

Gehen wir zunächst noch einmal auf den Klimawandel selbst ein, wobei hier der von menschlicher Aktivität verursachte Klimawandel gemeint ist: Dieser betrifft Veränderungen im Wasser und in der Temperatur. Bei Wasser kann es zu Verschiebungen kommen, sodass entweder lokal zu viel Wasser vorhanden ist (Überflutung) oder zu wenig (Trockenheit). Bei der Temperatur geht es um Erwärmung. In beiden Fällen ist die Wirklichkeit vielschichtig. Beim Niederschlag geht es um die Verteilung des Niederschlags: Kommt er zum Beispiel in Form von Extremereignissen? Zu unterschiedlichen Jahreszeiten? In welcher Form (Schnee oder Regen)? Und wie ergiebig ist er? Bei der Erwärmung ist es ähnlich komplex: Wann genau wird es wärmer? Zu welcher Jahreszeit? Welche Tageszeit ist am meisten betroffen (nachts oder tagsüber)? Und gibt es Hitze-Extreme im Sommer? Die genaue Ausprägung dieser Faktoren wird sich unterschiedlich auf Böden auswirken, entweder direkt oder zum Beispiel über Effekte auf Pflanzen. Es ist also wahrlich verwickelt – und das, obwohl es bisher nur um zwei Faktoren ging, eben Wasser und Temperatur.

Gehen wir aber einmal vor die Tür und schauen uns um. Womöglich stehen wir in einer Stadt. Wir sind umgeben von Häusern, Gehwegen, Straßen, Parks, Parkplätzen, Bahntrassen und Fußballplätzen. Andere leben weiter draußen auf dem Land, sie sind vielleicht umgeben von Weinbergen, Feldern,

Forsten und Landstraßen. In jedem Fall ist klar, dass wir uns in einer Landschaft befinden, die vom Menschen geprägt ist. Ein weiterer menschengemachter Faktor, der auf unsere Ökosysteme und insbesondere Böden wirkt, ist also die Landnutzung. In all ihren unterschiedlichen Formen, von versiegelter Fläche bis zum Acker, ist sie ein komplexer Faktor, der menschengemacht ist. Zum Klimawandel kommt also Landnutzung als Effekt auf den Boden, den wir berücksichtigen müssen.

Schauen wir uns weiter um. Liegt da drüben ein weggeworfener Plastikbecher? Oder eine Zigarettenkippe? Eine Tüte oder Verpackungsmaterial? Plastikverschmutzung ist ein weiterer Faktor, der weithin sichtbar ist. Plastik kann auch in Partikel zerfallen, dann haben wir das bereits erwähnte Mikroplastik, und das kann so klein sein, dass wir eine Lupe oder ein Mikroskop brauchen, um die Teilchen zu sehen. Die Plastikpartikel gelangen in den Boden. Stehen wir in der Nähe einer Straße? Dann kommt Reifenabrieb hinzu, auch der enthält Plastik.

Was wächst denn da an der Straßenecke, bei der Laterne? Diese Pflanze, eine Kanadische Goldrute, wird manchmal auch als invasive Pflanzenart beschrieben. Sie breitet sich in Deutschland aus, oft entlang von Straßen, stammt aber aus einem anderen Kontinent. Ohne den globalen Waren- und Reiseverkehr wäre sie wohl nie hierher geraten. Bestehende ökologische Ausbreitungsgrenzen sind durch den Menschen und sein globales Transportsystem überwunden worden. Heutzutage kommen Pflanzen- und Tierarten in Gegenden vor, wo sie eigentlich nicht hingehören. Diese invasiven Arten wirken sich auf den Boden aus, und der wiederum trägt zum Erfolg oder

Misserfolg mancher Arten entscheidend bei. Auf unsere Liste der Einflussfaktoren kommen also invasive Arten samt ihren Wirkungen auf den Boden hinzu.

Manche Veränderungen in unserer Umwelt kann man allerdings nicht so leicht erkennen wie Plastikmüll oder invasive Pflanzen im Straßengrün. Würden wir die Konzentration von Kohlenstoffdioxid in der Luft messen, dann stellten wir fest, dass sie höher ist als vor der industriellen Revolution. Die Konzentration steigt jedes Jahr um ungefähr 1,5 parts per million (ppm). Die Zunahme verstärkt den Treibhauseffekt – das ist bereits mit dem Faktor Erwärmung abgedeckt. Hier geht es um etwas anderes: Das Mehr an Kohlenstoffdioxid wirkt sich direkt auf Pflanzen aus. Für Pflanzen ist es wie ein Dünger: Sie brauchen Kohlenstoff in der Luft zum Wachstum und profitieren, wenn mehr davon in der Atmosphäre enthalten ist. Auf den menschlichen Organismus hat eine erhöhte Kohlenstoffdioxidkonzentration in der Luft keine direkte Auswirkung, auf den Boden auch nicht (die Luft im Boden ist ja durch einen recht hohen Gehalt an Kohlenstoffdioxid gekennzeichnet).

Jedoch gibt es wichtige indirekte Effekte von Kohlenstoffdioxid auf den Boden und seine Bewohner, und zwar auf dem Weg über die Pflanzen. Sie geben zum Beispiel über ihre Wurzeln oder über Laubstreu beträchtliche Mengen von organischem Kohlenstoff in den Boden ab. Mithin gehört Kohlenstoffdioxid in der Atmosphäre ebenfalls auf die Liste der Faktoren. In der Atmosphäre reichern sich übrigens noch weitere Gase an, die Effekte auf Pflanzen und damit indirekt auf Böden haben, zum Beispiel Ozon. Hierbei handelt es sich um

Ozon in der unteren Atmosphärenschicht, also um troposphärisches Ozon, nicht um Ozon in der oberen Atmosphäre, der Stratosphäre, das einen wichtigen Schutz vor der UV-Strahlung der Sonne bietet und bekannt geworden ist durch das Ozonloch.

Reden wir weiter über chemische Verbindungen. Bei anorganischen Verbindungen stellen Schwermetalle oft ein Problem dar. Auch das wird in der Regel durch menschliche Aktivitäten verursacht, durch Bergbau oder wenn in der Landwirtschaft Kupferprodukte als Pestizide ausgebracht werden. Ein Fass ohne Boden sind organische chemische Verbindungen. Laut einer Schätzung sind ungefähr 350 000 chemische Verbindungen zur Verwendung zugelassen.[1] Es handelt sich um verschiedene Stoffklassen, etwa um Fungizide, Herbizide, Insektizide, Antibiotika sowie weitere Arzneimittel, per- und polyfluorierte Alkylverbindungen (die bereits erwähnten Ewigkeitschemikalien, die nicht natürlich vorkommen und so gut wie nicht abgebaut werden), künstliche Süßstoffe und viele mehr. Die Liste ist sehr, sehr lang. All diese chemischen Verbindungen kommen auf verschiedenen Wegen in den Boden. Sie beeinflussen Bodeneigenschaften und die Bodenbewohner – wie genau, ist zum Teil noch nicht untersucht.

Zu den chemischen Faktoren gehört der Stickstoff. Hier ist jener Stickstoff gemeint, der aus der Luft herunterfällt – atmosphärische Stickstoffdeposition wird dieser Eintrag genannt. Er wurde schon recht früh als global wirkender Effekt erkannt, maßgeblich in einer Arbeit des Ökologen Peter Vitousek von der Stanford University in Kalifornien.[2] Diese Anreicherung von Stickstoff aus der Atmosphäre ist einer der am besten untersuchten Effekte auf den Boden überhaupt. In manchen Ländern macht sie jedes Jahr 100 Kilogramm Stickstoff pro Hektar aus.

Unsere Liste an menschengemachten Einflüssen auf den Boden ist jetzt schon ganz schön lang. Man könnte aber noch mehr auflisten: Lichtverschmutzung, Lärmbelastung, erhöhter Salzgehalt des Bodens, Bodenverdichtung.

Was haben all diese Faktoren gemeinsam, sowohl die chemischen als auch die physikalischen und die biologischen? Erstens sind sie auf menschliche Aktivität zurückzuführen. Sie treten zweitens prinzipiell global auf, aber durchaus in unterschiedlicher lokaler Ausprägung (wie auch der Klimawandel). Drittens haben sie Effekte auf Lebewesen, nicht zuletzt auf die Menschen selbst. Für die Gesamtheit all dieser Faktoren gibt es in der ökologischen Fachliteratur einen englischen Begriff, den wir bereits kennengelernt haben: *global change*. Damit meinen wir den menschenverursachten globalen Umweltwandel. Der Begriff ist etwas lang und sperrig, deshalb hat sich *global change* durchgesetzt,[3] auf Deutsch globaler Wandel.

Der Begriff *global change* oder globaler Wandel ist in der Öffentlichkeit noch wenig bekannt, in den Naturwissenschaften außerhalb der Ökologie verhält es sich ähnlich. Hier noch eine weitere Präzisierung, was das »global« in *global change* angeht. Die mit diesem Begriff adressierte Skala ist nicht notwendigerweise global; der Wandel selbst tritt zwar global auf, das heißt auf der ganzen Erde, aber er hat lokale Auswirkungen, kann also durchaus lokal untersucht werden. Das geschieht auch weltweit, in verschiedenen Feldversuchen und

Laborexperimenten. Man muss also nicht gleich die ganze Erde untersuchen, um mehr über den globalen Wandel herauszufinden.

Wie kann man den globalen Wandel untersuchen?

Wenn wir als Ökologen und Ökologinnen ins Freie gehen und uns umschauen, dann stellen wir fest, dass viele Einflüsse zur gleichen Zeit auf die Umwelt und den Boden einwirken. Eigentlich müsste man das auch genauso untersuchen, also mit all den verschiedenen Faktoren in ihrer lokalen Ausprägung. Wenn man in der Wissenschaft Kausalität nachweisen will, macht man ein Experiment, in dem man gezielt die Faktoren ändert, deren Wirkung man untersuchen möchte. Die anderen Bedingungen bleiben konstant.

Also machen wir ein Experiment, sagen wir, mit zehn Faktoren, Auswahl gibt es ja genug. Wie macht man das? Die Antwort lautet: gar nicht, denn das geht so nicht. Der Grund dafür liegt im Problem der kombinatorischen Explosion. Hier geht es nicht um Sprengstoff, sondern darum, dass bei einer wachsenden Zahl von zu kombinierenden Faktoren die Anzahl der Kombinationen rasch zunimmt. Bei unseren zehn Faktoren wären es 1024 Kombinationen, wenn jeder Faktor nur zwei Zustände hat, also zum Beispiel hoch oder niedrig. (Für alle, die an Mathematik Freude haben: Es sind 2 hoch 10 Kombinationen.) So ein Experiment kann man in der Ökologie nicht aufbauen, es ist logistisch nicht möglich; man müsste ja auch noch replizieren, also Wiederholungen einplanen.

Das ist misslich, denn eigentlich ist klar, dass wir Experimente mit vielen, gleichzeitig auf den Boden einwirkenden Faktoren bräuchten, um zu verstehen, was passiert. Wie gehen Forscher mit dem Problem um? Das Labor von Matthias Rillig, unter der Leitung der Biologin Anika Lehmann, hat systematisch untersucht, wie viele Faktoren in Experimenten zum Thema Effekte des globalen Wandels auf den Boden jeweils untersucht werden. Dazu wurden Tausende von Fachpublikationen durchgeschaut und jeweils festgehalten, wie viele Faktoren jeweils in ihrer Wirkung auf den Boden experimentell untersucht wurden. Die Antwort: In mehr als 98 Prozent der Studien wurden nur ein oder zwei Faktoren erforscht. Niemand hat mehr als vier Faktoren angeschaut. Das heißt: Wir wissen so gut wie nicht, was eigentlich passiert, wenn mehr als zwei Faktoren des globalen Wandels auf einen Boden einwirken, jedenfalls nicht aus Experimenten. Das ist ernüchternd, vor allem wenn man bedenkt, dass zum Thema globaler Wandel und Boden inzwischen viel geforscht wird.

Das Labor von Matthias Rillig hat vor einiger Zeit im Fachblatt *Science* einen Ansatz beschrieben, auf welche Weise man dennoch untersuchen kann, wie Kombinationen verschiedener Faktoren auf den Boden wirken:[4] Es ging um zehn Einflussgrößen, die Böden unter Druck setzen: steigende Temperaturen, zunehmende Trockenheit sowie der Eintrag von Stoffen wie Antibiotikarückstände, Insektizide, Pilzgifte, Glyphosat, Stickstoffverbindungen aus der Atmosphäre, Salze, Schwermetalle oder Mikroplastikpartikel. Wir wählten verschiedene Kombinationen von einem, zwei, fünf und acht Einflussfaktoren aus, nach dem Zufallsprinzip. Zusätzlich nahmen wir einen

Ansatz, bei dem alle zehn Umwelteinflüsse gemeinsam auf den Boden wirken. Auf diese Weise kamen wir auf 140 experimentelle Ansätze, die repräsentativ für die riesige Zahl der möglichen Kombinationen sind. Sodann untersuchten wir im Labor, inwiefern die jeweilige Kombination der Faktoren bestimmte Eigenschaften einer Bodenprobe veränderte.

Das Ergebnis war erstaunlich: Mit zunehmender Belastung ergab sich ein Trend: Die Fähigkeit des Bodens, Krümel zu bilden und auf diese Weise Kohlenstoff zu binden, ging mit zunehmender Zahl der Umwelteinflüsse zurück – und es spielte keine Rolle, um welche Faktoren es sich dabei handelte. Ebenso nahm die Vielfalt der im Boden lebenden Pilze ab. Auch die Mikroorganismen in den Proben waren weniger aktiv. Und die Fähigkeit, organisches Material (wie Zellulose) abzubauen, sank ebenfalls.[5]

Mit anderen Worten: Die Effekte verstärkten sich von einem gewissen Punkt an, ganz gleich, welche Störfaktoren am Werk waren. Deutlich zeigte sich das an der Fähigkeit des Bodens, Wasser aufzunehmen. Als wir nur einen oder zwei Einflussfaktoren untersuchten, änderte sich daran so gut wie nichts. Bei fünf Faktoren jedoch nahm der Boden bereits weniger Wasser auf, bei acht Belastungen verstärkte sich der Effekt weiter. Und bei zehn Faktoren war die wasserabweisende Wirkung sehr stark. In der Umwelt könnte das bedeuten: Regenwasser kann dann nicht mehr ausreichend in den Boden einsickern, sondern fließt an der Oberfläche ab. In der Folge kann das zu einer Erosion führen.

Durch diese Ergebnisse wurde klar, dass wir die Gefährdung von Böden durch den Einfluss des Menschen nicht unterschätzen sollten. Es ist zu befürchten, dass ein Ökosystem plötzlich kippt, wenn ein bestimmter Cocktail aus menschengemachten Faktoren darauf einwirkt. Wo diese Kipppunkte liegen, wissen wir zwar noch nicht, wir wären jedoch gut beraten, unseren Ökosystemen nicht zu viel zuzumuten.

Was bedeutet das alles?

Zunächst ist das inzwischen mehrfach bestätigte Ergebnis etwas deprimierend: Es ist alles noch schlimmer, als man annehmen könnte, wenn man nur die einzelnen Faktoren für sich betrachtet. In der Kombination mit anderen Faktoren wird generell alles schlechter: Die Boden-Prozessraten sinken, die Biodiversität im Boden geht verloren, und Bodeneigenschaften wie die Struktur (Bodenaggregation) leiden unter der wachsenden Zahl der einwirkenden Faktoren.

Aber dahinter kann man auch eine hoffnungsvollere Nachricht sehen. Erstens ist es so, dass diese Kombinationseffekte bislang nicht bekannt waren. In Experimenten zuvor hatte man ja fast ausschließlich mit nur einem oder zwei Faktoren gearbeitet. Was man aber nicht weiß, kann man auch nicht im Blick haben und schon gar nicht regulieren. Die Einsicht, dass die Zahl der Faktoren eine wichtige Rolle spielen kann, kann der erste Schritt zu einer verbesserten Regulierung sein. Selbst wenn einzelne Faktoren gar nicht so schlimme Effekte haben, können sie in Kombination eine negative Wirkung entfalten. Auch wenn also in einem vorgeschriebenen, normierten Test zur Zulassung einer chemischen Verbindung, zum Beispiel im

Pflanzenschutz, nur schwache Effekte gemessen werden, kann es sein, dass diese Substanz in Kombination mit anderen Umweltfaktoren eine Verschlechterung im Ökosystem hervorruft. Mag die chemische Substanz auch relativ schnell biologisch abbaubar sein: Solange sie noch im Boden vorliegt, kann sie im Zusammenspiel mit anderen Faktoren zu einer verschlechterten Gesamtsituation beitragen. Und auch wenn eine Dürreperiode oder eine Periode der Erwärmung relativ harmlos ausfallen mag, in Kombination mit anderen Stressfaktoren, die gleichzeitig wirken, könnten die Effekte viel stärker ausfallen, als man erwarten würde.

Solche Ergebnisse, die zunächst recht akademisch anmuten, könnten am Ende in Regulierungen münden, die unsere Umwelt besser schützen. Die Kriterien für die Zulassung neuer Chemikalien, die mit hoher Wahrscheinlichkeit in den Boden gelangen, könnten in Zukunft diesen Ergebnissen Rechnung tragen, damit weiterer Schaden vom Boden abgewendet wird. Man könnte für die Zulassungsverfahren geeignete Tests entwerfen, die die Chemikalie, um die es geht, in einem breiteren Zusammenhang prüfen. Das kann man erreichen, indem man im Testboden auch andere Global-change-Faktoren berücksichtigt. Dafür wär es hilfreich, wenn diese Ergebnisse einem breiteren Publikum bewusst würden.

Dieser erste Punkt bezieht sich auf die Prävention, das Vermeiden von negativen Auswirkungen. Ein zweiter Punkt betrifft die Reparatur. Wenn tatsächlich alle Faktoren in ihrem Zusammenwirken dazu beitragen, dass die Effekte zusehends ins Negative abdriften, dann kann man postulieren, dass umgekehrt eine Verringerung von Stressfaktoren eine Verbesserung bewirkt. Und wenn es vorwiegend die *Zahl* der Faktoren ist, die die negativen Effekte bedingt, dann ist die Schlussfolgerung, dass es fast schon egal ist, bei welchem der einzelnen Faktoren man ansetzt.

Das ist eine sehr hoffnungsvolle Nachricht, denn manche Faktoren sind viel leichter zu ändern oder zu entfernen als andere. Das gilt etwa für schnell abbaubaren organischen Schadstoff. Ob diese Umkehrbarkeit der Effekte wirklich zutrifft, müsste in Experimenten gezeigt werden, erste Untersuchungen hierzu laufen bereits im Labor von Matthias Rillig. Was immer man beitragen kann, um einzelne oder mehrere Faktoren zu reduzieren: Es könnte den Böden helfen.

Der dritte Punkt betrifft die Sanierung geschädigter Böden durch gezielte Maßnahmen. Der wahrscheinliche Fall ist ja, dass ein geschädigter Boden von einer größeren Zahl von Faktoren betroffen ist. Wenn dieser Boden in einen besseren Zustand überführt werden soll, ist es recht unwahrscheinlich, dass eine einzige Art der Intervention, zum Beispiel die Zugabe von Biokohle, die beste Lösung ist. Auch hier besteht noch dringender Forschungsbedarf, um Ideen durch konkrete Ergebnisse zu untermauern, aber es ist denkbar, dass eine geeignete Kombination einer größeren Zahl von Maßnahmen bessere Ergebnisse erzielt als Einzelmaßnahmen. In der Forschung zur Ökosystemrestaurierung werden in den allermeisten Studien nur ein oder zwei Interventionen untersucht. Das liegt auch hier am Phänomen der kombinatorischen Explosion. Man könnte also den Spieß gleichsam umdrehen und die Beobachtung zur Zahl der Faktoren zum Guten wenden, indem man diese Idee anwendet, um Böden zu sanieren. Vielleicht gilt dann in äquivalenter Weise: Je mehr Faktoren man verbessert, umso größer die Wirkung.[6]

Studien haben Hinweise auf Synergien bei nur zwei Eingriffen gefunden. So wirkt zum Beispiel Biokohle besonders gut, wenn zugleich andere Materialien mit mineralischen Nährstoffen, wie Stickstoff oder Phosphor, in den Boden gegeben werden, zum Beispiel über Dünger oder Kompost. Den Gärtnern unter den Leserinnen und Lesern wird das vielleicht gar nicht so fremd und abwegig vorkommen. Auch da wird oft ein Bündel von Maßnahmen ergriffen, um bessere Böden und besseren Ertrag zu erhalten, zum Beispiel gießen, lockern, verschiedenes organisches Material hinzugeben, verantwortungsvoll düngen, bestimmte Pflanzen miteinander wachsen lassen. Ganz so einfach wird das alles aber nicht werden, denn hier stehen auch wichtige finanzielle und logistische Überlegungen an. Man kann sicher nicht beliebig viele Eingriffe vornehmen, denn das wäre ab einem bestimmten Punkt viel zu teuer und würde eventuell zu viele andere Ressourcen beanspruchen. Auch gibt es keine Garantien für synergistische Effekte, denn eventuell kommen sich die Maßnahmen gegenseitig in die Quere. Aber eine Überlegung ist es sicher wert. Wir leben derzeit in der von den Vereinten Nationen ausgerufenen Dekade zur Wiederherstellung von Ökosystemen; es gibt Gesetze zu deren Renaturierung, die in Planung sind oder bereits bestehen. Es bleibt jedenfalls zu hoffen, dass Absichtsbekundungen Taten folgen, dass Staaten Maßnahmen ergreifen, die wirklich zu gesünderen Böden führen.

Viertens: Böden können wirklich viel wegstecken – man muss sagen, zum Glück! In den Experimenten im Labor von

Matthias Rillig waren die Böden bei zehn Faktoren keineswegs tot und inaktiv, es waren nur manche Arten von Pilzen verloren gegangen – besonders aus bestimmten Gruppen –, aber das System war nicht gekippt. Das ist an sich erstaunlich. In unseren Experimenten waren die Effekte mit steigender Anzahl von Faktoren eher stetig, das heißt, es gab keine plötzlichen Veränderungen oder Kipppunkte. Man kann sagen, dass das eine gute Nachricht ist, denn es wäre deutlich besorgniserregender gewesen, wenn solche Kipppunkte in den Studien identifiziert worden wären. Das allein macht schon Hoffnung. Gleichwohl gibt es keine Garantie dafür, dass wir nicht irgendwann den Punkt erreichen, an dem Böden abrupt Biodiversität verlieren und drastisch an Funktionalität einbüßen.

12 Sanieren auf der Scholle

Der Himmel ist blau, und es ist sonnig, als Matthias Rillig auf dem Flughafen von Hulun Buir aus der Maschine steigt. Es bläst ein kalter Wind, die Temperatur liegt nur knapp über dem Gefrierpunkt, es ist Mitte Oktober. Die Stadt liegt in einer Hochebene im äußersten Nordosten des Autonomen Gebiets Innere Mongolei der Volksrepublik China, am Dreiländereck mit der Mongolei und Transbaikalien, einer zu Russland gehörenden Region.

Seit Monaten hat Rillig sich auf diese Reise gefreut. Endlich kann er die einzigartige Gegend, über die er in wissenschaftlichen Aufsätzen schon viel gelesen hat, mit eigenen Augen sehen. Ganz gleich, in welche Himmelsrichtung man sich wendet, die Grasländer und sanften Hügel reichen bis zum Horizont. Die Hulun-Buir-Gegend ist eine grandiose Landschaft, mit Tausenden Flüssen und Hunderten Seen.[1]

Matthias Rillig ist auf Einladung seines Kollegen Gaowen Yang hier. Er war Postdoktorand im Berliner Labor und wurde danach Professor an der China Agricultural University in Peking. Beide kooperieren bis heute eng miteinander, und dank dieser vertrauensvollen Zusammenarbeit kann Rillig sich selbst ein Bild davon machen, wie es den Böden Chinas geht.

Das Grasland dieser Region erscheint unermesslich. Es reicht von Süd nach Nord ungefähr 300 Kilometer weit und von West nach Ost ungefähr 350 Kilometer und ist damit eine der größten Prärien der Welt. Doch so beeindruckend das Land ist, so riesig sind seine Probleme. Das Paradies ist nicht mehr intakt, sondern bereits seit Jahrzehnten äußerst fragil. An vielen Stellen ist die Vegetationsdecke zerstört, Trockensteppen und Wüsten breiten sich aus, stellenweise machen sich sogar Sanddünen auf die Wanderschaft.

Der beklagenswerte Zustand wurde maßgeblich durch Überweidung verursacht. Schafe, Ziegen, Rinder, Kamele und Pferde fressen im kurzen Sommer das Grün von der Oberfläche – es sind einfach mehr Tiere, als das Land vertragen kann. Gaowen Yang und seine Mitarbeiterinnen und Mitarbeiter wollen dem allerdings etwas entgegensetzen. Sie zeigen Rillig die Tenihe Pastoral Agriculture Research Station, einen Außenposten inmitten der weiten Ebene. Hier laufen verschiedene Feldexperimente, die helfen sollen, die bedrohte Graslandschaft wieder artenreicher zu machen und in den ursprünglichen Zustand zurückzuversetzen. Bei einigen Projekten arbeiten die beiden zusammen.

Eine Idee ist, das Timing der Beweidung und der beweidungsfreien Erholungszeiten für das Grasland im Jahresverlauf zu verändern – die Schafe dürfen also nur zu bestimmten Monaten weiden. Ein anderer Ansatz besteht darin, heimische Pflanzenarten per direkter Aussaat in die Fläche zu bringen, aber so, dass die bestehende Vegetationsdecke erhalten bleibt. Die chinesischen Kollegen verfügen über den Prototypen einer Maschine, die sie gerade mit einer Firma entwickelt haben. Sie soll die Samen effektiv in den Boden bringen, ohne ihn allzu sehr zu stören.

Ein Schwerpunkt bei dieser Renaturierung liegt naturgemäß auf dem Boden. Ausgesäte stickstofffixierende Pflanzen (Leguminosen), die in den degradierten Flächen oftmals nicht mehr oder nur noch wenig vorkommen, sollen ihn verbessern. Die Hoffnung ist, dass dadurch die heimischen Gräser wieder verstärkt wachsen und mehr Biomasse hervorbringen. Folglich würde mehr Kohlenstoff in den Boden gelangen, was wiederum die Artenvielfalt der unter der Grasnarbe lebenden Bodenorganismen erhöhen soll. In verschiedenen Versuchsflächen werden deshalb die mikrobiellen Lebensgemeinschaften im Boden untersucht.

Die Flächen für die verschiedenen Feldversuche sind so groß, dass man einen Geländewagen benötigt, um sie zu besichtigen. In einem großen Experiment wird geprüft, inwiefern verschiedene Faktoren des gobalen Wandels (zum Beispiel Erwärmung, Trockenstress, Mikroplastik) den Erfolg von Renaturierungsmaßnahmen gefährden – oder ihn vielleicht sogar wahrscheinlicher machen. Dazu gehören Klimawandel-Behandlungen, aufwendig mit Kammern und Regendächern durchgeführt.

In einer weiteren Versuchsanlage, an einem steilen Hang wie eine Art Rodelbahn gebaut, wird untersucht, wie man es verhindern könnte, dass an den Hügeln der Graslandschaft der kostbare Mutterboden durch Erosion verloren geht. Automatisch ausfahrbare Dächer, die den Regen abfangen, sobald der Niederschlag eintritt, werden eingesetzt, um zu prüfen, wie das Grasland auf die Verteilung von Niederschlag bei gleicher

Gesamtmenge reagiert; ein Experiment also, das die Effekte des Klimawandels auf das Grasland-Ökosystem untersucht. Weidetiere, insbesondere Schafe, werden mit unterschiedlichen Futtermitteln gefüttert, um zu erfahren, welche davon sie brauchen, um genug Milch und Fleisch abzuwerfen.

Es ist eine riesige Spielwiese der Graslandforschung. Die Konzepte sind jeweils wissenschaftlich schlüssig. Doch die spannende Frage wird sein, ob sie unter den Wetterbedingungen in der Hochebene funktionieren. Im Sommer können die Temperaturen hier fast 30 Grad Celsius erreichen, im Winter sinken sie auf unter minus 30 Grad Celsius.

Als Matthias Rillig zurück nach Peking fliegt und durchs Kabinenfenster ein letztes Mal auf das Hulun-Buir-Grasland schaut, ist er zuversichtlich gestimmt. Das Problem der Überweidung ist erkannt. Es ist zwar groß, jedoch arbeiten die chinesischen Kolleginnen und Kollegen daran, die Böden zu retten und das Grasland dort, wo es bereits sehr gelitten hat, wiederherzustellen. Auch hier, in der Inneren Mongolei, einer Gegend, die in Europa nur wenige auf dem Schirm haben, gibt es also potenzielle Lösungen für menschenverursachte Probleme mit den Böden.

Die chinesischen Kolleginnen und Kollegen wurden übrigens nicht müde zu betonen, wie wichtig die vertrauensvolle Zusammenarbeit mit den lokalen Hirten sei. Ohne die Menschen mitzunehmen, geht hier nichts, wenn man ökologische Erkenntnisse umsetzen will. Und selbst bei der Erforschung sind die Wissenschaftlerinnen und Wissenschaftler auf die Kooperation mit der lokalen Bevölkerung angewiesen.

Brachen voller Sondermüll

Böden wieder zu reparieren ist eine gewaltige Aufgabe. Nicht nur in der Inneren Mongolei, sondern überall auf der Welt. Es geht um riesige Flächen. Und die Probleme können ganz unterschiedlich sein. Manche Böden sind »nur« belastet, andere bereits ruiniert. Die einen müssen »nur« verbessert werden, die anderen müsste man komplett wiederherstellen. Das Problem nimmt weltweit zu. Pestizide, Plastikpartikel, Ewigkeitschemikalien, Schwermetalle, Chlorphenole, Mineralöl-Kohlenwasserstoffe (wie Benzin und Öl) gelangen ins Erdreich. Vom unermesslichen Leid der Opfer einmal angesehen, führen auch Kriege zu einer massiven Belastung der Böden durch Sprengstoffe und zerstörte Industrieanlagen oder Klärwerke.

Im Grunde gibt es keinen Flecken mehr auf der Erde, der nicht durch irgendeine Substanz belastet ist, die da nicht hingehört. Das geht auch aus einer Bestandsaufnahme hervor, die Matthias Rillig gemeinsam mit einer internationalen Gruppe von Ökologen unlängst machte.[2] Es wurden Bodenproben von mehr als 50 Regionen auf allen Kontinenten gesammelt und auf Verunreinigungen untersucht. Mikroplastik war an sämtlichen Standorten zu finden, sogar in Böden in der Antarktis. Schwermetalle gab es an ungefähr 40 Prozent der Standorte in bedenklichen Konzentrationen, in den Böden von 65 Prozent der untersuchten Naturgebiete waren Rückstände von Pestiziden. So weit zeigt die Studie einmal mehr, dass es weltweit keine Böden gibt, die wirklich unberührt sind.

Das Besondere an der Bestandsaufnahme war, dass in jeder

Region jeweils zwei Proben untersucht wurden: Die eine stammte aus einer städtischen Grünanlage, die zweite aus einem nahe gelegenen, scheinbar natürlichen Ökosystem. Das Ergebnis: In einer betroffenen Region waren sowohl die Böden der Grünanlage als auch die Flächen des nahen Naturgebiets jeweils in einem ähnlichen Ausmaß belastet. Die Kontamination von Flächen geschieht also großräumig. Egal, ob man in der City wohnt oder im grünen Umland, der Grad der Verschmutzung der Böden ist nahezu gleich.

Die meisten Flächen sind belastet, manche regelrecht vergiftet. Wenn industrielle Betriebe aufgegeben und abgerissen werden, bleiben oft Zink, Cadmium oder Blei im Boden zurück. Allein in den Ländern der EU befinden sich nach Angaben der Weltgesundheitsorganisation WHO ungefähr 2,8 Millionen potenziell kontaminierte Standorte. Solche Areale bedrohen die Gesundheit und dürfen weder für die Landwirtschaft noch für den Wohnungsbau benutzt werden. Manche dieser Böden sind derart mit Metallen verseucht, dass es sich angesichts steigender Rohstoffpreise lohnt, sie zu recyceln. Mit verschiedenen Methoden lösen Fachbetriebe etwa Aluminium oder Kupfer aus dem Erdreich – sie behandeln Schadstoffe wie Bodenschätze. Doch an vielen Standorten ist es aufwendig und damit nicht rentabel, die Metalle aus dem Boden zurückzugewinnen.

Wenn das Grundwasser in Gefahr ist, werden verseuchte Böden ausgebaggert. Anschließend kann man dann versuchen, das Material in einer Bodenbehandlungsanlage zu reinigen, was bei bestimmten Kontaminationen aber technisch nicht möglich ist oder viel zu teuer wäre. Dann wird der Boden einfach auf eine Deponie gekippt. Viele verseuchte Brachen werden jedoch gar nicht erst abgetragen und bleiben sich selbst überlassen.

Auf solchen Flächen hilft sich die Natur dann mitunter selbst. Manche Pflanzen können auf mit Schwermetallen verseuchten Böden wachsen und reichern die toxischen Stoffe in den Blättern und anderen Pflanzenteilen an. Diese kann man dann ernten und als Sondermüll entsorgen – fertig ist die Phytosanierung. Gewächse, die Gift aus dem Untergrund ziehen, heißen Hyperakkumulatoren. Davon gibt es zwar viele verschiedene Arten, jedoch wachsen sie nur langsam und sind oft recht klein. Die Ausbeute beim Ernten der Schwermetalle ist also überschaubar und die Phytosanierung ein langwieriges Unterfangen.

Neben Pflanzen gibt es verschiedene Arten von Bakterien, die Schadstoffe im Boden abbauen oder in unschädliche Substanzen überführen können. Allerdings können sie meist jeweils nur eine ganz bestimmte giftige Substanz unschädlich machen. Deshalb müssen verschiedene Bakterien gleichzeitig oder nacheinander aktiv werden, damit ein Boden wieder sauber wird – und das kann dauern. Um den Vorgang zu beschleunigen, haben Wissenschaftlerinnen und Wissenschaftler das Bodenbakterium *Pseudomonas putida* im Labor gentechnisch so verändert, dass es sechs verschiedene Pestizide auf einmal abbauen kann. In Experimenten wurde das Bakterium in einen Boden gegeben, der mit jeweils 50 Milligramm dieser sechs Pestizide pro Kilogramm verseucht war: Nach 15 Tagen hatte das Bakterium die Substanzen abgebaut.[3] Es bleibt abzuwarten, ob sich dieser Ansatz in der Praxis bewähren wird.

Boden als Spende

Eine weitere Methode zur Sanierung besteht darin, Böden zu transplantieren. Das Spendermaterial samt den darin lebenden Pilzen und Bakterien wird an einem Standort mit gesundem Boden entnommen und dahin übertragen, wo es schlecht um die Erde bestellt ist. So wie ein Spenderherz im Körper des Empfängers zu schlagen beginnt, sollen die übertragenen Mikroben im Empfängerboden ihr heilsames Werk verrichten.

Einen interessanten Versuch dazu hat die Ökologin Cassandra Allsup von der University of Wisconsin in Madison gemeinsam mit Kollegen gemacht.[4] Sie sammelte Bodenproben an zwölf verschiedenen Standorten in den US-Bundesstaaten Wisconsin und Illinois. In diese verschiedenen Böden gab sie Samen verschiedener Baumarten wie Ahorn, Eiche, Ulme und Walnuss. Einige von ihnen wurden in Böden aus ihrem natürlichen Verbreitungsgebiet gesteckt; andere dagegen fanden sich in Böden wieder, die für die jeweilige Baumart fremd war.

Als die Bäume zu Setzlingen herangewachsen waren, wurden sie an zwei Standorten gepflanzt: Der eine lag eher im Süden (Illinois), der andere mehr als 700 Kilometer entfernt im Norden (Wisconsin), wo die Laubbäume aufgrund der kalten Witterung allmählich in Nadelwälder übergehen. Drei Jahre lang schauten die Wissenschaftler, wie es den Setzlingen erging.

An dem Standort im Norden, wo es den Baumarten natürlicherweise eher zu kalt ist, war der Befund so: Alle Bäumchen überstanden die Sommer gut, aber wenn es im Winter frostig wurde, ergaben sich merkliche Unterschiede: Die Setzlinge, die in Böden aus nördlich gelegenen Standorten herangewachsen waren, konnten den winterlichen Bedingungen viel besser widerstehen als die Bäumchen, die in Böden aus südlich gelegenen Standorten gezogen worden waren. Dieser Kälteschutz lag also vermutlich an den Bakterien und Pilzen aus den nördlichen Böden. Diese halfen den Bäumchen dabei, sich an dem für sie ungewöhnlichen, weil eher zu kalten Standort zu etablieren.

Im südlichen Standort, wo es den verpflanzten Bäumen eher zu warm ist, ergab sich dieses Bild: Setzlinge, die in »südlichen« und trockenen Böden herangewachsen waren, kamen mit der Hitze im Sommer besonders gut zurecht, auch wenn dieser Zusammenhang nur bei drei Baumarten statistisch bedeutsam war.

Die Studie ist aufschlussreich, wenn man verlassene Agrarflächen wieder bewalden will. Wenn man einen Baum in fremdes Terrain pflanzen will, tut man gut daran, ihn schon im passenden Boden anzuzüchten.

Bodentransplantationen wurden schon an vielen Orten durchgeführt, etwa in Brasilien, wo wertvolles Erdreich mit Lastern herangeschafft wurde, um einen tropischen Trockenwald in der Nähe der Hauptstadt Brasilia wieder zu regenerieren. Dass sich der Aufwand in aller Regel lohnt, geht aus einer Übersichtsstudie hervor.[5] Darin untersuchten Ökologen die Daten aus 46 Feldversuchen in 17 verschiedenen Ländern. Demnach funktioniert das Prinzip in unterschiedlichen Klimazonen. »Von den Tropen bis zu den Tundren verbessert die Bodenverpflanzung die Aussicht, eine Vegetation mit Arten von hohem Erhaltungswert wiederherzustellen«, sagte der an der Studie maßgeblich beteiligte Ökologe Jasper Wubs aus den Niederlanden.[6]

Bodentransplantationen helfen Pflanzen nicht nur beim Wachsen, sondern sie steuern die gesamte Flora dahin, dass sie wieder ursprünglicher wird. Aufgelassene Äcker können auf diese Weise ihre angestammte Vegetation zurückgewinnen. Und die entscheidende Mitgift bei solchen Transplantationen sind offenbar Bakterien und Pilze, wie etwa ein groß angelegter Freilandversuch aus der Schweiz zeigt.[7] Ein Team um die Forscherinnen Stefanie Lutz und Natacha Bodenhausen arbeitete vor der Aussaat Mykorrhizapilze in den Boden ein, und zwar auf 800 Versuchsflächen und mehr als 50 Maisfeldern. Nach der Ernte untersuchten sie, ob diese Impfung etwas bewirkt hatte. Das Ergebnis war zunächst rätselhaft: Auf einem Viertel der Äcker konnte die Ernte um bis zu 40 Prozent gesteigert werden, auf einem Drittel der Fläche dagegen verpuffte die Methode, die Ertrag blieb gleich oder ging sogar zurück.

Um den verwirrenden Befund zu verstehen, analysierte das Team verschiedene Eigenschaften der Böden, darunter die Artenvielfalt der Bodenmikroben. Schließlich schälte sich ein Zusammenhang heraus: Wenn sich auf einem Acker viele pilzliche Krankheitserreger breitgemacht hatten, steigerte die Behandlung mit den guten Mykorrhizapilzen die Ernte merklich. Diese hatten die Krankheitserreger im Boden offenbar zurückgedrängt. Dadurch wurde der Acker gleichsam geheilt und konnte das erwartete Ertragsniveau erreichen. Auf gesunden Äckern dagegen hatte die Impfung keinen zusätzlichen Nutzen, weil die Kulturpflanzen ihr Potenzial bereits ausschöpften.

Schutz für schwarze Erde

Matthias Rillig sitzt im Hochgeschwindigkeitszug von Peking nach Siping in der Provinz Jilin, eine Strecke von mehr als 800 Kilometern.[8] Viereinhalb Stunden lang ziehen Felder, Äcker und Städte an ihm vorbei. Siping hat mehr als drei Millionen Einwohner, von hier aus ist es nach Nordkorea fast nur noch ein Katzensprung. Die im Westen wenig bekannte Gegend birgt einen besonderen Naturschatz: Die Böden dort sehen vielerorts dunkel wie Pech aus. Dunkler Boden ist ein gutes Zeichen. Schwarzerden, auch Tschernoseme genannt, gehören zu den bedeutendsten Böden. Über einem oft kalkhaltigen Untergrund liegt eine mächtige Schicht voll Humus, die normalerweise mehr als einen halben Meter dick ist und die dunkle Färbung des Bodens hervorruft. Schwarzerden sind äußerst fruchtbar und werden landwirtschaftlich genutzt. In Deutschland kommen Schwarzböden nur vereinzelt vor, etwa in der Hildesheimer Börde, der Magdeburger Börde oder im Thüringer Becken. Die Flächen sind zwar vergleichsweise klein, jedoch haben sie große Bedeutung für die hiesige Landwirtschaft.

Es gibt Gebiete mit viel größeren Flächen von Schwarzböden, etwa in den Great Plains in Nordamerika, in der Pampa in Südamerika, in der Ukraine, in Russland, in Kasachstan – und eben auch in der Gegend um die Stadt Siping, so im nördlich der Stadt gelegenen Kreis Lishu, wo mehr als 80 Prozent der Fläche landwirtschaftlich genutzt werden.

Von für den Ackerbau geeigneten Flächen ist weltweit zwar nur ein Sechstel von Schwarzerde bedeckt, jedoch spielen diese Flächen für die Versorgung der Menschheit mit Nahrungsmitteln eine herausragende Rolle, weil sie enorm hohe Erträge abwerfen. Allerdings sind diese Kornkammern in großer Gefahr. »Die meisten Schwarzerden haben durch die Umstellung der Landnutzung von natürlichem Grasland auf Ackerbausysteme, nicht nachhaltige Bewirtschaftungspraktiken und den übermäßigen Einsatz von Agrochemikalien die Hälfte ihres organischen Kohlenstoffs verloren und leiden unter mäßiger bis starker Erosion sowie unter Nährstoffungleichgewichten, Versauerung, Verdichtung und dem Verlust der biologischen Vielfalt im Boden«, warnt die Welternährungsorganisation FAO in einem Bericht über den globalen Zustand dieser Böden.[9]

Das ist alarmierend. Wie sieht nun die Situation in China aus? Im Kreis Lishu wird vor allem Mais angebaut. Was unternehmen die Wissenschaftlerinnen und Wissenschaftler, um die kostbare Krume in diesem Maisgürtel zu erhalten? Das will Matthias Rillig auf seiner Reise erfahren. Am Bahnhof von Siping werden er und seine mitreisenden Kollegen Gaowen Yang und Xiang Wang, beide Professoren an der China Agricultural University, von einem Fahrer in einem Kleinbus abgeholt. Nach einer halbstündigen Fahrt erreichen sie ein Forschungsinstitut, die Agricultural Technology Promotion Station, die in Lishu inmitten von Maisfeldern liegt. In zwei großen Räumen ist ein modernes Museum für Schwarzerde untergebracht. In der Ausstellung geht es um die Schwarzerden der Gegend; auf Tafeln wird erklärt, wie die Böden bewirtschaftet werden. An der Wand hängt zur Einordnung eine große Übersichtskarte Chinas; vor dieser Karte baumeln an Fäden viele kleine durchsichtige Kistchen. Sie enthalten jeweils ein paar Gramm der Erde vom jeweiligen Standort – von Lishu eben die Schwarzerde.

Viele der lokalen Böden sind leider nicht mehr in gutem Zustand. Der von der FAO in ihrem Bericht dokumentierte Niedergang von Schwarzböden ist auch im Maisgürtel von Lishu unübersehbar. Viele der Böden sind nicht mehr so dunkel, wie sie einst waren. Es ist die übliche traurige Geschichte: Die lokalen Schwarzerden sind durch Jahrzehnte der intensiven Bewirtschaftung bedroht, sie verlieren Kohlenstoff, erzählen die Wissenschaftler in der Forschungsstation. Laut einem Artikel in *China Daily*, einer englischsprachigen Tageszeitung in der staatlichen Hand Chinas, ist in den vergangenen 60 Jahren die Menge der organischen Substanz im Boden in einigen Gebieten Nordostchinas um ein Drittel bis sogar 50 Prozent zurückgegangen.[10] Entsprechend speichere die Schwarzerde viel weniger Wasser als früher. In einigen Gegenden ist die schwarze Bodenschicht nur mehr weniger als 20 Zentimeter dick und wird jedes Jahr ein bis zwei Millimeter dünner.

Im Sommer 2020 hat der chinesische Staatspräsident Xi Jinping der Gegend einen Besuch abgestattet, wie auf einigen Tafeln der Ausstellung zu sehen ist. In dunkler Hose und weißem Hemd steht der Herrscher in einem Feld und berührt mit der rechten Hand eine Maispflanze, die ihn überragt. Rilligs Kollegen und Kolleginnen erklären, wie wichtig Xi Jinping der

Erhalt der Böden sei. Bei seiner Visite habe er gesagt, der Schutz der Schwarzerden sei für China nicht minder wichtig als der Schutz des Großen Pandas (der seltenen chinesischen Bärenart, die weltweit zur Ikone des Naturschutzes wurde). Diese Aussage des Staatspräsidenten steht auch in riesigen Lettern auf einem Demonstrationsfeld in Lishu.

Der Besuch von Xi Jinping hat einen mächtigen Eindruck hinterlassen und dazu geführt, dass die Forschung hier einen neuen, höheren Stellenwert bekam. Am Abend und nächsten Tag unterhält sich Matthias Rillig mit zwei Doktoranden der Forschungsstationen über ihre Arbeiten in den Schwarzerden mit unterschiedlichen Bewirtschaftungsmethoden. Es geht zum Beispiel darum, dass bodenbewohnende Bienen sowie Regenwürmer in den nachhaltig bewirtschafteten Maisfeldern anscheinend zahlreicher vorkommen als in auf herkömmliche Weise bestellten Feldern.

Auf den Feldern sind jetzt, im Oktober, viele frisch abgeerntete Äcker zu sehen. Überall sind Berge von Maiskolben aufgetürmt. Auf den Flächen ist jede Menge Maisstroh liegen geblieben, das die Böden bedeckt. Ob das Material komplett auf dem Acker verbleibt oder zum Teil noch entfernt und später anderweitig benutzt wird, etwa zur Produktion von Biogas, ist nicht ganz klar, aber vermutlich wird ein beachtlicher Teil auf dem Acker zurückgelassen, denn das ist ein integraler Bestandteil einer neuen Bewirtschaftungsmethode. Anschließend besichtigt Matthias Rillig mit seinen Kollegen noch einige mit durchsichtiger Plastikfolie bespannte Gewächshäuser, die hier in großer Zahl stehen und in denen verschiedene Gemüsesorten angebaut werden.

Nach zwei Tagen im abgelegenen Land der Schwarzböden geht es mit dem Hochgeschwindigkeitszug zurück nach Peking. Während der Zug mit über 300 Stundenkilometern der Hauptstadt entgegenrast, spricht Matthias Rillig mit seinen zwei Kollegen der China Agricultural University über das, was sie gesehen haben. Das sogenannte Lishu-Modell, die neue nachhaltigere Anbaumethode für Mais, sei durchaus erfolgreich, versichern sie ihm. Kern dieser Methode sind zwei Maßnahmen: Das Pflügen wird vermieden; entweder unterlassen die Bauern es gänzlich (in der Fachsprache No-Till genannt), oder sie machen es nur sehr vorsichtig und begrenzt (Conservation Tillage). Die zweite Maßnahme besteht im Verbleib von Stroh auf der Bodenoberfläche nach der Ernte.

Die erhofften Ziele sind klar: Die Bodenaggregate, in denen Kohlenstoff gespeichert wird, sollen intakt bleiben. Darüber hinaus werden die Regenwürmer und andere Lebewesen im Boden nicht oder nur wenig gestört, die unterirdischen Pilzmyzelien könnten sich dadurch besser entfalten. Das Stroh bedeckt die Bodenoberfläche und hilft so gegen Erosion. Gleichzeitig führt es dem Boden Kohlenstoff und Nährstoffe zu. Der zusätzliche Kohlenstoff kann das Boden-Nahrungsnetz versorgen und dann auch gegebenenfalls im Boden gespeichert werden. Und schließlich hilft der Strohbelag gegen Ackerunkräuter, deren Keimlinge es nun schwerer haben, weil die Schicht aus Maisstroh das Sonnenlicht abschirmt.

Dazu kommen im Lishu-Modell noch weitere Maßnahmen. Der Mais wird auf eine neuartige Art und Weise angepflanzt: Zwei Reihen stehen jeweils eher eng zusammen, zur nächsten Zweier-Reihe Mais ist der Abstand indes deutlich größer. In den Lücken zwischen den Zweier-Reihen wird Dünger ausgebracht. Das Lishu-Modell wird ständig weiterentwickelt, um herauszufinden, wie der Verlust von Kohlenstoff aus den Böden am besten zu vermeiden ist. Das Ziel ist, den Anbau von Mais dereinst tatsächlich nachhaltig zu gestalten.

Das Modell läuft erst seit einigen Jahren, aber offenbar machen sich erste positive Effekte bemerkbar. Laut den Forscherinnen und Forschern gibt es schon mehr Regenwürmer und auch mehr Bienen, die im Boden ihr Nest bauen. Die Landwirte haben demnach den Eindruck, die Schwarzerden wirkten insgesamt wieder lebendiger.

Es gibt aber auch Probleme bei der Umsetzung des Lishu-Modells. So finden die hiesigen Bauern zum Beispiel, ein Acker sehe unordentlich aus, wenn nach der Ernte das Maisstroh auf der Fläche liegen bleibe. Der Acker solle am Ende schön »sauber« sein, also frei von Pflanzenresten. Wenn da überall Stroh herumliege, entsteht den Landwirten zufolge der Eindruck, da habe wohl jemand seine Arbeit nicht ordentlich gemacht. Eine überraschende Perspektive – Matthias Rillig fand das Maisstroh auf den Äckern höchst erfreulich.

Auch das Vermeiden des Pflügens führt zu Irritationen bei vielen einheimischen Bäuerinnen und Bauern. Sie befürchten, dass Pflanzenkrankheiten entstehen könnten, und sind misstrauisch, ob das Lishu-Modell wirklich aufgehen wird. Das sind natürlich nachvollziehbare Sorgen für Menschen, deren Einkommen vom Ertrag abhängt. Tatsächlich werden erst ungefähr 10 Prozent der Flächen in der Gegend nach dem Lishu-Modell bewirtschaftet. Es ist also noch viel Überzeugungsarbeit zu leisten.

Unterschiedliche Situationen – unterschiedliche Lösungen

Immerhin ist es ein Anfang; so ist es in China und überall auf der Welt. Forscherinnen und Forscher suchen nach Lösungen, wie die Böden dieser Welt zu retten sind. Viele Fragen sind noch nicht geklärt: Wie genau bekommt man gewünschte Mikroorganismen wieder in den Boden? Wie lange dauert eine Heilung von Böden, und wie kann man sie beschleunigen? Wie bekommt man das alles hin, ohne den Ertrag zu stark zu beeinträchtigen – und damit das Auskommen der Menschen zu gefährden, die davon leben, wie auch die Nahrungsversorgung weltweit? Welche Rolle spielen jeweilige Standortfaktoren, und wie intensiv muss man Maßnahmen an jene anpassen, also etwa an die jeweiligen Böden und Klimabedingungen? Und wie kann man Böden wieder gut machen vor dem Hintergrund des sich bereits auswirkenden Klimawandels und anderer immer intensiver werdender menschengemachter Einflüsse?

Die vielen unterschiedlichen, aber gleichzeitig auftretenden Einflüsse könnten bedeuten, dass man mit ebenso vielen Maßnahmen entgegensteuern muss. Doch wie kann man das erforschen? Analog zum bereits beschriebenen Ansatz zu den schädlichen Faktoren des globalen Wandels liegt eine Lösung darin, zunächst nur einige Kombinationen von Maßnahmen zu testen. Es wäre aufgrund der Kosten und des enormen Arbeitsaufwands schlichtweg nicht möglich, sämtliche Kombinationen zu untersuchen. Der von Matthias Rillig entwickelte neue Ansatz[11] beruht darauf, aus dem Pool der theoretisch denkbaren Maßnahmenkombinationen eine überschaubare Zahl von Kombinationen nach dem Losverfahren zu bestimmen, um so den Effekt einer immer größer werdenden Zahl von Maßnahmenkombinationen zur Sanierung von Böden zu erproben. Einzelmaßnahmen, die kombiniert werden können, sind zum Beispiel das Hinzufügen von Kompost, Stroh, Holzkohle oder Tonmineralien sowie das Animpfen mit Mykorrhizapilzen, Bodenbakterien oder ganzen Bodenlebensgemeinschaften aus gesundem Boden.

Kann das funktionieren? Erste Pilotversuche hierzu laufen in den Berliner Gewächshäusern und Laboren. Dort werden Böden mit verschiedenen Faktoren behandelt, und es wird geprüft, wie sich dies auf darin wachsende Pflanzen auswirkt, in erster Linie mit Zwiebeln als einfach zu handhabender Modellpflanze. Die Doktorandin Rebecca Rongstock hat mit Kolleginnen aus der Arbeitsgruppe sogar einen Freilandversuch mit ungefähr 70 Versuchsflächen auf dem Campus der Freien Universität angelegt. Hier muss man die Ergebnisse noch abwarten, aber aus den Versuchen im Gewächshaus von Doktorandin Huiying Li und von Rebecca Rongstock kann man ablesen, dass das Konzept aufgehen könnte: Die untersuchten Böden zeigen zum Teil positive Veränderungen, das Pflanzenwachstum erscheint beflügelt.

Die Wiedergeburt der Landwirtschaft 13

Auf die Sonne werden wir uns noch einige Zeit verlassen können. Sie wärmt uns und liefert die entscheidende Energie, damit das Leben wie gewohnt seinen Gang nehmen kann. Pflanzen wandeln Wasser und Kohlenstoffdioxid mithilfe der Sonnenenergie in komplexe organische Moleküle um, in pflanzliche Biomasse. Diese ist die Lebensgrundlage für Pflanzenfresser, die ihrerseits von Fleischfressern verwertet werden.

In 500 bis 800 Millionen Jahren wird es mit dem irdischen Treiben vorbei sein. Aber nicht etwa, weil die Sonne dann erloschen sein wird (das wird vermutlich erst in sechs Milliarden Jahren der Fall sein). Vielmehr verdichtet sich der Gaskern der Sonne, sodass sie heller scheint. Alle 100 Millionen Jahre wird sie um ein Prozent heller. Irgendwann wird es auf der Erde so warm sein, dass Pflanzen nicht mehr gedeihen können, und damit werden auch Menschen und andere Landtiere nicht mehr leben können. Wir sind also dem sicheren Untergang geweiht. Dieses Ende liegt unvorstellbar weit weg, deshalb macht es uns keine Angst.

Beunruhigend ist dagegen die Frage, wie lange wir uns noch auf die Böden verlassen können. Denn neben Sonnenlicht, Kohlenstoffdioxid und Wasser brauchen Pflanzen nun einmal einen gesunden Ort, an dem sie Wurzeln schlagen und auf dem sie wachsen können. Die Landwirtschaft hat zwar seit den 1950er-Jahren die Ernten steigern können, jedoch stagnieren die Erträge der wichtigen Getreidesorten Weizen, Gerste und Mais in Mittel- und Nordeuropa seit den 1990er-Jahren, wie die Bodenkundlerin Ingrid Kögel-Knabner von der Technischen Universität München gemeinsam mit Kollegen schon vor einiger Zeit warnte.[1] Der Befund passt zu weiteren Studien, die auf der ganzen Welt vor allem bei Getreide Ernterückgänge feststellen.

Als wesentliche Ursache vermuten Forschende den Klimawandel und die damit verbundenen Hitzewellen und Dürrephasen. Sie hemmen das Wachstum der Pflanzen, sodass auch weniger organisches Material wie Gräser oder andere Ernterückstände in den Boden eingetragen wird. Auf diese Weise entsteht eine Abwärtsspirale: Je weniger Biomasse in den Boden gelangt, desto weniger Humus kann nachgebildet werden. Dadurch wird die folgende Ernte ebenfalls schlecht ausfallen, was wiederum den verbleibenden Humus noch schneller schwinden lässt – und am Ende ist der Boden nicht mehr fruchtbar und kann kaum noch Wasser aufnehmen. Wer auf einem Acker jahrzehntelang die standardmäßige Fruchtfolge Raps, Weizen, Gerste angebaut hat, der »erntet« irgendwann Probleme: Der Boden laugt aus und liefert weniger Ertrag.

Neue Ansätze für nachhaltigen Anbau

Ein Wandel in der Landwirtschaft ist also überfällig: Sie kann nur dann nachhaltig sein, wenn sie den Boden nicht auslaugt, sondern ihn aufbaut. Nach Jahrzehnten des nicht nachhaltigen Wirtschaftens ist klar, dass es so nicht weitergehen kann. Fachleute und Landwirte suchen nach Wegen, wie die Zukunft auf dem Acker nachhaltig gestaltet werden kann.

Da fällt einem vermutlich zunächst der ökologische Landbau ein, der in Deutschland auf ungefähr 11 Prozent der landwirtschaftlichen Nutzfläche betrieben wird.[2] Kulturpflanzen werden dort ohne Einsatz von chemisch-synthetischen Pestiziden und ohne künstliche Mineraldünger hergestellt, dafür soll das staatlich kontrollierte Bio-Siegel bürgen. Doch in der Agrarbranche gibt es seit einigen Jahren einen weiteren Ansatz, der der breiten Öffentlichkeit kaum bekannt ist: die sogenannte regenerative Landwirtschaft.

Die regenerative Landwirtschaft kombiniert Praktiken aus der ökologischen und der konventionellen Landwirtschaft und zielt darauf ab, die Beschaffenheit des Bodens zu verbessern. Eine eindeutige Definition gibt es zwar nicht, jedoch lassen sich folgende Merkmale nennen: Der Acker wird nicht mit dem Pflug bearbeitet, die Saat also nicht in offene Furchen gelegt, sondern mit speziellen Direktsämaschinen ausgebracht. Diese öffnen kleine Säschlitze, in die das Saatgut abgelegt wird, ehe sie wieder mit Boden abgedeckt werden. Von den kleinen Schlitzen abgesehen wird die Oberfläche nicht weiter bearbeitet und bleibt intakt.

Der Acker ist idealerweise rund ums Jahr von Pflanzen oder Pflanzenresten bedeckt. Dadurch wird die Oberfläche im Sommer gekühlt und ist vor Erosion geschützt. In der Praxis kann das so aussehen:[3] Nach der Ernte der Gerste im Sommer stehen noch die Stoppeln auf dem Feld, dazwischen wächst Gras als Untersaat. Nur einen Tag nach der Ernte der Gerste wird eine Mischung aus Klee, Felderbsen, Wicken, Leindotter und anderen Pflanzen ausgebracht, als Zwischenfrüchte. Diese wachsen in den kommenden Wochen mehr als einen Meter hoch und werden dann als Gründüngung in den Boden eingearbeitet. Zehn Tage später wird wieder eine Kulturpflanze gesät.

Untersaaten werden dagegen gemeinsam mit oder kurz nach den Kulturpflanzen ausgesät. Sie wachsen zwischen den Reihen der Kulturpflanzen mit und bedecken den dortigen Boden. Nach der Ernte der Kulturpflanzen breitet sich die Untersaat aus, weil sie mehr Licht und Nährstoffe erhält. Dadurch ist die Fläche bedeckt und geschützt.

Die Zwischenfrüchte und Untersaaten werden so ausgewählt, dass der Boden auf natürliche Weise mit Stickstoff versorgt wird und das ganze Jahr hindurch lebende Wurzeln im Boden enthalten sind. Die Wurzeln sind wichtig, weil sie Symbiosen mit den nützlichen Mykorrhizapilzen eingehen. Letztere sind auf die Verfügbarkeit einer Wirtspflanzenwurzel zwingend angewiesen. Die pflanzliche Biomasse bleibt im Boden und wird von den dort lebenden Organismen in Humus verwandelt. Die vitalen Bodenbewohner fungieren als Schutzschild gegen schädliche Pilze. Die Gänge der Regenwürmer bleiben unversehrt, Regenwasser kann besser versickern und im Boden gespeichert werden. Wenn auf dem Hof Tiere im Stall gehalten werden, werden der anfallende Mist und die Gülle auf den Flächen ausgebracht, sodass ein weitgehend geschlossener Kreislauf entsteht. Wenn das Gleichgewicht zwischen den Nährstoffen ausgeglichen ist, brauchen die Kulturpflanzen immer weniger mineralischen Dünger. Ohne Dünger geht es übrigens nicht, denn durch die Ernte werden Nährstoffe aus dem Acker abgefahren, die ersetzt werden müssen, und man kann auch gasförmige Verluste von Nährstoffen aus dem Boden (zum Beispiel durch die Denitrifikation) nicht komplett unterbinden.

Dass solche Ansätze nachweislich den Boden verbessern, konnte die Ökologin Anna-Liisa Laine von der Universität Helsinki gemeinsam mit einem Team von Fachleuten in einem Feldversuch in Finnland nachweisen.[4] In den Experimenten wurde Gerste entweder allein angebaut oder mit bis zu acht anderen Pflanzenarten als Untersaat. Mit modernen Analyseverfahren untersuchte das Team, wie der Kohlenstoff im Boden von Mikroorganismen und Pflanzen genutzt wurde. Das Ergebnis: Wenn es Wurzeln vieler verschiedener Pflanzenarten gab, dann waren die Mikroorganismen in der Nähe dieser Wurzeln besonders aktiv. Die Bodenmikroorganismen konnten den Kohlenstoff im Boden effektiver für ihr Wachstum nutzen. Bodenmikrobiologen sprechen von der mikrobiellen Kohlenstoffnutzungseffizienz; diese hat vermutlich zu dem beobachteten Anstieg im Bodenkohlenstoffgehalt beigetragen.

In dem Feldversuch in Finnland wurde insgesamt deutlich mehr pflanzliche Biomasse produziert – und das, ohne dass die Gerstenerträge zurückgingen. Dieser Befund ist nicht trivial, denn man könnte ja denken, dass die anderen eingesäten

Pflanzenarten mit der Gerste in direkter Konkurrenz stehen, was zu niedrigeren Erträgen der Nutzpflanze geführt hätte. Das Team von Anna-Liisa Laine berichtet, in einem Vorversuch habe noch eine leichte Reduktion des Ertrags vorgelegen. Bei Versuchen zur Bodenverbesserung müssen wir den Ertrag der Nutzpflanze also immer im Blick haben.

Bei der regenerativen Landwirtschaft handelt es nicht um ein universelles Rezept, sondern um ein Konzept, das an den jeweiligen Boden angepasst werden muss. Obwohl man schon viel verstanden hat, gibt es noch einigen Forschungsbedarf: in der mikrobiellen Ökologie des Bodens und in der Frage, wie mikrobielle Lebensgemeinschaften im Boden mit den ausgesäten Pflanzen interagieren. Und es ist natürlich wichtig, dass Landwirtinnen und Landwirte eine gewisse Offenheit und Risikobereitschaft haben, neue Wege mitzugehen.

Überflüssiger Tee vom Kompost?

Allerdings sind nicht alle Elemente der regenerativen Landwirtschaft wissenschaftlich abgesichert. Manche Landwirtinnen und Landwirte etwa bereiten sich aus Wasser und Kompost oder Mist eine Lösung zu, die sie je nach Vorliebe noch mit Gesteinsmehlen, Pflanzenkohle, Huminstoffen oder Melasse (einem Nebenerzeugnis der Zuckerproduktion) anreichern. Die Suspension nennt sich Komposttee. Darüber hinaus kaufen Ackerbauern kommerzielle Mischungen aus verschiedenen Mikroben, die universell vorkommen – die Hersteller nennen sie »effektive Mikroorganismen« (EM).

Sowohl effektive Mikroorganismen als auch Komposttees werden in der regenerativen Landwirtschaft zusätzlich zu den anderen Maßnahmen auf den Acker ausgebracht, auf dass sie das Bodenleben aktivieren und den Humusaufbau verstärken. Viele Landwirtinnen und Landwirte schwören auf diese Verfahren, doch was sagt die Wissenschaft dazu? Eine Gruppe um den Forscher Kurt Möller vom Landwirtschaftlichen Technologiezentrum Augustenberg in Karlsruhe testete über einen Zeitraum von drei Jahren auf drei verschiedenen Standorten, inwiefern Komposttee einen Nutzen hat.[5] Das Ergebnis war ernüchternd: Die Anwendung von Komposttee hatte weder auf den Ertrag noch auf die Blattgesundheit einen messbaren Einfluss. Statt eines Nutzens blieb am Ende nur der Mehraufwand, den Komposttee herzustellen und auszubringen. Die zusätzlichen Überfahrten mit dem Traktor kosteten Zeit, erhöhten den Verbrauch von Diesel und führten zu einem Ausstoß von Klimagasen.

Auch die sogenannten effektiven Mikroorganismen hatte wissenschaftlich betrachtet keinerlei Wirkung auf den Ertrag und den Stickstoffhaushalt im Boden. Eine Analyse der EM-Präparate offenbarte, dass sie je nach Charge mehrheitlich Milchsäure- und Essigsäurebakterien oder Clostridien enthielten. Doch diese drei Bakteriengruppen sind natürlicherweise in Böden bereits zahlreich vorhanden. Wenn man solche Bakterien nun als EM-Lösung zusätzlich ausbringt, macht sich das auf dem Acker nicht weiter bemerkbar. Schon deshalb seien keine Effekte im Feld zu erwarten, so Kurt Möller.[6]

Vom Komposttee und den EM-Präparaten einmal abgesehen, konnten Wissenschaftler den positiven Effekt der regenerativen Landwirtschaft allerdings bestätigen. In den betreffenden Flächen waren die Aggregate im Oberboden besonders stabil und gegen Zerstörung durch mechanischen Druck oder versickerndes Regenwasser geschützt. Dadurch konnten die Flächen besonders gut Wasser aufnehmen, sodass die Pflanzen gut wachsen konnten. Die große Aggregatstabilität führen die Forscher darauf zurück, dass die Flächen immer mit Pflanzen bedeckt sind und der Unterboden auf eine behutsame Weise gelockert wird. Die Bodenschichten werden nicht vermischt, sondern nur leicht angehoben. Das lockert Verdichtungen auf, führt Luft zu und lässt feine Spalte entstehen, in welche die Wurzeln der Pflanzen hineinwachsen können.

Vom Nutzen der Kulturlandschaft

Wir haben es bereits erwähnt: Eine weitere Variante der regenerativen Landwirtschaft war früher ganz normal in der Kulturlandschaft: dass zwischen den Äckern viele Büsche und Bäume stehen, die den Boden vor Hitze und Wind schützen. Doch inzwischen wurden diese grünen Streifen vielerorts gerodet. Übrig blieben riesige Äcker, die man mit riesigen Maschinen befahren konnte. Dadurch konnte das Feld effektiver bestellt werden. Dafür zahlen viele Bauern inzwischen einen hohen Preis: Wind weht über die weiten kahlen Flächen und trägt den kostbaren Boden weg.

Das Gegenmittel ist nichts anderes als die Rückbesinnung auf alte Zeiten. Indem man wieder Bäume und Hecken anpflanzt, werden die einzelnen Ackerstreifen wieder kleiner und besser vor dem Wind geschützt. Die Kombination aus landwirtschaftlicher Nutzfläche und Gehölzen wird in der Fachwelt »Agroforst« genannt. Auf einem Feld wechseln sich Baumstreifen, etwa zehn Meter breit, ab mit Ackerreihen, die bis zu 48 Meter breit sein können. Das genaue Muster hängt von den örtlichen Begebenheiten ab. Von der verringerten Erosion einmal abgesehen, verdunstet das Wasser nicht mehr so schnell. Der erschwerte Zugang mit Maschinen ist durchaus erwünscht, eben weil der Boden damit nicht mehr so intensiv bearbeitet werden kann und soll. Durch die Bäume steige die Zahl der Mikroorganismen, und es gebe deutlich mehr Regenwürmer, so Forschende vom Julius Kühn-Institut, dem Bundesforschungsinstitut für Kulturpflanzen in Deutschland.[7] Ebenso kämen durch die Gehölze mehr Insekten- und Spinnenarten vor, die Schädlinge in Schach halten können. Die mit Kulturpflanzen bewirtschafteten Flächen werden zu geschlossenen Kreisläufen, in denen die Bodenbewohner viel Humus aufbauen können.

Da bei der regenerativen Landwirtschaft der Boden nicht gepflügt wird, werden chemisch hergestellte Pestizide eingesetzt, wenn sich allzu viele Unkräuter auf dem Acker ausbreiten. Auch die chemische Verbindung Glyphosat gehört dazu. Das Mittel ist in Teilen der Öffentlichkeit umstritten, jedoch wurde es auf EU-Ebene im November 2023 für zehn weitere Jahre genehmigt. In Deutschland werden jedes Jahr mehr als 4000 Tonnen Glyphosat eingesetzt. Es wirkt auf alle Pflanzen, die es vor allem über die Blätter aufnehmen. Sobald das Mittel sich in der Pflanze verteilt hat, lässt es sie verwelken und absterben. Biochemisch gesehen, blockiert Glyphosat einen

Stoffwechselweg, mit dem Pflanzen aromatische Aminosäuren herstellen, und ohne die können sie nicht überleben. Da Glyphosat gegen alle im Wachstum befindlichen Kräuter wirkt, kann es die Vielfalt der Pflanzenwelt auf und neben dem Acker einschränken. Insekten und Vögel finden dann weniger Nahrung. Auch auf Bakterien, Pilze und Regenwürmer kann das Glyphosat schädlich wirken. Das Mittel lagert sich im Boden ein, wo es mit der Zeit abgebaut wird.

Gleichwohl hat Glyphosat auch positive Effekte, wenn sein Einsatz dazu beiträgt, dass auf die Bodenbearbeitung mit dem Pflug verzichtet wird. Weil die Krume nicht aufgerissen wird, ist der Boden gegen Erosion geschützt. Wenn Glyphosat also nicht – wie heutzutage noch allzu oft – routinemäßig, sondern nur bei Bedarf und in eingeschränkten Mengen eingesetzt wird, bleiben Mikroorganismen erhalten und können Humus aufbauen. Dadurch wird Kohlenstoff im Boden gebunden, was dem Klimawandel entgegenwirkt.

Inzwischen interessieren sich offenbar auch Unternehmen wie McCain Foods, ein Produzent von ofenfertigen Pommes frites, oder Nestlé, der weltgrößte Nahrungsmittelhersteller, für die regenerative Landwirtschaft. Die Firmen stellen angeblich Geld bereit, damit ein bestimmter Agrarbetrieb Kohlenstoffdioxid-Emissionen aus der Luft entfernt und in Form von Kohlenstoff in der Erde speichert. McCain etwa plant, von 2030 an nur noch Kartoffeln von Herstellern anzunehmen, die auf regenerative Landwirtschaft setzen.[8] Nestlé behauptet, es wolle ebenfalls mehr Rohstoffe aus regenerativer Landwirtschaft beziehen.[9] Ob diesen Absichtserklärungen Taten folgen werden, bleibt indes abzuwarten.

Solche Geschäfte zwischen Nahrungsmittelkonzernen und Landwirten werden von Unternehmen wie dem Start-up Klim in Berlin angebahnt.[10] Es berät Landwirte, wie sie Humus aufbauen können, und berechnet die Menge der Emissionen, die dadurch eingespart werden kann. Dazu prüft es den Bodenzustand auf dem betreffenden Feld, dokumentiert die bisherige Art des Anbaus und berücksichtigt die örtlichen Wetterdaten. Jede Tonne Kohlendioxid hat einen bestimmten Preis, der in Deutschland staatlich vorgegeben ist. Auf diese Weise kann Klim Kohlenstoffdioxidzertifikate erstellen, die von Nahrungsmittelherstellern, die ihre Klimabilanz aufbessern wollen, gekauft werden. Das Start-up Klim lebt von der Vermittlung des Geschäfts – es verdient am eingesparten Kohlenstoffdioxid, die Konzerne zahlen dafür.

Zu den Partnern von Klim zählt der Landwirt Harald Will, der im von ihm geführten Ackerbautrieb Gut Kleefeld in Mecklenburg mehr und mehr auf regenerative Praktiken umstellt und seit einiger Zeit auch Hafer anbaut. Diese Frucht ist zwar nicht so rentabel, aber ihr Anbau tut dem Boden gut. Einen Teil der Ernte liefert er an Kaufland, einen Lebensmittelhändler, der ebenfalls mit Klim zusammenarbeitet. Kaufland verwertet den klimaneutralen Hafer für Produkte der Eigenmarke.

Vor allem Anhänger des ökologischen Landbaus sehen den Trend zur regenerativen Landwirtschaft und das Agieren der großen Konzerne skeptisch. Sie kritisieren, das Konzept verpflichte zu nichts. Außerdem seien sowohl Pestizide als auch mineralische Dünger erlaubt. Allerdings wird der Boden im ökologischen Landbau eben stärker bearbeitet und mitunter auch gepflügt.

Dennoch trägt der ökologische Landbau nachweislich zur Lösung von Umweltproblemen bei, wie eine Gruppe um Kurt-Jürgen Hülsbergen vom Lehrstuhl für Ökologischen Landbau und Pflanzenbausysteme der Technischen Universität München herausfand.[11] Sie hat in einer Studie zehn Jahre lang in 80 Öko-Betrieben gemessen, inwiefern dort Klimagase entweichen, Humus entsteht sowie Energie oder Stickstoff verbraucht wird. Darüber hinaus wertete sie ältere, bereits veröffentliche Studien zum Nutzen des ökologischen Landbaus aus. Das Ergebnis war eindeutig: Im Unterschied zum konventionellen Anbau verbraucht der ökologische Landbau tatsächlich viel weniger Ressourcen. Die Betriebe nutzen im Ackerbau der Studie zufolge die Böden nur mit geringer bis mittlerer Intensität, sodass dort Kohlenstoff gespeichert wird. Dadurch entstünden viele Umweltkosten gar nicht erst. Deshalb sei es geboten, den Anteil des ökologischen Landbaus in Deutschland deutlich zu erhöhen. Derzeit liegt er, wie bereits erwähnt, bei ungefähr 11 Prozent.

Seit einiger Zeit gibt es in Deutschland das politische Ziel, konventionell genutzte Flächen umzuwidmen und fortan ökologisch zu kultivieren. Ein Drittel der Flächen soll für den Biolandbau genutzt werden. Das ist gewiss ein löbliches Vorhaben, aber leider gibt es ein Problem: Die Erträge im ökologischen Landbau sind niedriger als in der konventionellen Landwirtschaft. Erhöhte man den Anteil der ökologisch kultivierten Fläche auf ein Drittel, dann würde sich der Selbstversorgungsgrad der Nahrungsmittel in Deutschland merklich verringern. Der Selbstversorgungsgrad beziffert, wie viel Prozent der benötigten Agrarerzeugnisse im eigenen Land produziert werden. Im Berichtsjahr 2022/23 lag er bei rund 87 Prozent.[12] Im Fall einer Unterversorgung (weniger als 100 Prozent) müssen Nahrungsmittel importiert werden.

Beim Obst liegt der Selbstversorgungsgrad bei ungefähr 23 Prozent und beim Gemüse bei rund 36 Prozent, sodass hier die meisten Waren aus dem Ausland stammen. Bei Südfrüchten liegt das in der Natur der Sache, weil sie in Deutschland nicht angebaut werden können. Sämtliche Bananen müssen importiert werden – jedes Jahr sind das immerhin 915 000 Tonnen. Der Selbstversorgungsgrad beim Fleisch hingegen liegt bei rund 120 Prozent – entsprechend exportiert Deutschland solche Produkte ins Ausland. Oft sind es freilich Teilstücke des Schweins, die von heimischen Konsumenten gemeinhin verschmäht werden: Füße, Schnauzen, Schwänze, Innereien. Beim Getreide kann Deutschland sich ebenfalls selbst versorgen, allerdings ist der Überschuss nicht sonderlich groß: In der Summe über sämtliche Getreidearten liegt der Versorgungsgrad bei ungefähr 104 Prozent.

Eine Ausweitung des ökologischen Landbaus in Deutschland könnte zwei gegenläufige Effekte haben. Unsere Landwirtschaft würde nachhaltiger und umweltschonender, allerdings würden wir mehr Nahrungsmittel einführen müssen, die mutmaßlich aus konventionellem Anbau aus dem Ausland kommen. Und womöglich würden in Südamerika, Afrika oder Asien zusätzlich Wälder gerodet, um unseren Bedarf hier zu decken.

Freilich könnte man versuchen, die Selbstversorgung mit Nahrungsmitteln aus heimischem ökologischem Landbau zu sichern. Dann müssten wir bereit sein, unsere eigenen Agrarflächen kräftig auszuweiten. Würde man Teile des Pfälzer Waldes abholzen, um dort Bio-Karotten zu ziehen? Niemand kann sich vorstellen, dass es so weit kommen wird. Aber das Szenario offenbart, wie schwer es ist, eine Landwirtschaft zu organisieren, die mit der Ressource Boden nachhaltig umgeht. Eine universelle Lösung für alle Probleme wird es nicht geben, vielmehr werden viele kleinere Maßnahmen zu Fortschritten führen. Es ist zu erwarten, dass die Erträge im ökologischen Landbau steigen werden. Forscherinnen und Forscher sind optimistisch, Kulturpflanzen züchten zu können, die leistungsfähiger sind und resistenter gegen Schädlinge. Sie untersuchen, wie Anbauverfahren verbessert werden können, und entwickeln neue Düngemittel, die effektiver als die bisherigen sind, sowie biologische Wirkstoffe, die Pflanzenkrankheiten bekämpfen.

Auch die konventionelle Landwirtschaft kann nachhaltiger werden – indem sie die Bodenfruchtbarkeit in den Mittelpunkt rückt. Dazu sind die verschiedenen Elemente der regenerativen Landwirtschaft durchaus sinnvoll. Dass dieses Konzept nicht klar umrissen ist, kann sogar Vorteile haben. Frei von starren Vorgaben und ideologischen Grundsätzen können Landwirtinnen und Landwirte unterschiedliche Ansätze ausprobieren und sich dann jene Maßnahmen heraussuchen, die auf ihrem Grund am besten funktionieren, um den Boden zu erneuern und Humus aufzubauen. Die Rezepte dafür sind vielfältig und können von Betrieb zu Betrieb voneinander abweichen.

Wir sollten auch nicht vergessen, dass Landwirtinnen und Landwirte zunächst einmal Geld verdienen müssen, damit sie überhaupt über die Runden kommen und die Bevölkerung mit Nahrungsmitteln versorgen können. Viele von ihnen wollen ihre Praktiken umstellen, doch sie scheuen die mitunter großen Kosten und Risiken, die damit verbunden sind. Es ist Aufgabe der Politik, dieses Engagement durch kluge Subventionen zu unterstützen.

Allerdings können auch wir, die Verbraucherinnen und Verbraucher, schon jetzt unseren Beitrag leisten. Eine erste Maßnahme wäre es, keine Lebensmittel mehr zu verschwenden. Ungefähr ein Drittel aller Lebensmittel, die weltweit hergestellt werden, geht verloren oder wird in den Müll geschmissen.[13] Stellen wir uns das beim Einkaufen vor: Wir kommen mit drei Tüten voller Lebensmittel aus dem Supermarkt – und eine von ihnen würden wir gar nicht erst mit nach Hause nehmen, sondern sogleich in die Tonne werfen ...

Diese Verschwendung ist obszön, wenn man bedenkt, dass mehr als 800 Millionen Menschen weltweit Hunger leiden. Und sie führt zu sinnloser Vergeudung wertvoller Böden. Auf einer Fläche von 43 000 Quadratkilometern (das entspricht der Größe Dänemarks) werden Jahr für Jahr Nahrungsmittel erzeugt, die kein Mensch jemals essen wird. In Deutschland landen jedes Jahr fast elf Millionen Tonnen Lebensmittel im Abfall.[14]

In der öffentlichen Wahrnehmung ist dies vor allem ein Problem der Supermärkte. Manchmal verkalkulieren sich Händler und bestellen mitunter mehr Ware, als die Kunden kaufen. Der Überschuss landet oft im Müll, weil das Haltbarkeitsdatum abläuft. In anderen Fällen wird die Kühlkette aufgrund von defekten Geräten unterbrochen, sodass die Ware verdirbt. Ungefähr

7 Prozent der Lebensmittelabfälle in Deutschland entfallen auf den Handel. Schlimmer jedoch ist mit einem Anteil von 18 Prozent die Verschwendung bei der sogenannten Außer-Haus-Verpflegung. In der Gastronomie wird schlicht viel mehr gekocht, als die Kundinnen und Kunden bewältigen können.

Die schlimmste Verschwendung findet jedoch in der eigenen Küche statt. 58 Prozent der Lebensmittelabfälle entstehen in privaten Haushalten.[15] Konkret bedeutet das: Jeder Verbraucher und jede Verbraucherin wirft im Jahr ungefähr 76 Kilogramm an Lebensmitteln weg. Das muss nicht sein und lässt sich leicht ändern. Eine bessere Planung ist der Schlüssel dazu, dass wir nur so viel einkaufen, wie wir wirklich brauchen. Dies gilt besonders für Obst und Gemüse, was am häufigsten weggeworfen wird. Es ist sinnvoll, den Kühlschrank regelmäßig aufzuräumen und die Speisekammer übersichtlich zu gestalten. Essensreste, die beim Mahl daheim übrig bleiben, gehören nicht in den Abfall, sondern sie sind die Zutaten der nächsten Mahlzeit. Bei verderblichen Lebensmitteln, von denen mikrobiologische Risiken ausgehen können, sollten wir das Verbrauchsdatum im Auge behalten und sie rechtzeitig verarbeiten. Beim Mindesthaltbarkeitsdatum hingegen verhält es sich anders: Nach dem Ablauf sind die Lebensmittel meist weiterhin ohne Gefahren oder Geschmackseinschränkungen für den Verzehr geeignet.

Wenn wir Lebensmittel vor der Tonne bewahrten, würden wir viel Geld sparen. Und wir trügen maßgeblich dazu bei, dass die sinnlose Vergeudung von kostbaren Böden aufhört.

Gesundes Essen hilft dem Boden

Unsere Ernährungsweise hat einen profunden Einfluss auf die Böden. Je mehr Fleisch wir essen, desto mehr Agrarflächen werden gebraucht. Das liegt einfach daran, dass Tiere nur einen Teil der verfütterten Kalorien in Fleisch umsetzen. Ein Huhn muss ungefähr 1,6 Kilogramm Futter fressen, damit es ein Kilogramm Körpermasse gewinnen kann. Ein Schwein dagegen muss rund fünf Kilogramm fressen, um ein Kilogramm Gewicht zuzulegen. Kühe sind noch schlechtere Futterverwerter: Damit ein Rind ein Kilogramm zunimmt, muss es ungefähr zehn Kilogramm Futter fressen.

Statt pflanzliche Nahrung selbst direkt zu essen, verfüttern wir einen großen Anteil davon an Tiere, damit sie uns Fleisch, Eier oder Milch liefern. Die Tiere können dieses Futter allerdings nicht vollständig verwerten, deshalb geht eine Menge Energie verloren. Um eine tierische Kalorie herzustellen, werden ungefähr mehr als drei pflanzliche Kalorien benötigt. Das bedeutet: Wenn man dieselbe Zahl von Menschen statt mit pflanzlicher Kost mit Fleisch satt bekommen möchte, braucht man entsprechend mehr Fläche. Die Produktion von 100 Gramm Protein vom Rind braucht eine Fläche von 370 Quadratmetern im Jahr. Für die Herstellung von 100 Gramm Protein von Bohnen hingegen wird nur ein Quadratmeter Fläche benötigt.[16]

Da der Fleischkonsum der Menschheit groß ist, sind ungefähr 75 Prozent der weltweiten Agrarflächen für Tiere vorgesehen. Sie dienen entweder als Weiden oder als Äcker, auf denen Futterpflanzen wachsen. Sojabohnen und Sojaschrot werden vor allem aus den USA und aus Brasilien nach Deutschland importiert; hiesige Hühner, Schweine oder Rinder werden damit gemästet.

Was würde passieren, wenn von heute auf morgen kein Mensch mehr Fleisch äße? Die Wissenschaftler Joseph Poore von der University of Oxford in England und Thomas Nemecek von der Forschungseinrichtung Agroscope in der Schweiz sind der Frage nachgegangen. Sie untersuchten die Daten von ungefähr 38 000 Bauernhöfen in der ganzen Welt und analysierten die Ökobilanz der 40 weltweit am meisten konsumierten Lebensmittel, die 90 Prozent der Nahrung ausmachen. Würde die Menschheit sich vegan ernähren, dann bräuchten wir nur ein Viertel der Weideflächen und Äcker weltweit. Die übrigen 75 Prozent könnten wir wieder in Graslandschaften oder Wälder umwandeln – und dennoch würde die Menschheit mit genauso vielen Nahrungskalorien versorgt wie bisher.

Allerdings ist die Vorstellung abwegig, alle Menschen ernährten sich fortan freiwillig von Obst und Gemüse. Ein Umstieg auf eine zu 100 Prozent vegane oder zumindest vegetarische Ernährungsweise sei gar nicht möglich, so die Forscher Matin Qaim und Martin Parlasca von der Universität Bonn.[17] Sie weisen darauf hin, dass es viele Regionen gebe, in denen Gemüse und Hülsenfrüchte gar nicht in ausreichender Menge wüchsen. Die dort lebenden Menschen könnten sich ohne Fleisch nicht gesund ernähren. Darüber hinaus seien für viele von ihnen die Einkünfte aus dem Verkauf von Fleisch, Eiern oder Milch eine wichtige Einnahmequelle. Wo sich Grasland nicht anders nutzen lasse, ist nach Ansicht der Bonner Forscher eine schonende Weidehaltung mit wenigen Tieren durchaus sinnvoll.

Die Einwohner der ärmeren Länder sind ohnehin nicht die Verursacher des Problems. Sie essen viel weniger Fleisch als die Menschen in den Industriestaaten. Während ein Einwohner Indiens jedes Jahr im Durchschnitt weniger als sechs Kilogramm Fleisch verbraucht, verzehrt ein US-Amerikaner mehr als 120 Kilogramm davon. In Deutschland liegt der durchschnittliche Verbrauch bei 51,6 Kilogramm pro Einwohner und Jahr.[18] Die Menschen in den reichen Ländern haben also den Hebel Fleischkonsum in der Hand, den sie betätigen können, wenn sie die Landwirtschaft nachhaltiger machen möchten.

Am sinnvollsten wäre es, Fleisch zu meiden, dessen Produktion besonders viel Fläche verbraucht. Das wären zum Beispiel Steaks, die von Rindern stammen, welche in Brasilien auf Flächen weideten, die vor Kurzem noch Regenwald waren. Würde die Menschheit die Hälfte der umweltschädlichsten Tierprodukte durch pflanzliche Kost ersetzen, dann würde man schon zwei Drittel der Vorteile einer völlig veganen Ernährung erreichen.[19]

Angesichts dieser und ähnlicher Befunde machte sich eine Gruppe von 37 Fachleuten aus 16 Ländern darüber Gedanken, wie eine Ernährungsweise aussehen könnte, die die Ressourcen der Erde erhält und im Jahr 2050 für die dann erwartete Zahl von zehn Milliarden Menschen ausreichen würde. Nach ausgiebiger Beratung einigten sie sich auf einen Speiseplan, den sie »Planetary Health Diet« nennen. Er erinnert an die Art und Weise, wie sich unsere Großeltern früher ernährten. Auf ihm stehen wenig Fleisch, Milch und Zucker, dafür aber viel

Obst, Gemüse, Nüsse und Hülsenfrüchte, also Erbsen, Linsen, Bohnen und Kichererbsen. Die Expertinnen und Experten empfehlen diese Tagesmengen: 50 Gramm Nüsse, 75 Gramm Hülsenfrüchte, 232 Gramm Vollkorngetreide, 250 Gramm Milchprodukte, 28 Gramm Fisch, 13 Gramm Eier, 29 Gramm Geflügel, 14 Gramm Rind-, Lamm- oder Schweinefleisch, 31 Gramm Süßungsmittel sowie 40 Gramm ungesättigte und gesättigte Fette.[20]

Der hohe Anteil an pflanzlicher Kost der Planetary Health Diet ist dazu angetan, uns gesund zu halten. Sie enthält viele Ballaststoffe, die Zellwände oder andere Strukturen in Pflanzen bilden. Diese Stoffe sind für uns Menschen zwar unverdaulich, jedoch können bestimmte Bakterienstämme in unserem Darm sie in immer kleinere Einheiten spalten. Dadurch kann die Mikrobiota im Darm gedeihen, was bekanntermaßen mit vielen günstigen Einflüssen in unserem Körper verbunden ist.

So weit die Theorie. Doch wie sieht es in der Praxis aus? Um das herauszufinden, analysierte eine Gruppe um den Ernährungsexperten Walter Willett von der Harvard School of Public Health in Boston die Daten verschiedener Bevölkerungsstudien.[21] Sie stammten von mehr als 200 000 Frauen und Männern, die über viele Jahre hinweg regelmäßig Fragebögen zu ihren Ernährungsgewohnheiten beantwortet hatten. Und siehe da: Menschen, die sich so ernährten, wie es der Planetary Health Diet entspricht, hatten seltener Herz-Kreislauf-Erkrankungen, Krebs, Atemwegserkrankungen und neurodegenerative Erkrankungen im Vergleich zu Frauen und Männern, die sich besonders ungesund ernährten. Sie hatten auch ein merklich geringeres Risiko, früh im Leben zu sterben. Auch der Effekt auf die Umwelt wurde noch einmal untersucht: Wer sich an die Planetary Health Diet hielt, verbrauchte nur halb so viel Anbaufläche wie jemand, der sich um diesen Speiseplan nicht scherte.

Das Ergebnis stimmt uns zuversichtlich. Wir können demnach eine Ernährungsweise wählen, die unsere Gesundheit und unsere Erde gleichermaßen bewahrt.

Fazit: Ausweg aus einer bodenlosen Zukunft

Jeder von uns ist nur ein Teil des Ganzen. Schon Hippokrates, der Arzt aus der griechischen Antike, sagte, die Gesundheit der Menschen sei von einer sauberen Umwelt abhängig. In den vergangenen Jahren haben Ärztinnen und Ökologen diesen Gedanken fortgesponnen und den One-Health-Ansatz entwickelt. Es gibt demnach auf der Erde nur *eine* Gesundheit. Nur wenn die Pflanzen und Tiere gesund sind, nur wenn die Umwelt gesund ist, können auch wir Menschen gesund sein. Die Gesundheit der Menschen kann nicht isoliert betrachtet werden, sie ist eng damit verbunden, wie es den Mitgeschöpfen und der Umwelt geht.

Das One-Health-Konzept ist richtig, aber eine der wichtigsten Komponenten wird oft vernachlässigt: der Boden. Die im Boden lebenden Mikroorganismen sind die Grundlage dafür, dass alles miteinander verwoben ist. »Wir erkennen allmählich, dass Mikroorganismen für den One-Health-Ansatz von entscheidender Bedeutung sind, da sie alle Komponenten miteinander verbinden«, urteilen die Bodenökologen Samiran Banerjee und Marcel van der Heijden.[1] Die Gesundheit der Menschen, der Tiere und auch der Pflanzen werde maßgeblich von Mikroorganismen geprägt. Und viele davon stammen letztlich aus dem Boden. Dieser ist ein riesiges Reservoir für Bakterien, Archaeen, Pilze, Protisten und Viren. »Bodenmikroorganismen sind die Hauptquelle des natürlichen Mikrobioms aller Lebewesen«, so auch der Ökologe Ahmed Abdelfattah vom Leibniz-Institut für Agrartechnik und Bioökonomie in Potsdam.[2]

Die Böden stellen im Grunde einen lückenlosen Lebensraum dar, der sich über nahezu alle Landflächen ausbreitet. Viele Bodenmikroorganismen können sogar Berge oder Ozeane überwinden, wenn sie vom Wind oder von Vögeln von Ort zu Ort, von Kontinent zu Kontinent getragen werden. Die Bodenmikroorganismen verknüpfen das Leben weltweit miteinander, sodass man sich den Planeten selbst als lebenden Organismus vorstellen könnte.

In der griechischen Mythologie ist Gaia die personifizierte Erde. Nach der vom englischen Chemiker James Lovelock und der Mikrobiologin Lynn Margulis entwickelten Gaia-Hypothese halten die Lebewesen in ihrer Gesamtheit die Erde in einem gesunden Zustand; sie kontrollierten die chemischen, physikalischen und biologischen Verhältnisse und hielten sie stabil. Diese Annahme wurde als Ausgangspunkt für die Erdsystemwissenschaften angesehen.

Die Gaia-Hypothese mag in ihrer ursprünglichen Form überzogen sein, jedoch liefern uns die Erkenntnisse der Bodenforschung eine gute Vorstellung davon, wie die Regulation des Erdsystems aussehen könnte. Der Boden – genauer: die darin lebenden Mikroorganismen – hat einen großen Einfluss auf die Stabilität des Planeten und die Gesundheit von Tieren, Pflanzen und Menschen. Doch diesen Einfluss kann der Boden nur angemessen ausüben, wenn er intakt und vital ist. Dieser Zustand wird als Bodengesundheit bezeichnet, im Englischen *soil health*. Bodengesundheit ist gegeben, wenn ein bestimmter Boden in der Lage ist, seine Aufgabe als lebendiges Ökosystem zu erfüllen und Pflanzen, Tiere sowie Menschen zu unterstützen.

Nach dem Soil-Health-Konzept sollte ein Boden in der Lage sein, verschiedene Ökosystemleistungen zu erfüllen.[3] Wir gehen im Folgenden auf vier besonders wichtige Leistungen ein.

Erstens sollte der Boden die Fähigkeit haben, die Produktion von Pflanzen zu ermöglichen, ohne sich selbst zu erschöpfen. In natürlichen Ökosystemen erfüllt er diese Aufgabe, seit die ersten Landpflanzen in ihm wuchsen, also seit mehr als 400 Millionen Jahren. Abgestorbenes Pflanzenmaterial wurde von den Bodenbewohnern in Humus verwandelt, sodass der Boden wuchs. Diese Nachhaltigkeit ist in der intensiven Landwirtschaft nicht mehr gegeben. Die Annahme, man müsse den Boden nur gründlich pflügen und tüchtig düngen, erwies sich als zu kurz gedacht. Zwar lieferte dieser Ansatz Erträge, jedoch hatte niemand die Nachhaltigkeit des Systems im Blick.

Wollte man die ursprüngliche Bodengesundheit wiederherstellen, müsste man mineralische Dünger reduzieren und eher organischen Dünger wie Dung, Kompost oder Pflanzenreste austragen, auf dass die Bodenbewohner ausreichend gefüttert werden. Das Feld sollte so bestellt werden, dass die Mikroorganismen im Boden erhalten bleiben, damit sie mit den Wurzeln der Kulturpflanzen interagieren können. Die vielfältigen Symbiosen zwischen Pilzen und Wurzeln gilt es zu schützen und zu stärken. Dann kann der Boden für das nachhaltige Wachstum auch von Kulturpflanzen bürgen.

Zweitens sollte der Boden in der Lage sein, das Wasser sauber zu halten. Auch diese Funktion erfüllt er offenbar seit seiner Entstehung, also vielleicht seit mehr als drei Milliarden Jahren. Doch in einer Zeit, in der Stoffe wie Unkrautbekämpfungsmittel, Pilzgifte, Schwermetalle, Rückstände von Antibiotika, Reste mineralischer Dünger, Hormone, Mikroplastik, aromatische Kohlenwasserstoffe oder per- und polyfluorierte Alkylsubstanzen (PFAS) in der Umwelt zu finden sind, ist der Boden damit zunehmend überfordert. Wenn Regenwasser oder Schmelzwasser auf ihn einwirken, kann das zwei Folgen haben: Wasser löst Schadstoffe aus dem Boden und spült sie von dort in andere Ökosysteme, Gewässer oder ins Grundwasser – der Boden ist dann die Quelle einer Kontamination. Oder das Wasser selbst ist bereits belastet und kontaminiert den Boden – der Boden wird dann zu einer Senke für Schadstoffe.

Damit der Boden das Wasser wieder sauber halten kann, müssen wir ihn so behandeln, dass er mehr organisches Material enthält. Denn dieses bindet Schwermetalle ebenso wie bestimmte Toxine. Ein artenreiches Bodenmikrobiom, gefördert durch Bodenkohlenstoff, kann viele der Giftstoffe abbauen oder in harmlose Substanzen verwandeln. Nicht abbaubare Umweltschadstoffe, wie zum Beispiel Schwermetalle, können in Aggregaten fixiert werden, die von Bodenorganismen gebaut und stabilisiert werden.

Drittens soll der Boden in der Lage sein, die Gesundheit des Menschen zu erhalten. In der Vergangenheit hat er diese Aufgabe so gut erfüllt, dass sich der *Homo sapiens* auf der ganzen Erde ausbreiten konnte. Der Boden versorgte den Menschen nicht nur mit Energie aus pflanzlicher Nahrung, sondern auch mit mineralischen Nährstoffen und Spurenelementen, die aus dem Boden in die Nahrungspflanzen gelangen. Damit der Boden gesunde Nahrung liefern kann, müssen wir sein Mikrobiom schützen. Eine große Biodiversität im Ackerboden, insbesondere bei bestimmten Organismengruppen wie Mykorrhizapilzen, trägt oft zum besseren Wachstum von Kulturpflanzen bei und lässt sie eher widrigen Bedingungen trotzen. Auch sind die daraus hergestellten Nahrungsmittel vielfach schmackhafter und länger haltbar.[4]

Viertens sollte der Boden in der Lage sein, klimatische Schwankungen abzupuffern. Wenn er Kohlenstoff in organischer Form bindet, beugt er nicht nur der Erderwärmung vor, sondern er wirkt auch positiv auf die Landwirtschaft. Die Erträge steigen in aller Regel, zugleich werden Äcker wehrhafter gegen die Auswirkungen von Dürren und Erosion durch Wind und Wasser.

Wenn ein Boden diese Leistungen erbringt, ist der Zustand der Bodengesundheit gegeben. Doch wie kann man messen, ob ein bestimmter Boden diese Kapazität besitzt? Traditionell wurde anstelle der Bodengesundheit eher die Bodenqualität betrachtet. Das sind zwei sehr unterschiedliche Konzepte, auch wenn sie ähnlich klingen. Die Qualität eines Bodens wurde vor allem daran festgemacht, wie viel Ertrag er bei der Produktion von Kulturpflanzen erbringen kann. Nach dem Konzept der Bodengesundheit müssen aber auch seine Einflüsse auf den Wasserhaushalt, auf den Klimawandel und auf die Gesundheit des Menschen berücksichtigt werden. Die Qualität des Bodens wird bis heute vor allem anhand chemischer Messwerte bestimmt. Bei der Bodengesundheit dagegen geht es auch um das Leben im Boden.

Bodengesundheit ist daher ein wesentlich breiteres Konzept, das aber auch schwieriger zu quantifizieren ist. Wie ist es um die Mikroorganismen und Tiere im Boden bestellt? Dafür stehen häufig noch keine ausreichenden Daten zur Verfügung.

Der Bodenkundler Johannes Lehmann von der Cornell University in Ithaca im US-Bundesstaat New York hat gemeinsam mit Matthias Rillig und anderen Kolleginnen in einem Aufsatz vorgeschlagen, das breit gefasste Konzept der Bodengesundheit viel stärker in den Vordergrund zu stellen.[5] Das Augenmerk liegt vor allem auf der Biodiversität des Bodens und den damit verbundenen Ökosystemleistungen. Beim Untersuchen von Bodenproben sollten künftig auch die Häufigkeit von Regenwürmern, die Bildung von Bodenaggregaten, die Vielfalt der Porengrößen, der Gehalt von organischem Kohlenstoff und Stickstoff sowie die Aktivität bestimmter Enzyme gemessen werden. Weitere Kennzahlen der Bodenqualität könnten sein: die Belastung mit Schädlingen, Parasiten und Schadstoffen, die auf die Mikroorganismen einwirken, sowie generell die Vielfalt des Bodenmikrobioms. Und nicht zuletzt ist der Aspekt wichtig, inwiefern ein bestimmter Boden das Vermögen hat, Kohlenstoff in organischer Form zu binden oder ihn als Kohlenstoffdioxid in die Atmosphäre abzugeben.

Die Ökosystemleistungen des Bodens sind unabdingbar, damit die Erde in einem stabilen Zustand bleibt. Diese Balance hat sich im Laufe von Milliarden Jahren herausgebildet, und auch nachdem vor ungefähr 300 000 Jahren der moderne

Mensch in der Evolution entstand, konnte der Boden seine Aufgaben zunächst weiterhin erfüllen. Doch dann kam es zu einer Zäsur: Das nach den Chemikern Fritz Haber und Carl Bosch benannte Haber-Bosch-Verfahren ermöglichte es, Luftstickstoff in Ammoniak umzuwandeln. Der Mensch war nicht länger abhängig vom natürlichen Stickstoffkreislauf. Aus dem Ammoniak konnte er künstliche Dünger in schier unbegrenzten Mengen herstellen, um Böden mit Stickstoff zu versorgen. Das war der Beginn der industriellen Landwirtschaft, die auf künstlich hergestellte Pestizide und intensive Bodenbearbeitung setzt.

Im vergangenen Jahrhundert stiegen die Ernteerträge und trugen dazu bei, die rasch wachsende Weltbevölkerung ernähren zu können. Allein in den vergangenen fünf Jahrzehnten ist der Anteil landwirtschaftlich genutzter Flächen weltweit um mehr als 500 Prozent gestiegen, der Verbrauch von Düngemitteln erhöhte sich um ungefähr 700 Prozent.[6] Ebenso werden immer mehr Pestizide eingesetzt. Der Heinrich-Böll-Stiftung mit Sitz in Berlin zufolge werden jedes Jahr weltweit ungefähr vier Millionen Tonnen Herbizide, Insektizide und Fungizide ausgebracht.[7]

In Deutschland werden seit den 1970er-Jahren im konventionellen Anbau flächendeckend chemisch-synthetische Pestizide mittels Sprühtechnik ausgebracht, und zwar mehrfach pro Jahr und in Kombination verschiedener Wirkstoffe. Doch diese Agrarchemikalien sind nicht nur während der Spritzphasen nachweisbar, sondern belasten die Ackerböden sowie angrenzende Wiesen das ganze Jahr hindurch. Das offenbart etwa eine Studie der Rheinland-Pfälzischen Universität Kaiserslautern-

Landau.[8] Ein Team um die Biologin Carolina Honert nahm im Laufe eines Jahres jeden Monat Proben in je drei Flächen im Acker-, Gemüse- und Weinbau und den angrenzenden Wiesen in Rheinland-Pfalz. Die Proben wurden dem Oberboden entnommen sowie der Vegetation, im Abstand von einem, fünf und 20 Metern Entfernung zum jeweiligen Acker oder Anbaufläche. Das Team untersuchte die Proben auf 93 gängige Pestizide. Das Ergebnis: Pestizide sind das ganze Jahr über in Böden und Vegetation nachweisbar. Die Bodenproben enthielten im Durchschnitt zehn verschiedene Pestizide, in einer Probe wurden sogar 28 unterschiedliche Pestizide gemessen. In der Vegetation konnten die Forschenden im Durchschnitt sieben verschiedene Pestizide nachweisen.

In der EU-weiten Zulassung werden Pestizide nur als Einzelstoffe geprüft; etwa wird dokumentiert, wie lange es dauert, bis ein bestimmtes Pestizid im Boden abgebaut wird. Doch in der Landwirtschaft werden oft verschiedene Arten von Pestiziden auf einmal eingesetzt. Auf dem Acker liegen daher Gemische dieser Substanzen vor, und diese werden oft langsamer zersetzt als die Einzelstoffe. Insofern haben die Angaben aus den Zulassungsstudien wenig mit dem realen Einsatz in der Landwirtschaft zu tun, in der andere Bedingungen vorherrschen. Die Ackerböden sind in Wahrheit chronisch belastet. Selbst 20 Jahre nach dem Einsatz von Pestiziden, das zeigten zuvor andere Studien, können noch Rückstände davon im Boden nachgewiesen werden.[9]

Der Cocktail aus chemisch-synthetischen Pestiziden wirkt nicht gezielt gegen Pflanzenschädlinge, vielmehr greift er unspezifisch in grundlegende biologische Vorgänge wie die Zellteilung oder Herstellung von Proteinen (Eiweißen) auch weiterer Lebewesen ein. Die Folgen für diese »Nichtzielorganismen«, Mikroorganismen, aber auch für Regenwürmer und Springschwänze, sind gravierend. Der hohe Eintrag von Stickstoff fordert ebenfalls seinen Tribut. Bereits vor einiger Zeit fanden Wissenschaftler heraus, dass abseits der Äcker die Artenzahl von Fruchtköper bildenden Ektomykorrhizapilzen in europäischen Ländern um 45 Prozent abgenommen hat.[10]

Nach einigen Jahrzehnten intensiver Landwirtschaft sind viele Böden bereits nicht mehr vollumfänglich in der Lage, ihre Leistungen als Ökosystem zu erbringen. Die Artenvielfalt der Böden ist bedroht, sie erodieren und werden dünner. Die Auswirkungen auf unsere Gesundheit sind schon heute katastrophal. Die weltweite Bodendegradation bedroht inzwischen 40 Prozent der Weltbevölkerung – das sind 3,2 Milliarden Menschen. »Bodenverschmutzung ist eine weit weniger sichtbare Gefahr für die menschliche Gesundheit als schmutzige Luft«, warnen die Kardiologen Thomas Münzel und Andreas Daiber von der Universitätsmedizin Mainz.[11] Gemeinsam mit Kollegen beschreiben sie in einem Übersichtsartikel, warum kontaminierte Böden sich nachteilig auf das Herz-Kreislauf-System auswirken können.[12]

Krankheiten, die auf chemische Verschmutzung von Böden, aber auch kontaminiertes Wasser und verdreckte Luft zurückzuführen sind, verursachen jedes Jahr schätzungsweise neun Millionen vorzeitige Todesfälle. In jedem zweiten Fall stirbt der Betroffene, weil das Herz oder die Blutgefäße irreparabel geschädigt sind. Es mehren sich die Hinweise, dass Schadstoffe aus dem Boden zu Arteriosklerose führen, also zur Gefäßverkalkung. Die Innenschicht der Arterien wird durch entzündliche Prozesse beschädigt. Die Arterienwände sind nicht mehr elastisch und verdicken sich. Blutfette und Calcium können sich einlagern und Plaques bilden. Wenn diese aufbrechen, entstehen Blutgerinnsel an den Bruchstellen und blockieren den Blutfluss. Herzinfarkt und Hirnschlag können die Folge sein.

Mikroplastik ist auf allen Böden weltweit zu finden und zunehmend auch im menschlichen Körper – etwa in den Blutgefäßen. In einer im *New England Journal of Medicine* veröffentlichten Studie wurden Plaques von 257 Patienten untersucht, die sich wegen verengter Blutgefäße behandeln ließen. Bei mehr als der Hälfte war Mikroplastik in den Plaques enthalten. Die betroffenen Menschen hatten ein erhöhtes Sterberisiko.[13] Studien wiesen Mikroplastik auch im menschlichen Gehirn und anderen Organen nach.

Solche Erkrankungen sind vermutlich nur der Auftakt. Niemand weiß, wie der Boden reagiert und was passieren wird, wenn immer mehr Stressfaktoren wie Dürren, Erwärmung, Versalzung, Belastung mit chemischen Schadstoffen und Eintrag von Mikroplastik in immer neuen Kombinationen auf ihn einwirken. Eines ist klar: Je mehr Global-change-Faktoren zusammenkommen, desto schlechter ist der Boden in der Lage, seine Aufgaben im Ökosystem zu erfüllen.[14] Von einem gewissen Punkt an könnte das System kippen.

Zum Glück erweist sich der Boden als ziemlich widerstandsfähig, aber er ist es nicht in unbegrenztem Maße. Wir sollten alles dafür tun, dass diese kritische Schwelle nicht überschritten wird. Es ist unserer Generation aufgetragen, den Boden wieder gesund zu machen. Ein erster Schritt wäre, den wahren Wert des Bodens zu erkennen und ihn zu schützen. Das fängt schon damit an, dass wir damit aufhören, die Landschaft zu vermüllen. Wenn Zigarettenkippen oder Plastikverpackungen in der Natur landen, gelangen Schadstoffe in den Boden, die Mikroorganismen das Leben erschweren. Dass man weder im beruflichen noch im privaten Umfeld kontaminierte Abwässer, Farbreste, Motorenöle oder andere Gifte illegal im Boden entsorgt, versteht sich eigentlich von selbst. Wer einen Garten hat, könnte auf synthetische Pestizide und mineralische Dünger verzichten und stattdessen Maßnahmen ergreifen, die Artenvielfalt auf der eigenen Scholle zu erhöhen. Man könnte Streu auf den Beeten und Mulch auf dem Rasen liegen lassen und einen Komposthaufen anlegen, auf dass Regenwürmer und andere Bodenbewohner darin fruchtbaren Humus herstellen.

Zu einem bodenbewussten Leben gehört aber auch, die eigenen Nahrungsgewohnheiten zu überdenken. Wie wir gesehen haben, ist die Produktion von Fleisch mit einem enormen Verbrauch von Bodenressourcen verbunden. Niemand muss zum Veganer oder Vegetarier werden, aber gerade in den Industriestaaten könnten viele Einwohner den Fleischkonsum verringern. Verzichtete man hin und wieder auf Wurst, Schnitzel oder Steak, würden weniger Weideflächen benötigt. Wer keine Lebensmittel wegschmeißt, sondern verwertet, leistet ebenfalls einen Beitrag, dass es dem Boden besser geht.

Entscheidend wird gewiss sein, ob wir die Landwirtschaft umstellen können. Sie muss gleichzeitig die Bodengesundheit erhalten und die Menschheit ernähren – bisher weiß noch niemand, wie das gelingen wird. Allerdings gibt es viele Ansätze in der regenerativen Landwirtschaft, die Hoffnung machen. Eine universale Lösung wird es vermutlich nicht geben. Die Böden der Welt sind divers, ihre Sanierung bedarf unterschiedlicher Maßnahmen.

Pauschale Aussagen sind also mit Vorsicht zu genießen. So sagte eine Mitarbeiterin der Ernährungs- und Landwirtschaftsorganisation (FAO) in Rom vor einiger Zeit, es werde nur noch 60 Ernten geben, danach könnte der Mutterboden weltweit verschwunden sein.[15] Die von der britischen Nachrichtenagentur Reuters verbreitete Aussage wurde von vielen Medien aufgenommen und geistert bis heute durchs Internet. Sie ist allerdings wissenschaftlich überhaupt nicht belegt und viel zu allgemein. Richtig ist, dass Böden sehr vielfältig sind und daher gesondert betrachtet werden müssen. Einer Analyse zufolge haben ungefähr 16 Prozent aller konventionell bewirtschafteten Böden vermutlich eine Lebensdauer von unter 100 Jahren. Durch geeignete Maßnahmen können Äcker und Felder auch länger als 10 000 Jahre erhalten bleiben.[16] Durch digitale Methoden wird man den Zustand von Böden genauer erfassen und nachhaltiger bewirtschaften können.

Auch Regierungen und Staaten wären gut beraten, sich viel stärker als bisher um den Boden zu kümmern. Im Naturschutz und in der Bewertung von Ökosystemen wird der Boden häufig nur am Rande erwähnt.[17] Er wird als Habitat für die auf ihm lebenden Organismen wahrgenommen. Übersehen wird dagegen, dass er selbst voll biologischer Vielfalt ist, die es zu schützen gilt. Die im Boden lebenden Mikroorganismen halten die weltweiten Ökosysteme stabil und haben wichtige Funktionen, die wir im Detail noch gar nicht kennen. Damit diese in der Evolution entstandenen Leistungen nicht unwiederbringlich verloren gehen, gilt es, das Bodenmikrobiom zu erhalten.

Die von der Öffentlichkeit bislang kaum wahrgenommene Bodenstrategie der EU ist ein Schritt in die richtige Richtung.[18] Sämtliche Böden in der EU sollen demnach bis zum Jahr 2050 wieder in den Zustand der Bodengesundheit zurückversetzt werden, damit sie dauerhaft möglichst viele Ökosystemdienstleistungen erfüllen können. Das ist bislang aber nur eine Absichtserklärung, und wir können nur hoffen, dass ihr Taten folgen werden.

Viele Böden sind in Privatbesitz, dennoch ist der Boden als solcher ein allgemeines Gut, das erhalten bleiben muss. So wie Menschen saubere Luft und sauberes Wasser benötigen, so benötigen sie gesunden Boden zum Überleben. Nach einem Beschluss der Vereinten Nationen aus dem Jahr 2022 hat jeder Mensch das Recht, in einer sicheren, sauberen, gesunden und nachhaltigen Umwelt zu leben. Wir sind davon überzeugt, dass zu einer solchen Umwelt auch gesunder Boden gehört.

Die Vorstellung von »Mutter Erde« ist ein bildlicher Vergleich. Sie beschreibt die Natur als eine fürsorgliche Kraft, die Leben erschafft und erhält. Die Erde erscheint als ein lebendiges Ganzes, das sich selbst im Gleichgewicht hält. Lange hat Mutter Erde für uns gesorgt – nun müssen wir ihr helfen. Das kann gut gelingen: Der Boden ist keine endliche Ressource, er kann sich erneuern. Wir müssen den Boden nur endlich gut behandeln – dann werden wir immer genug davon haben.

Dank

Ohne die Vorarbeiten und Entdeckungen anderer Biologen, Ökologinnen, Mediziner und weiterer Menschen, die sich für den Boden einsetzen, wäre dieses Buch undenkbar. Wir danken ihnen. Die Einordnung und Präsentation der Erkenntnisse gehen auf uns zurück. Sollten sich Fehler eingeschlichen haben, sind wir dafür verantwortlich.

Matthias Rillig dankt der Freien Universität Berlin für die Genehmigung, dieses Buch im Rahmen einer Nebentätigkeit gemeinsam mit Jörg Blech verfassen zu können. Matthias Rillig ist seinen derzeitigen und ehemaligen Teammitgliedern zu großem Dank verpflichtet für ihr Engagement und ihre Leidenschaft (»Mit euch zusammen macht das großen Spaß!«). Ebenso dankt er seinen vielen Kolleginnen und Kollegen in der Bodenökologie für die wunderbare Zusammenarbeit über die Jahre. Matthias Rilligs Forschung wird aus zahlreichen Quellen finanziert, denen allen Dank gebührt, insbesondere der Deutschen Forschungsgemeinschaft, dem Bundesministerium für Bildung und Forschung, dem Europäischen Forschungsrat, der Europäischen Union, dem China Scholarship Council, der Alexander-von-Humboldt Stiftung und der Freien Universität Berlin.

Jörg Blech dankt dem *Spiegel* für die Genehmigung, dieses Buch gemeinsam mit Matthias Rillig zu verfassen, und die Möglichkeit, für die Arbeit am Buch unbezahlten Urlaub nehmen zu können.

Gemeinsam danken wir Matthias Landwehr, der an unser Projekt geglaubt und es hervorragend vertreten hat. Wir fühlen uns geehrt und freuen uns, dass unser Werk bei Ullstein erscheint. Wir danken Christoph Steskal für das umsichtige Lektorat. Nicht zuletzt geht der allererste Dank an unsere Familien – sie haben uns machen lassen.

Aggregat: Aggregate, auch Bodenaggregate genannt, sind die Krümel, aus denen Boden besteht. Sie werden durch Bodenorganismen gebildet und sind wichtig für die ➔ **Kohlenstoffspeicherung** im Boden. Zwischen Aggregaten und auch innerhalb von Aggregaten entstehen ➔ **Poren**, die der Lebensraum für Bodenorganismen sind.

Ammonium. Eine wichtige anorganische Form des Stickstoffs im Boden neben ➔ **Nitrat.** Ammonium ist positiv geladen und im Boden relativ unbeweglich.

AM-Pilze: Arbuskuläre Mykorrhizapilze sind weitverbreitete Pilze des *Phylums Glomeromycota*, die in ➔ **Symbiose** mit den Wurzeln zahlreicher Pflanzen leben. Sie erhalten von den Wurzelzellen Kohlenstoff in Form von Zuckern und Lipiden und liefern der Pflanze im Gegenzug Nährstoffe. Die namensgebende Arbuskel ist eine Struktur, über die dieser Austausch hauptsächlich stattfindet.

Bodendegradation: Sammelbegriff für verschiedene Prozesse, die die Funktionalität von Böden beeinträchtigen. Durch sie wird die Fähigkeit des Bodens, seine Funktionen zu erfüllen, eingeschränkt oder zerstört.

Bodengefüge: ➔ **Struktur** des Bodens

Bodengesundheit (soil health): Ein breites Konzept, das über → Bodenqualität hinausgeht und die fortgesetzte Befähigung des Bodens meint, seine Biodiversität zu erhalten und Ökosystemleistungen zu erbringen.

Bodenqualität: Die Eigenschaft des Bodens, das Pflanzenwachstum zu fördern. Hier stehen chemische und physikalische Eigenschaften im Vordergrund, im Unterschied zur → **Bodengesundheit**, die eher biologische Charakteristika und Nachhaltigkeit betont.

Denitrifikation: Ein mikrobieller Prozess, bei dem Bakterien Nitrat im Boden unter Sauerstoffmangel zu gasförmigem Stickstoff oder Stickoxiden umwandeln.

Experiment: Gezielter Eingriff in den Ablauf der Natur, der nach einem genauen Plan abläuft, Kontrollen beinhaltet sowie replizierte (wiederholte) Behandlungen. Experimente sind eine wichtige Form der Forschung in der Bodenökologie, um Einsichten über grundlegende Mechanismen und Kausalzusammenhänge zu erhalten. Das Gegenstück ist die beobachtende ökologische Studie, bei der zum Beispiel entlang eines Umweltgradienten Bodenproben entnommen und analysiert werden.

Globaler Wandel: auch globaler Umweltwandel (englisch *global change*). Bezeichnet die Gesamtheit aller menschenverursachten Veränderungen auf der Erde. Ein Faktor des globalen Wandels muss global auftreten, auf menschliche Aktivitäten zurückzuführen sein und hat Effekte auf Lebewesen. Beispiele dieser Faktoren sind der → **Klimawandel** oder → **Mikroplastik**.

Humus: Verbreitete Bezeichnung für die unbelebte bodenorganische Substanz. In der englischsprachigen Fachliteratur wird der Begriff eher vermieden wegen seiner Verbindung zu einem veralteten Konzept der Natur des Bodenkohlenstoffs.

Klimawandel: Damit ist der menschenverursachte Klimawandel gemeint. Er bezieht sich auf Langzeittrends der Temperatur und des Niederschlags. Der Klimawandel ist Teil des → **globalen Wandels**.

Kohlenstoffspeicherung: Die Bindung oder Festlegung von organischem Kohlenstoff im Boden. Dies ist eine wichtige Funktion von Böden, unter anderem deswegen, weil der Kohlenstoff, der auf diese Weise im Boden gehalten wird, nicht in Form von Kohlenstoffdioxid in der Atmosphäre vorliegt, wo er zum gesteigerten Treibhauseffekt und damit zum → **Klimawandel** (Erwärmung) beitragen würde.

Krume: Landläufige Bezeichnung für die aufgelockerte Schicht des Bodens auf einem Acker.

Mikrobiom: Die Gesamtheit der Mikroorganismen in einem Lebensraum, zum Beispiel das Bodenmikrobiom oder das Darmmikrobiom. Das Mikrobiom wird untersucht durch die Sequenzierung bestimmter Abschnitte der DNA (Erbsubstanz) in einem Lebensraum.

Mikroplastik: Partikel aus Plastikmaterial mit einer Größe kleiner als fünf Millimeter. Sie reichern sich im Boden an und sind schwer abbaubar. Die Partikel haben physikalische, chemische und mikrobiologische Effekte auf den Boden. Mikroplastik ist ein Faktor des → **globalen Wandels**.

Mykorrhiza: Eine → **Symbiose** zwischen Pflanzen und Pilzen zum gegenseitigen Nutzen beider Partner. Das Wort bedeutet »Pilzwurzel«. Die Pilze erhalten von der Wirtspflanze Kohlenstoff, im Austausch dafür liefern die Pilze Nährstoffe, wie Stickstoff oder Phosphor. → **AM-Pilze** sind eine wichtige Gruppe von Mykorrhizapilzen.

Nahrungsnetz. Das Nahrungsnetz beschreibt die Fraßbeziehungen zwischen Organismen im Boden (es geht also darum, wer wen frisst). Ein einzelner Strang im Nahrungsnetz heißt Nahrungskette.

Nitrat: Eine wichtige anorganische Form des Stickstoffs im Boden. Nitrat ist im Boden leicht beweglich und kann durch Auswaschung dem Bodenprofil verloren gehen. Nitrat ist der Ausgangsstoff der → **Denitrifikation**. Die andere wichtige anorganische Form des Stickstoffs im Boden ist → **Ammonium**.

Phosphat: Anorganische Form des Phosphors im Boden. Phosphat ist im Boden sehr unbeweglich, weswegen Pflanzen sich verschiedener Mechanismen bedienen, um an Phosphat heranzukommen. Sie können zum Beispiel Phosphat über → **Mykorrhiza** bildende Pilze aufnehmen.

Poren: Bodenporen entstehen zwischen den ➔ **Aggregaten** und kommen auch innerhalb eines Bodenaggregats vor. Darüber hinaus können Poren durch die Aktivitäten grabender Bodentiere (z. B. Regenwürmer) entstehen (Bioporen). Poren sind die Bühne des Bodenlebens. Poren und Aggregate definieren zusammen die ➔ **Struktur** des Bodens.

Struktur: Die Bodenstruktur, auch Bodengefüge genannt, ist die räumliche Anordnung von ➔**Aggregaten** und ➔ **Poren**-Räumen. Die Bodenstruktur ist ein zentrales Merkmal des Lebensraums Boden.

Symbiose: Enges Zusammenleben unterschiedlicher Partner mit einer gemeinsamen evolutionären Geschichte. Im deutschen Sprachgebrauch bedeutet eine Symbiose beiderseitiger Nutzen, auch Mutualismus genannt. Beispiel: ➔ **Mykorrhiza**

Zersetzer: Auch Destruenten genannt; Organismen, die totes Material, zum Beispiel Pflanzenreste, abbauen und dadurch Nährstoffe wieder für Pflanzen verfügbar machen. Beispiele sind Pilze und Bakterien, aber auch verschiedene Bodentiere, etwa Arthropoden.

Anmerkungen

Worum es geht

1 J. Tomalka, C. Hunecke, L. Murken, T. Heckmann, C. C. Cronauer, R. Becker, Q. Collignon, P. A. Collins-Sowah, M. Crawford, N. Gloy, A. Hampf, H. Lotze-Campen, G. Malevolti, G. M. Maskell, C. Müller, A. Popp, M. Vodounhessi, C. Gornott, J. Rockström (2024): *Stepping back from the precipice: Transforming land management to stay within planetary boundaries*. Potsdam, Potsdam Institute for Climate Impact Research, https://doi.org/10.48485/pik.2024.018. Zitierlink: https://publications.pik-potsdam.de/pubman/item/item_30631

2 Mitteilung der Vereinten Nationen (UN) vom 27. 7. 2022. https://news.un.org/en/story/2022/07/1123462

3 T. Münzel, O. Hahad, J. Lelieveld et al (2025): »Soil and water pollution and cardiovascular disease«, *Nature Reviews Cardiology* 22, S. 71–89, https://doi.org/10.1038/s41569-024-01068-0

Kapitel 1

1 https://www.nrcs.usda.gov/sites/default/files/2023-01/Healthy-Soils-Are-full-of-life.pdf

2 https://bionumbers.hms.harvard.edu/bionumber.aspx?id=110152

3 A. Lehmann, W. Zheng, M. C. Rillig (2017): »Soil biota contributions to soil aggregation«, *Nature Ecology & Evolution*, 1(12), https://doi.org/10.1038/s41559-017-0344-y

4 L. Philippot, C. Chenu, A. Kappler, M. C. Rillig, N. Fierer (2024): »The interplay between microbial communities and soil properties«, *Nature Reviews Microbiology*, 22(4), S. 226–239. https://doi.org/10.1038/s41579-023-00980-5

5 H. Beraldi-Campesi (2013): »Early life on land and the first terrestrial ecosystems«, *Ecological Processes*, 2(1), 1. https://doi.org/10.1186/2192-1709-2-1

6 M. Homann, P. Sansjofre, M. Van Zuilen, C. Heubeck, J. Gong, B. Killingsworth, I. S. Foster, A. Airo, M. J. Van Kranendonk, M. Ader, S. V. Lalonde (2018): »Microbial life and biogeochemical cycling on land 3,220 million years ago«, *Nature Geoscience*, 11(9), S. 665–671. https://doi.org/10.1038/s41561-018-0190-9

7 https://www.bgr.bund.de/DE/Themen/Boden/Projekte/Informationsgrundlagen-laufend/BUEK200/BUEK200.html

8 Das Institut heißt mit vollem Namen Johann Heinrich von Thünen-Institut, benannt nach dem Agrar- und Wirtschaftswissenschaftler Johann Heinrich von Thünen (1783–1850), einem Pionier der landwirtschaftlichen Betriebslehre. Das Thünen-Institut ist das Bundesforschungsinstitut für Ländliche Räume, Wald und Fischerei mit Sitz in Braunschweig. Es gliedert sich in 15 verschiedene Fachinstitute, von denen allerdings nur sieben ihren Sitz in Braunschweig haben.

9 https://www.thuenen.de/de/fachinstitute/agrarklimaschutz/projekte/bodenzustandserhebung-landwirtschaft-bze-lw

10 A. Don, R. Prietz (2019): *Unsere Böden entdecken – Die verborgene Vielfalt unter Feldern und Wiesen*. Heidelberg, Springer

11 E. C. Brevik, A. E. Hartemink (2010): »Early soil knowledge and the birth and development of soil science«, *Catena* 83(1), S. 23–33, https://doi.org/10.1016/j.catena.2010.06.011

12 M. C. Rillig, A. Lehmann, J. Lehmann, T. Camenzind, C. Rauh (2018): »Soil Biodiversity Effects from Field to Fork«, *Trends in Plant Science*, 23(1), S. 17–24, https://doi.org/10.1016/j.tplants.2017.10.003

13 Lehmann/Zheng/Rillig, a. a. O.

14 F. Wang, Y.-H. Fu, H.-J. Sheng, E. Topp, X. Jiang, Y.-G. Zhu, J. M. Tiedje (2021): »Antibiotic resistance in the soil ecosystem: A One Health perspective«, *Current Opinion in Environmental Science & Health*, 20, 100230, https://doi.org/10.1016/j.coesh.2021.100230

15 Neben dem Kohlenstoffdioxid (CO_2) wirken auch Methan (CH_4) und Lachgas (N_2O) sowie die fluorierten Treibhausgase (F-Gase): wasserstoffhaltige Fluorkohlenwasserstoffe (HFKW), perfluorierte Kohlenwasserstoffe (FKW) und Schwefelhexafluorid (SF_6) sowie Stickstofftrifluorid (NF_3) als Treibhausgase. In Deutschland entfallen laut Umweltbundesamt 87,1 Prozent der Freisetzung von Treibhausgasen auf Kohlenstoffdioxid (im Jahr 2020).
16 A. Jacobs, H. Flessa, A. Don ..., Annette Freibauer (2018): *Landwirtschaftlich genutzte Böden in Deutschland – Ergebnisse der Bodenzustandserhebung*. Johann Heinrich von Thünen-Institut, Braunschweig, https://doi.org/10.3220/REP1542818391000
17 J. Rockström, T. Beringer, D. Hole, B. Griscom, M. B. Mascia, C. Folke, F. Creutzig (2021): »We need biosphere stewardship that protects carbon sinks and builds resilience«, *Proceedings of the National Academy of Sciences*, 118(38), e2115218118, https://doi.org/10.1073/pnas.2115218118
18 M. A. Anthony, S. F. Bender, M. G. A. van der Heijden (2023): »Enumerating soil biodiversity«, *Proceedings of the National Academy of Sciences*, 120(33), e2304663120. https://doi.org/10.1073/pnas.2304663120
19 https://derbevoelkerung.de/webcam/
20 Matthias Rillig hat das Bodendenkmal im Oktober 2023 besucht.
21 https://dome.mit.edu/handle/1721.3/151203

Kapitel 2

1 D. J. Sheerin, A. Hiltbrunner (2017): »Molecular mechanisms and ecological function of far-red light signalling«, *Plant, Cell & Environment*, 40(11), S. 2509–2529, https://doi.org/10.1111/pce.12915
2 O. Mitra, M. A. Callaham, M. L. Smith, J. E. Yack (2008): »Grunting for worms: Seismic vibrations cause Diplocardia earthworms to emerge from the soil«, *Biology Letters*, 5(1), S. 16–19, https://doi.org/10.1098/rsbl.2008.0456

3 J. M. Robinson, A. Taylor, N. Fickling, X. Sun, M. F. Breed (2024): »Sounds of the underground reflect soil biodiversity dynamics across a grassy woodland restoration chronosequence«, *Journal of Applied Ecology*, 61, S. 2047–2060, https://doi.org/10.1111/1365-2664.14738
4 M. C. Rillig, K. Bonneval, J. Lehmann (2019): »Sounds of Soil: A New World of Interactions under Our Feet?«, *Soil Systems*, 3(3), https://doi.org/10.3390/soilsystems3030045
5 B. L. Bassler, R. Losick (2006): »Bacterially Speaking«, *Cell*, 125(2), S. 237–246, https://doi.org/10.1016/j.cell.2006.04.001
6 M. Parniske (2008): »Arbuscular mycorrhiza: The mother of plant root endosymbiosis«, *Nature Reviews Microbiology*, 6(10), https://doi.org/10.1038/nrmicro1987
7 Ebd.
8 M. C. Hawes, U. Gunawardena, S. Miyasaka, X. Zhao (2000): »The role of root border cells in plant defense«, *Trends in Plant Science*, 5(3), S. 128–133, https://doi.org/10.1016/S1360-1385(00)01556-9
9 S. Rasmann, T. G. Köllner, J. Degenhardt, I. Hiltpold, S. Toepfer, U. Kuhlmann, J. Gershenzon, T. C. J. Turlings (2005): »Recruitment of entomopathogenic nematodes by insect-damaged maize roots«, *Nature*, 434 (7034), S. 732–737, https://doi.org/10.1038/nature03451
10 Z. Babikova, L. Gilbert, T. J. A. Bruce, M. Birkett, J. C. Caulfield, C. Woodcock, J. A. Pickett, D. Johnson (2013): »Underground signals carried through common mycelial networks warn neighbouring plants of aphid attack«, *Ecology Letters*, 16(7), S. 835–843, https://doi.org/10.1111/ele.12115
11 E. K. Barto, J. D. Weidenhamer, D. Cipollini, M. C. Rillig (2012): »Fungal superhighways: Do common mycorrhizal networks enhance below ground communication?«, *Trends in Plant Science*, 17(11), S. 633–637, https://doi.org/10.1016/j.tplants.2012.06.007
12 H. A. B. Wösten (2001): »Hydrophobins: Multipurpose Proteins«, *Annual Review of Microbiology*, 55, S. 625–646, https://doi.org/10.1146/annurev.micro.55.1.625

13 A. J. Sexstone, N. P. Revsbech, T. B. Parkin, J. M. Tiedje (1985): »Direct Measurement of Oxygen Profiles and Denitrification Rates in Soil Aggregates«, *Soil Science Society of America Journal*, 49(3), S. 645–651, https://doi.org/10.2136/sssaj1985.03615995004900030024x

14 Stand 2024

15 F. de Castro, S. M. Adl, S. Allesina, R. D. Bardgett, T. Bolger, J. J. Dalzell, M. Emmerson, T. Fleming, D. Garlaschelli, J. Grilli, S. E. Hannula, F. de Vries, Z. Lindo, A. G. Maule, M. Öpik, M. C. Rillig, S. D. Veresoglou, D. H. Wall, T. Caruso (2021): »Local stability properties of complex, species-rich soil food webs with functional block structure«, *Ecology and Evolution*, 11(22), S. 16070–16081, https://doi.org/10.1002/ece3.8278

16 T. W. Crowther, T. H. Jones, L. Boddy (2012): »Interactions between saprotrophic basidiomycete mycelia and mycophagous soil fauna«, *Mycology*, 3(1), S. 77–86, https://doi.org/10.1080/21501203.2012.656723

17 L. Philippot, C. Chenu, A. Kappler, M. C. Rillig, N. Fierer (2024): »The interplay between microbial communities and soil properties«, *Nature Reviews Microbiology*, 22(4), S. 226–239, https://doi.org/10.1038/s41579-023-00980-5

Kapitel 3

1 M. A. Anthony, S. F. Bender, M. G. A. van der Heijden (2023): »Enumerating soil biodiversity«, *Proceedings of the National Academy of Sciences of the United States of America*, 120(33), e2304663120, https://doi.org/10.1073/pnas.2304663120

2 D. Frank, P. Schnitter (Hg.) (2016): Pflanzen und Tiere in Sachsen-Anhalt. Ein Kompendium der Biodiversität. Rangsdorf, – Natur+Text, https://lau.sachsen-anhalt.de/fileadmin/Bibliothek/Politik_und_Verwaltung/MLU/LAU/FACHTHEMEN/Naturschutz/Publikationen/Weitere-Infomaterialien/Bücher/Pflanzen-Tiere-LSA_2016/pfl-tierest_Pflanzen_u_Tiere_Sachsen-Anhalt.pdf

3 *Grizmeks Tierleben Insekten* (1993). München, Deutscher Taschenbuch Verlag
4 L. Wang, D. Lin, K. Q. Xiao, L. J. Ma, Y. M. Fu, Y. X. Huo, Y. Liu, M. Ye, M. M. Sun, D. Zhu, M. C. Rillig, Y. G. Zhu (2024): »Soil viral-host interactions regulate microplastic-dependent carbon storage«, *Proceedings of the National Academy of Sciences of the United States of America*, 121(45), e2413245121, https://doi.org/10.1073/pnas.2413245121

Kapitel 4

1 M. L. Smith, J. N. Bruhn, J. B. Anderson (1992): »The fungus Armillaria bulbosa is among the largest and oldest living organisms«, *Nature*, 356(6368), S. 428–431, https://doi.org/10.1038/356428a0
2 M. Lakovic, M. C. Rillig (2022): »A Nuclei-Based Conceptual Model of (Eco)evolutionary Dynamics in Fungal Heterokaryons«, *Frontiers in Microbiology*, 13, https://doi.org/10.3389/fmicb.2022.914040
3 D. L. Hawksworth (1991): »The fungal dimension of biodiversity: Magnitude, significance, and conservation«, *Mycological Research*, 95(6), S. 641–655, https://doi.org/10.1016/S0953-7562(09)80810-1
4 A. Lehmann, W. Zheng, M. C. Rillig (2017): »Soil biota contributions to soil aggregation«, *Nature Ecology & Evolution*, 1(12), https://doi.org/10.1038/s41559-017-0344-y
5 R. M. Miller, J. D. Jastrow, D. R. Reinhardt (1995): »External hyphal production of vesicular-arbuscular mycorrhizal fungi in pasture and tallgrass prairie communities«, *Oecologia*, 103(1), S. 17–23, https://doi.org/10.1007/BF00328420
6 E. T. Kiers, M. Duhamel, Y. Beesetty, J. A. Mensah, O. Franken, E. Verbruggen, C. R. Fellbaum, G. A. Kowalchuk, M. M. Hart, A. Bago, T. M. Palmer, S. A. West, P. Vandenkoornhuyse, J. Jansa, H. Bücking (2011): »Reciprocal Rewards Stabilize Cooperation in the Mycorrhizal Symbiosis«, *Science*, 333(6044), S. 880–882, https://doi.org/10.1126/science.1208473

7 N. C. Johnson, J. H. Graham (2013): »The continuum concept remains a useful framework for studying mycorrhizal functioning«, *Plant and Soil*, 363(1), S. 411–419, https://doi.org/10.1007/s11104-012-1406-1
8 C. Strullu-Derrien, M.-A. Selosse, P. Kenrick, F. M. Martin (2018): »The origin and evolution of mycorrhizal symbioses: From palaeomycology to phylogenomics«, *New Phytologist*, 220(4), S. 1012–1030, https://doi.org/10.1111/nph.15076
9 D. Redecker, R. Kodner, L. E. Graham (2000): »Glomalean Fungi from the Ordovician«, *Science*, 289(5486), S. 1920–1921, https://doi.org/10.1126/science.289.5486.1920
10 E. Stukenbrock, S. Gurr (2023): »Address the growing urgency of fungal disease in crops«, *Nature*, 617(7959), S. 31–34, https://doi.org/10.1038/d41586-023-01465-4
11 W. Leesutthiphonchai, A. L. Vu, A. M. V. Ah-Fong, H. S. Judelson (2018): »How Does Phytophthora infestans Evade Control Efforts? Modern Insight Into the Late Blight Disease«, *Phytopathology®*, 108(8), S. 916–924, https://doi.org/10.1094/PHYTO-04-18-0130-IA
12 A. Packer, K. Clay (2000): »Soil pathogens and spatial patterns of seedling mortality in a temperate tree«, *Nature*, 404(6775), S. 278–281, https://doi.org/10.1038/35005072
13 J. N. Klironomos (2002): »Feedback with soil biota contributes to plant rarity and invasiveness in communities«, *Nature*, 417(6884), S. 67–70, https://doi.org/10.1038/417067a
14 J. D. Bever (1994): »Feedback between Plants and Their Soil Communities in an Old Field Community«, *Ecology*, 75(7), S. 1965–1977, https://doi.org/10.2307/1941601; J. D. Bever, K. M. Westover, J. Antonovics (1997): »Incorporating the Soil Community into Plant Population Dynamics: The Utility of the Feedback Approach«, *Journal of Ecology*, 85(5), S. 561–573, https://doi.org/10.2307/2960528; W. H. van der Putten, M. A. Bradford, E. P. Brinkman, T. F. J. van de Voorde, G. F. Veen (2016): »Where, when and how plant-soil feedback matters

in a changing world«, *Functional Ecology*, 30(7), S. 1109–1121, https://doi.org/10.1111/1365-2435.12657

Kapitel 5

1 *Grizmeks Tierleben Niedere Tiere* (1993), München, Deutscher Taschenbuch Verlag
2 Eine gute Übersicht findet sich auch in der Regenwurmwerkstatt der Universität Münster: https://hypersoil.uni-muenster.de/1/02/01.htm
3 https://www.nabu.de/tiere-und-pflanzen/sonstige-arten/02265.html
4 https://www.bmel.de/DE/themen/landwirtschaft/pflanzenbau/bodenschutz/bodentiere-regenwuermer.html#:~:text=-Regenwurmkot%20verbessert%20somit%20maßgeblich%20die,Stickstoff%2Dfixierenden%20Bakterien%20des%20Bodens
5 W. Dunger (1983): *Tiere im Boden*. Magdeburg, Militzke
6 S. J. Fonte, M. Hsieh, N. D. Mueller (2023): »Earthworms contribute significantly to global food production«, *Nature Communications* 14, S. 5713, https://doi.org/10.1038/s41467-023-41286-7
7 Das Zitat lautet im Original: »It may be doubted whether there are many other animals which have played so important a part in the history of the world as have these lowly organized creatures.« Das Werk mit dem Titel *The Formation of Vegetable Mould, through the Action of Worms* ist im Netz abrufbar: https://www.gutenberg.org/files/2355/2355-h/2355-h.htm#chap07
8 Zit. n. *The Economist*, 20.06.2024.
9 *Grzimeks Tierleben Niedere Tiere*, a. a. O.
10 Dunger, a. a. O.
11 O. Mitra, M. A. Callaham, M. L. Smith, J. E. Yack (2008): »Grunting for worms: Seismic vibrations cause Diplocardia earthworms to emerge from the soil«, *Biology Letters*, 5(1), S. 16–19, https://doi.org/10.1098/rsbl.2008.0456
12 A. E. Barnes, R. A. Robinson, J. W. Pearce-Higgins (2023): »Collation

of a century of soil invertebrate abundance data suggests long-term declines in earthworms but not tipulids«, *PLOS ONE*, 18(4), e0282069, https://doi.org/10.1371/journal.pone.0282069

13 https://www.rote-liste-zentrum.de/de/Regenwurmer-Lumbricidae-Criodrilidae-1753.html

14 H. R. P. Phillips, C. A. Guerra, M. L. C. Bartz, M. J. I. Briones, G. Brown, T. W. Crowther, O. Ferlian, K. B. Gongalsky, J. van den Hoogen, J. Krebs, A. Orgiazzi, D. Routh, B. Schwarz, E. M. Bach, J. Bennett, U. Brose, T. Decaëns, B. König-Ries, M. Loreau, J. Mathieu ..., N. Eisenhauer (2019): »Global distribution of earthworm diversity«, *Science*, 366(6464), S. 480–485, https://doi.org/10.1126/science.aax4851

15 https://www.zalf.de/de/aktuelles/Seiten/PB2/Regenwurm.aspx#:~:text=Gleichzeitig%20scheinen%20Regenwürmer%20in%20den,diese%20mehr%20oder%20weniger%20gleich

16 Pressemitteilung der Universität Leipzig vom 25. 10. 2019: https://www.uni-leipzig.de/newsdetail/artikel/lokale-regenwurm-vielfalt-in-europa-groesser-als-in-den-tropen-2019-10-25

17 J. Mathieu, J. W. Reynolds, C. Fragoso, E. Hadly (2024): »Multiple invasion routes have led to the pervasive introduction of earthworms in North America«, *Nature Ecology & Evolution*, 8(3), S. 489–499, https://doi.org/10.1038/s41559-023-02310-7

18 M. Jochum, L. Thouvenot, O. Ferlian, R. Zeiss, B. Klarner, U. Pruschitzki, E. A. Johnson, N. Eisenhauer (2022): »Aboveground impacts of a belowground invader: how invasive earthworms alter aboveground arthropod communities in a northern North American forest«, *Biology Letters*, 18(3), 20210636, https://doi.org/10.1098/rsbl.2021.0636

19 https://www.idiv.de/de/europische-regenwrmer-verringern-insektenbestnde-in-wldern-nordamerikas/

20 Das Gespräch zwischen Matthias Rillig und Stefan Scheu fand auf der Vollversammlung der Biodiversitäts-Exploratorien 2024 in Wernigerode statt.

Kapitel 6

1 G. A. W. Rook (2023): »The old friends hypothesis: evolution, immunoregulation and essential microbial inputs«, *Frontiers in Allergy*, 4, 1220481, https://doi.org/10.3389/falgy.2023.1220481

2 Jörg Blech interviewte Sera Young 2007 in Boston, als sie noch am Anfang ihrer Karriere stand. Heute ist sie Professorin im Department for Anthropology der Northwestern University in Evanstone, Illinois. Zit. n. J. Blech (2007): »Heißhunger auf Dreck«, *Der Spiegel*, 50. Danach erschien von Sera Young und Kollegen dieser Aufsatz: S. L. Young, P. W. Sherman, J. B. Lucks, G. H. Pelto (2011): »Why on earth? Evaluating hypotheses about the physiological functions of human geophagy«, *The Quarterly Review of Biology*, 86(2), S. 97–120, https://doi.org/10.1086/659884

3 Zit. n. Blech, »Heißhunger auf Dreck«, a. a. O.

4 J. J. Steffan, E. C. Brevik, L. C. Burgess, A. Cerdà (2018): »The effect of soil on human health: an overview«, *European Journal of Soil Science*, 69(1), S. 159–171, https://doi.org/10.1111/ejss.12451

5 G. A. Quinn, P. J. Dyson (2024): »Going to extremes: progress in exploring new environments for novel antibiotics«, *npj Antimicrob Resist* 2, 8, https://doi.org/10.1038/s44259-024-00025-8

6 GBD 2021 Antimicrobial Resistance Collaborators (2024): »Global burden of bacterial antimicrobial resistance 1990–2021: a systematic analysis with forecasts to 2050«, *Lancet*, 404(10459), S. 1199–1226, https://doi.org/10.1016/S0140-6736(24)01867-1

7 Quinn/Dyson, a. a. O.

8 https://asm.org/Articles/2023/June/Hunting-for-Antibiotics-in-Unusual-and-Unculturabl

9 R. Shukla, A. J. Peoples, K. C. Ludwig, S. Maity, M. G. N. Derks, S. De Benedetti, A. M. Krueger, B. J. A. Vermeulen, T. Harbig, F. Lavore, R. Kumar, R. V. Honorato, F. Grein, K. Nieselt, Y. Liu, A. M. J. J. Bonvin, M. Baldus, U. Kubitscheck, E. Breukink, C. Achorn …, M. Wein-

garth (2023): »An antibiotic from an uncultured bacterium binds to an immutable target«, *Cell*, 186(19), S. 4059–4073.e27, https://doi.org/10.1016/j.cell.2023.07.038

10 Zit n. https://www.uni-bonn.de/de/neues/145-2023.

11 Y. C. Lam, J. M. Crawford (2018): »Discovering antibiotics from the global microbiome«, *Nature Microbiology* 3, S. 392–393, https://doi.org/10.1038/s41564-018-0135-5

12 J. O. Falkinham 3rd, T. E. Wall, J. R. Tanner, K. Tawaha, F. Q. Alali, C. Li, N. H. Oberlies (2009): »Proliferation of antibiotic-producing bacteria and concomitant antibiotic production as the basis for the antibiotic activity of Jordan's red soils. *Applied and Environmental Microbiology*«, 75(9), S. 2735–2741, https://doi.org/10.1128/AEM.00104-09

13 S. L. Svensson, S. Behroozian, W. Xu, M. G. Surette, L. Li, J. Davies (2017): »Kisameet Glacial Clay: an Unexpected Source of Bacterial Diversity«, *mBio*8:10.1128/mbio.00590–17, https://doi.org/10.1128/mbio.00590-17

14 G. A. Quinn, A. M. Abdelhameed, A. M. Banat, N. K. Alharbi, L. M. Baker, H. C. Castro, P. J. Dyson, P. D. Facey, D. Cobice, L. Terra, S. A. Adu, M. T. Swain, I. M. Banat (2021): »*Streptomyces* Isolates from the Soil of an Ancient Irish Cure Site, Capable of Inhibiting Multi-Resistant Bacteria and Yeasts«, *Applied Sciences*, 11(11), S. 4923, https://doi.org/10.3390/app11114923

15 C. Willy, J. J. Bugert, A. Y. Classen, L. Deng, A. Düchting, J. Gross, J. A. Hammerl, I. H. E. Korf, C. Kühn, S. Lieberknecht-Jouy, C. Rohde, M. Rupp, M. J. G. T. Vehreschild, K. Vogele, S. Wienecke, M. Witzenrath, S. Würstle, H. Ziehr, K. Moelling, F. Broecker (2023): »Phage Therapy in Germany-Update 2023«, *Viruses*, 15(2), S. 588, https://doi.org/10.3390/v15020588. Das Zitat von Christine Rohde stammt aus: J. Blech (2023): »Comeback der heilsamen Viren«, *Der Spiegel*, 25.

16 J. P. Pirnay, G. Verbeken, P. J. Ceyssens, I. Huys, D. De Vos, C. Ameloot, A. Fauconnier (2018): »The Magistral Phage«, *Viruses*, 10(2), S. 64, https://doi.org/10.3390/v10020064

17 Persönliche Mitteilung am 9. 6. 2023 vom Phagen-Experten Jean-Paul Pirnay vom Militärkrankenhaus Königin Astrid in Neder-Over-Heembeek in der Region Brüssel-Hauptstadt, Belgien

18 https://www.bfarm.de/DE/Arzneimittel/Zulassung/Zulassungsrelevante-Themen/Arzneibuch/europaeisches-arzneibuch-bakteriophagen.html

19 J. Blech (2015): *Das Leben auf dem Menschen. Warum Billionen von Bakterien gut für unsere Gesundheit sind.* Frankfurt am Main, S. Fischer

20 https://www.science.org/content/article/modern-city-dwellers-have-lost-about-half-their-gut-microbes

21 A. Kluge, J. Bunk, E. Schaeffer, A. Drobny, W. Xiang, H. Knacke, S. Bub, W. Lückstädt, P. Arnold, R. Lucius, D. Berg, F. Zunke (2022): »Detection of neuron-derived pathological α-synuclein in blood«, *Brain*, 145(9), S. 3058–3071, https://doi.org/10.1093/brain/awac115

22 Zit. n. J. Blech (2001): »Heilkraft vom Misthaufen«, *Der Spiegel*, 19.

23 Mitteilung der University of Chicago vom 4. 8. 2016, https://news.uchicago.edu/story/growing-amish-farms-protects-children-against-asthma

24 N. Nurminen, J. Lin, M. Grönroos, R. Puhakka, L. Kramna, H. K. Vari, H. Viskari, S. Oikarinen, M. Roslund, A. Parajuli, I. Tyni, O. Cinek, O.Laitinen, H. Hyöty, A. Sinkkonen (2018): »Nature-derived microbiota exposure as a novel immunomodulatory approach«, *Future Microbiology*, 13, S. 737–744, https://doi.org/10.2217/fmb-2017-0286

25 M. I. Roslund, R. Puhakka, M. Grönroos, N. Nurminen, S. Oikarinen, A. M. Gazali, O. Cinek, L. Kramná, N. Siter, H. K. Vari, L. Soininen, A. Parajuli, J. Rajaniemi, T. Kinnunen, O. H. Laitinen, H. Hyöty, A. Sinkkonen & ADELE research group (2020): »Biodiversity intervention enhances immune regulation and health-associated commensal microbiota among daycare children«, *Science Advances*, 6(42), eaba2578, https://doi.org/10.1126/sciadv.aba2578

26 M. I. Roslund, A. Parajuli, N. Hui, R. Puhakka, M. Grönroos, L. Soininen, N. Nurminen, S. Oikarinen, O. Cinek, L. Kramná, A. M. Schro-

derus, O. H. Laitinen, T. Kinnunen, H. Hyöty, A. Sinkkonen & ADELE research group (2022): »A Placebo-controlled double-blinded test of the biodiversity hypothesis of immune-mediated diseases: Environmental microbial diversity elicits changes in cytokines and increase in T regulatory cells in young children«, *Ecotoxicology and Environmental Safety*, 242, 113900, https://doi.org/10.1016/j.ecoenv.2022.113900

27 T. E. Klassert, C. Zubiria-Barrera, R. Neubert, M. Stock, A. Schneegans, M. López, D. Driesch, G. Zakonsky, P. Gastmeier, H. Slevogt, R. Leistner (2022): »Comparative analysis of surface sanitization protocols on the bacterial community structures in the hospital environment«, *Clinical Microbiology and Infection: the official publication of the European Society of Clinical Microbiology and Infectious Diseases*, 28(8), S. 1105–1112, https://doi.org/10.1016/j.cmi.2022.02.032

28 Ebd.

29 Zit. n. J. Blech (2022): »Bazillen statt Chemie«, *Der Spiegel*, 18.

30 X. Sun, C. Liddicoat, A. Tiunov et al. (2023): »Harnessing soil biodiversity to promote human health in cities«, *npj Urban Sustain* 3, 5, https://doi.org/10.1038/s42949-023-00086-0

31 M. D. Brown, L. M. Shinn, G. Reeser et al. (2022): »Fecal and soil microbiota composition of gardening and non-gardening families«, *Scientific Reports* 12, 1595, https://doi.org/10.1038/s41598-022-05387-5

32 Mitteilung des Bayerischen Landesamtes für Umwelt vom März 2016

33 Die Recherche wurde von NDR, WDR und *Süddeutscher Zeitung* gemacht, https://www.ndr.de/der_ndr/presse/mitteilungen/Jahrhundertgift-PFAS-1500-verschmutzte-Orte-in-allen-Bundeslaendern-eine-exklusive-Recherche-von-NDR-WDR-und-Sueddeutscher-Zeitung,pressemeldungndr23748.html

34 Mitteilung der Universität Gießen vom 4. 4. 2023, https://www.uni-giessen.de/de/ueber-uns/pressestelle/pm/pm50-23pfas

Kapitel 7

1 Neben organischem Kohlenstoff kommt im Boden auch anorganischer Kohlenstoff in der Form von Karbonat vor.

2 Die handelsüblichen Geräte eignen sich nicht nur zur Bestimmung der Kohlenstoffgehalts, sondern können auch den Gehalt an Stickstoff bestimmen. Sie werden CN-Analysegeräte genannt.

3 P. Friedlingstein, M. O'Sullivan, M. W. Jones, R. M. Andrew, L. Gregor, J. Hauck, C. Le Quéré, I. T. Luijkx, A. Olsen, G. P. Peters, W. Peters, J. Pongratz, C. Schwingshackl, S. Sitch, J. G. Canadell, P. Ciais, R. B. Jackson, S. R. Alin, R. Alkama, R. ..., B. Zheng (2022): »Global Carbon Budget 2022«, *Earth System Science Data*, 14(11), S. 4811–4900, https://doi.org/10.5194/essd-14-4811-2022

4 R. Monroe (2013): »The History of the Keeling Curve. The Keeling Curve«, https://keelingcurve.ucsd.edu/2013/04/03/the-history-of-the-keeling-curve/

5 Friedlingstein/O'Sullivan/Jones et al., a. a. O.

6 J. Lehmann, S. Joseph (Hg.) (2015): *Biochar for Environmental Management: Science, Technology and Implementation*. 2. Aufl. Routledge, Milton Park u. New York, https://doi.org/10.4324/9780203762264

7 M. C. Rillig (2018): »Microplastic Disguising As Soil Carbon Storage«, *Environmental Science & Technology*, 52(11),S. 6079–6080, https://doi.org/10.1021/acs.est.8b02338

8 J. Lehmann, M. Kleber (2015): »The contentious nature of soil organic matter«, *Nature*, 528(7580), S. 60–68, https://doi.org/10.1038/nature16069

9 M. W. I. Schmidt, M. S. Torn, S. Abiven, T. Dittmar, G. Guggenberger, I. A. Janssens, M. Kleber, I. Kögel-Knabner, J. Lehmann, D. A. C. Manning, P. Nannipieri, D. P. Rasse, S. Weiner, S. E. Trumbore (2011): »Persistence of soil organic matter as an ecosystem property«, *Nature*, 478(7367), S. 49–56, https://doi.org/10.1038/nature10386

10 C. Liang, J. P. Schimel, J. D. Jastrow (2017): »The importance of ana-

bolism in microbial control over soil carbon storage«, *Nature Microbiology*, 2(8), S. 1–6, https://doi.org/10.1038/nmicrobiol.2017.105

11 H. Wu, S. Wan, C. Ruan, W. Wan, M. Han, G. Chen, Y. Liu, K. Zhu, C. Liang, G. Wang (2023): »Soil microbial necromass: The state-of-the-art, knowledge gaps, and future perspectives«, *European Journal of Soil Biology*, 115, 103472, https://doi.org/10.1016/j.ejsobi.2023.103472

12 T. Camenzind, K. Mason-Jones, I. Mansour, M. C. Rillig, J. Lehmann (2023): »Formation of necromass-derived soil organic carbon determined by microbial death pathways«, *Nature Geoscience*, 16(2), S. 115–122, https://doi.org/10.1038/s41561-022-01100-3

13 N. Begill, A. Don, C. Poeplau (2023): »No detectable upper limit of mineral-associated organic carbon in temperate agricultural soils«, *Global Change Biology*, 29(16), S. 4662–4669, https://doi.org/10.1111/gcb.16804

14 J. Sanderman, T. Hengl, G. J. Fiske (2017): »Soil carbon debt of 12,000 years of human land use«, *Proceedings of the National Academy of Sciences*, 114(36), S. 9575–9580, https://doi.org/10.1073/pnas.1706103114

15 J. Rockström, T. Beringer, D. Hole, B. Griscom, M. B. Mascia, C. Folke, F. Creutzig (2021): »We need biosphere stewardship that protects carbon sinks and builds resilience«, *Proceedings of the National Academy of Sciences*, 118(38), e2115218118, https://doi.org/10.1073/pnas.2115218118

16 S. Wilke (2023): *Emissionen der Landnutzung, -änderung und Forstwirtschaft*, Umweltbundesamt, https://www.umweltbundesamt.de/daten/klima/treibhausgas-emissionen-in-deutschland/emissionen-der-landnutzung-aenderung

17 https://www.thuenen.de/de/themenfelder/waelder/die-bundeswald-inventur

Kapitel 8

1 R. Geyer, J. R. Jambeck, K. L. Law (2017): »Production, use, and fate of all plastics ever made«, *Science Advances*, 3(7), e1700782, https://doi.org/10.1126/sciadv.1700782

2 In anderen Ländern, insbesondere in China, werden Plastikfolien auch für den Maisanbau eingesetzt und damit auf riesigen Flächen. Zusätzlich wurden dort über viele Jahre sehr dünne Folien benutzt, die man schwer wieder vom Acker holen konnte. Die Folienreste wurden in den Boden gepflügt.

3 J. Brahney, M. Hallerud, E. Heim, M. Hahnenberger, S. Sukumaran (2020): »Plastic rain in protected areas of the United States«, *Science*, 368(6496), 1257–1260, https://doi.org/10.1126/science.aaz5819

4 Y. Xu, M. C. Rillig, W. R. Waldman (2022): »New separation protocol reveals spray painting as a neglected source of microplastics in soils«, *Environmental Chemistry Letters*, 20(6), S. 3363–3369, https://doi.org/10.1007/s10311-022-01500-2

5 F. Büks, M. Kaupenjohann (2020): »Global concentrations of microplastics in soils – a review«, SOIL, 6(2), S. 649–662, https://doi.org/10.5194/soil-6-649-2020

6 S. Yang, B.-T. Lee, S.-O. Kim, S. Park (2024): »Review of microplastics in soils: State-of-the-art occurrence, transport, and investigation methods«, *Journal of Soils and Sediments*, 24(2), S. 779–792, https://doi.org/10.1007/s11368-023-03689-3

7 I. Sa'adu, A. Farsang (2023): »Plastic contamination in agricultural soils: A review«, *Environmental Sciences Europe*, 35(1), S. 13, https://doi.org/10.1186/s12302-023-00720-9

8 C. J. Weber, M. C. Rillig, M. Bigalke (2023): »Mind the gap: Forest soils as a hidden hub for global micro- and nanoplastic pollution«, *Microplastics and Nanoplastics*, 3(1), S. 19, https://doi.org/10.1186/s43591-023-00067-1

9 M. C. Rillig (2012): »Microplastic in terrestrial ecosystems and the soil?«, *Environmental Science & Technology*, 46(12), S. 6453–6454, https://doi.org/10.1021/es302011r
10 C. Li, J. Liu, M. C. Rillig, M. S. Bank, P. Fantke, D. Zhu, Y.-G. Zhu, L. N. Jin (2024): »What harmful microbes are lurking in the world's 7 billion tonnes of plastic waste?«, *Nature*, 634(8032), S. 30–32, https://doi.org/10.1038/d41586-024-03150-6
11 A. A. de Souza Machado, C. W. Lau, J. Till, W. Kloas, A. Lehmann, R. Becker, M. C. Rillig (2018): »Impacts of microplastics on the soil biophysical environment«, *Environmental Science & Technology*, 52(17), S. 9656–9665, https://doi.org/10.1021/acs.est.8b02212
12 A. A. de Souza Machado, C. W. Lau, W. Kloas, J. Bergmann, J. B. Bachelier, E. Faltin, R. Becker, A. S. Görlich, M. C. Rillig (2019): »Microplastics can change soil properties and affect plant performance«, *Environmental Science & Technology*, 53(10), S. 6044–6052, https://doi.org/10.1021/acs.est.9b01339
13 M. C. Rillig, A. Lehmann, M. Ryo, J. Bergmann (2019): »Shaping up: Toward considering the shape and form of pollutants«, *Environmental Science & Technology*, 53(14), S. 7925–7926, https://doi.org/10.1021/acs.est.9b03520
14 S. W. Kim, W. R. Waldman, T.-Y. Kim, M. C. Rillig (2020): »Effects of different microplastics on nematodes in the soil environment: Tracking the extractable additives using an ecotoxicological approach«, *Environmental Science & Technology*, 54(21), S. 13868–13878, https://doi.org/10.1021/acs.est.0c04641
15 M. C. Rillig, S. W. Kim, T.-Y. Kim, W. R. Waldman (2021): »The global plastic toxicity debt«, *Environmental Science & Technology*, 55(5), S. 2717–2719, https://doi.org/10.1021/acs.est.0c07781
16 M. C. Rillig, C. Li, L. N. Jin, S. W. Kim (2024): »Understanding the soil plastisphere and its environmental impacts«, *One Earth*, 7(12), S. 2095–2098, https://doi.org/10.1016/j.oneear.2024.11.004
17 M. C. Rillig, S. W. Kim, Y.-G. Zhu (2024): »The soil plastisphere«, *Na-*

ture Reviews Microbiology, 22(2), S. 64–74, https://doi.org/10.1038/s41579-023-00967-2

18 D. Zhu, J. Ma, G. Li, M. C. Rillig, Y.-G. Zhu (2022): »Soil plastispheres as hotspots of antibiotic resistance genes and potential pathogens«, *The ISME Journal*, 16(2), https://doi.org/10.1038/s41396-021-01103-9

19 Ebd.

20 M. S. Bank, D. M. Mitrano, M. C. Rillig, C. Sze Ki Lin, Y. S. Ok (2022): »Embrace complexity to understand microplastic pollution«, *Nature Reviews Earth & Environment*, 3(11), S. 736–737, https://doi.org/10.1038/s43017-022-00365-x

21 C. Li, X. Li, M. S. Bank, T. Dong, J. K.-H. Fang, F. D. L. Leusch, M. C. Rillig, J. Wang, L. Wang, Y. Xia, E. G. Xu, Y. Yang, C. Zhang, D. Zhu, J. Liu, L. Jin (2024): »The ›Microplastome‹ -A Holistic Perspective to Capture the Real-World Ecology of Microplastics«, *Environmental Science & Technology*, 58(9), S. 4060–4069, https://doi.org/10.1021/acs.est.3c08849

22 A. A. de Souza Machado, W. Kloas, C. Zarfl, S. Hempel, M. C. Rillig (2018): »Microplastics as an emerging threat to terrestrial ecosystems«, *Global Change Biology*, 24(4), S. 1405–1416, https://doi.org/10.1111/gcb.14020

23 M. C. Rillig, A. Lehmann (2020): »Microplastic in terrestrial ecosystems«, *Science*, 368(6498), S. 1430–1431, https://doi.org/10.1126/science.abb5979

24 M. C. Rillig, M. Hoffmann, A. Lehmann, Y. Liang, M. Lück, J. Augustin (2021): »Microplastic fibers affect dynamics and intensity of CO2 and N2O fluxes from soil differently«, *Microplastics and Nanoplastics*, 1(1), 3, https://doi.org/10.1186/s43591-021-00004-0

Kapitel 9

1 https://earth.org/95-of-the-earths-soil-on-course-to-be-degraded-by-2050/

2 J. Tomalka, C. Hunecke, L. Murken, T. Heckmann, C. C. Cronauer, R. Becker, Q. Collignon, P. A. Collins-Sowah, M. Crawford, N. Gloy, A. Hampf, H. Lotze-Campen, G. Malevolti, G. M. Maskell, C. Müller, A. Popp, M. Vodounhessi, C. Gornott, J. Rockström (2024): *Stepping back from the precipice: Transforming land management to stay within planetary boundaries*, Potsdam Institute for Climate Impact Research, Potsdam, https://doi.org/10.48485/pik.2024.018. Zitierlink: https://publications.pik-potsdam.de/pubman/item/item_30631

3 https://joint-research-centre.ec.europa.eu/jrc-news-and-updates/new-tool-maps-state-soil-health-across-europe-2023-03-13_en#:~:text=A%20staggering%2061%25%20of%20EU,issues%2C%20such%20as%20soil%20contamination

4 https://www.bmuv.de/themen/nachhaltigkeit/strategie-und-umsetzung/reduzierung-des-flaechenverbrauchs

5 Der Titel der Studie lautet: *Flächennutzung und Flächennutzungsansprüche in Deutschland*. Sie ist im Internet verfügbar: https://www.thuenen.de/media/publikationen/thuenen-workingpaper/ThuenenWorkingPaper_224.pdf

6 FAO und UNEP (2020): *The State of the World's Forests 2020. Forests, biodiversity and people*, Rom, https://doi.org/10.4060/ca8642en

7 Der WWF-Report hat den Titel: *Stepping up? The continiung impact of EU consumption on nature worldwide*. Er ist im Internet verfügbar: https://www.wwf.de/fileadmin/fm-wwf/Publikationen-PDF/WWF-Report-Stepping-up-The-continuing-impact-of-EU-consumption-on-nature-worldwide-ExecSummary.pdf

8 J. Roy, R. Reichel, N. Brüggemann, S. Hempel, M. C. Rillig (2017): »Succession of arbuscular mycorrhizal fungi along a 52-year agricultural recultivation chronosequence«, *FEMS Microbiology Ecology*, 93(9), 10.1093/femsec/fix102. https://doi.org/10.1093/femsec/fix102

9 A. Edlinger, G. Garland, K. Hartman, S. Banerjee, F. Degrune, P. García-Palacios, S. Hallin, A. Valzano-Held, C. Herzog, J. Jansa, E. Kost, F. T. Maestre, D. S. Pescador, L. Philippot, M. C. Rillig,

S. Romdhane, A. Saghaï, A. Spor, E. Frossard, M. G. A. van der Heijden (2022): »Agricultural management and pesticide use reduce the functioning of beneficial plant symbionts«, *Nature Ecology & Evolution*, 6(8), S. 1145–1154, https://doi.org/10.1038/s41559-022-01799-8

10 https://de.statista.com/statistik/daten/studie/1302969/umfrage/pestizideinsatz-nach-weltregion/

11 https://www.hs-nb.de/iugr/landschaft-hat-geschichte/landwirtschaft/industrialisierung-in-der-landwirtschaft/standard-titel/

12 https://www.umweltbundesamt.de/themen/landwirtschaft/umweltbelastungen-der-landwirtschaft/bodenbearbeitung

13 https://www.umweltbundesamt.de/themen/landwirtschaft/umweltbelastungen-der-landwirtschaft/bodenbearbeitung

14 Das Zitat stammt aus *spektrum – Magazin der Technischen Universität Hamburg*, Ausgabe 2/2021

15 Die Studie wurde nahe der Stadt Nagqu im Autonomen Gebiet Tibet der Volksrepublik China durchgeführt: A. Breidenbach, P. M. Schleuss, S. Liu et al. (2022): »Microbial functional changes mark irreversible course of Tibetan grassland degradation«, *Nature Communications*, 13, S. 2681, https://doi.org/10.1038/s41467-022-30047-7

16 Die Zitate stammen aus der Mitteilung »Überweidung kippt komplettes Ökosystem« der Universität zu Kiel vom 17. 5. 2022.

17 UNCCD-Mitteilung vom 7. 12. 2024: https://www.un.org/sustainabledevelopment/blog/2024/12/press-release-three-quarters-of-earths-land-became-permanently-drier-in-last-three-decades-un/#. Der UNCCD-Report hat den Titel *The global threat of drying lands: Regional and global aridity trends and future projections* und wurde 2024 veröffentlicht. Er ist im Internet verfügbar: https://www.unccd.int/resources/reports/global-threat-drying-lands-regional-and-global-aridity-trends-and-future

18 Mitteilung des Leibniz-Instituts für Troposphärenforschung vom 17. 4. 2024. Die Mitteilung ist im Internet verfügbar: https://www.

tropos.de/aktuelles/pressemitteilungen/details/aralsee-hat-zentralasien-deutlich-staubiger-werden-lassen

19 Ebd.

20 Das Zitat stammt aus *Der Spiegel*, 34/1973. S. 64.

21 UNCCD-Mitteilung vom 3. 12. 2024. Sie ist im Internet verfügbar: https://www.unccd.int/news-stories/press-releases/new-un-estimates-show-world-could-save-billions-annually-and-earn

22 https://www.unccd.int/news-stories/press-releases/planetary-boundaries-confronting-global-crisis-land-degradation

23 Mitteilung auf der Website earth.org vom 17. 6. 2024. Die Mitteilung ist im Internet verfügbar: https://earth.org/95-of-the-earths-soil-on-course-to-be-degraded-by-2050/

Kapitel 10

1 Dieser Zeitraum ist ein grober Durchschnittswert, der je nach Bodenart variieren kann.

2 P. Borrelli, D. A. Robinson, L. R. Fleischer et al. (2017): »An assessment of the global impact of 21st century land use change on soil erosion«, *Nature Communications*, 8, 2013, https://doi.org/10.1038/s41467-017-02142-7

3 *Soil area the size of Berlin lost each year due to water erosion in the EU* (2015). Verfügbar im Internet: https://phys.org/news/2015-09-soil-area-size-berlin-lost.html

4 E. K. Morris, D. J. P. Morris, S. Vogt et al. (2019): »Visualizing the dynamics of soil aggregation as affected by arbuscular mycorrhizal fungi«, ISME J, 13, S. 1639–1646, https://doi.org/10.1038/s41396-019-0369-0

5 G. Garland, J. Koestel, A. Johannes, O. Heller, S. Doetterl, D. Or, T. Keller (2024): »Perspectives on the misconception of levitating soil aggregates«, SOIL, 10, S. 23–31, https://doi.org/10.5194/soil-10-23-2024

6 A. Lehmann, W. Zheng, M. C. Rillig (2017): »Soil biota contributions to soil aggregation«, *Nature Ecology & Evolution*, 1(12), S. 1828–1835, https://doi.org/10.1038/s41559-017-0344-y
7 Das Bundesinformationszentrum Landwirtschaft ist angesiedelt in der Bundesanstalt für Landwirtschaft und Ernährung mit Sitz in Bonn. Es betreibt das Verbraucherportal www.landwirtschaft.de
8 J. S. Kwang, E. A. Thaler, I. J. Larsen (2023): »The future of soils in the Midwestern United States«, *Earth's Future*, 11, e2022EF003104, https://doi.org/10.1029/2022EF003104

Kapitel 11

1 Z. Wang, G. W. Walker, D. C. G. Muir, K. Nagatani-Yoshida (2020): »Toward a Global Understanding of Chemical Pollution: A First Comprehensive Analysis of National and Regional Chemical Inventories«, *Environmental Science & Technology*, 54(5), S. 2575–2584. https://doi.org/10.1021/acs.est.9b06379
2 P. M. Vitousek (1994): »Beyond Global Warming: Ecology and Global Change«, *Ecology*, 75(7), S. 1861–1876, https://doi.org/10.2307/1941591
3 R. F. Sage (2020): »Global change biology: A primer«, *Global Change Biology*, 26(1), S. 3–30, https://doi.org/10.1111/gcb.14893
4 M. C. Rillig, M. Ryo, A. Lehmann, C. A. Aguilar-Trigueros, S. Buchert, A. Wulf, A. Iwasaki, J. Roy, G. Yang (2019): »The role of multiple global change factors in driving soil functions and microbial biodiversity«, *Science*, 366(6467), S. 886–890, https://doi.org/10.1126/science.aay2832
5 Zu den Ergebnissen gab Matthias Rillig dem *Spiegel* ein Interview (Ausgabe 49/2019).
6 M. C. Rillig, A. Lehmann, R. Rongstock, H. Li, J. Harris (2024): »Moving restoration ecology forward with combinatorial approaches«, *Global Change Biology*, 30(6), e17361, https://doi.org/10.1111/gcb.17361

Kapitel 12

1 Matthias Rillig hat Hulun Buir im Autonomen Gebiet Innere Mongolei der Volksrepublik China im Oktober 2023 besucht.

2 Y. R. Liu, M. G. A. van der Heijden, J. Riedo, C. Sanz-Lazaro, D. J. Eldridge, F. Bastida, E. Moreno-Jiménez, X. Q. Zhou, H. W. Hu, J. Z. He, J. L. Moreno, S. Abades, F. Alfaro, A. R. Bamigboye, M. Berdugo, J. L. Blanco-Pastor, A. de Los Ríos, J. Duran, T. Grebenc, J. G. Illán …, M. Delgado-Baquerizo (2023): »Soil contamination in nearby natural areas mirrors that in urban greenspaces worldwide«, *Nature Communications*, 14(1), 1706. https://doi.org/10.1038/s41467-023-37428-6

3 T. Gong, X. Xu, Y. Dang, A. Kong, Y. Wu, P. Liang, S. Wang, H. Yu, P. Xu, C. Yang (2018): »An engineered Pseudomonas putida can simultaneously degrade organophosphates, pyrethroids and carbamates«, *The Science of the Total Environment*, 628–629, S. 1258–1265. https://doi.org/10.1016/j.scitotenv.2018.02.143

4 C. M. Allsup, I. George, R. A. Lankau (2023): »Shifting microbial communities can enhance tree tolerance to changing climates«, *Science*, 380(6647), S. 835 – 840. doi: 10.1126/science.adf2027. Epub 2023 May 25. PMID: 37228219

5 G. M. Gerrits, R. Waenink, A. L. Aradottir, E. Buisson, T. Dutoit, M. C. Ferreira, J. B. Fontaine, R. Jaunatre, P. Kardol, R. Loeb, S. Magro Ruiz, M. Maltz, M. Pärtel, B. Peco, J. Piqueray, N. A. L. Pilon, I. Santa-Regina, K. T. Schmidt, P. Sengl …, E. R. J. Wubs (2023): »Synthesis on the effectiveness of soil translocation for plant community restoration«, *Journal of Applied Ecology*, 60, 714–724. https://doi.org/10.1111/1365-2664.14364

6 Zit. n. einer Mitteilung des Netherlands Institute of Ecology vom 13. 2. 2023, https://nioo.knaw.nl/en/news/global-comparison-shows-soil-transplantation-boosts-nature-restoration

7 Die Studie wurde von der Gebert Rüf Stiftung mit Sitz in Basel finanziert. S. Lutz, N. Bodenhausen, J Hess et al. (2023): »Soil microbiome

indicators can predict crop growth response to large-scale inoculation with arbuscular mycorrhizal fungi«, *Nature Microbiology*, 8, 2277–2289. https://doi.org/10.1038/s41564-023-01520-w

8 Matthias Rillig hat die Stadt Siping und den Kreis Lishu in der Provinz Siping der Volksrepublik China im Oktober 2024 besucht.

9 https://openknowledge.fao.org/items/696bdc92-01b8-400a-8117-a27386b61046

10 https://www.chinadaily.com.cn/a/202108/11/WS611325c7a310efa1bd6680ce.html

11 M. C. Rillig, A. Lehmann, R. Rongstock, H. Li, J. Harris (2024): »Moving restoration ecology forward with combinatorial approaches«, *Global Change Biology*, 30(6), e17361. https://doi.org/10.1111/gcb.17361

Kapitel 13

1 M. Wiesmeier, R. Hübner, I. Kögel-Knabner (2015): »Stagnating crop yields: An overlooked risk for the carbon balance of agricultural soils?«, *The Science of the Total Environment*, 536, S. 1045–1051. https://doi.org/10.1016/j.scitotenv.2015.07.064

2 Nach Angaben des Umweltbundesamts betrug im Jahr 2023 der Anteil der ökologisch bewirtschafteten Fläche an der gesamten landwirtschaftlichen Nutzfläche 11,2 Prozent.

3 Das Beispiel mit den Zwischenfrüchten stammt aus einem Beitrag auf der Website des RBB vom 30. 6. 2024 und bezieht sich auf ein Feld, das der Bauer Tino Ryll in der Gemeinde Niederer Fläming in Brandenburg bestellt.

4 L. A. Domeignoz-Horta, S. L. Cappelli, R. Shrestha et al. (2024): »Plant diversity drives positive microbial associations in the rhizosphere enhancing carbon use efficiency in agricultural soils«, *Nature Communications*, 15, 8065. https://doi.org/10.1038/s41467-024-52449-5

5 Der Abschlussbericht »Untersuchungs- und Demonstrationsvorhaben ›regenerative Landwirtschaft‹« ist in den Informationen für die

Pflanzenproduktion des Landwirtschaftlichen Technologiezentrums Augustenberg in Karlsruhe erschienen. Der Bericht ist im Internet verfügbar: https://ltz.landwirtschaft-bw.de/›Lde/10887328#/0

6 K. Möller (2024): »Von wirksam bis kontraproduktiv«, *Ökologie & Landbau*, 2, S. 29

7 Das Bundesforschungsinstitut für Kulturpflanzen in Deutschland mit Hauptsitz in Quedlinburg sowie an acht weiteren Standorten ist benannt nach dem deutschen Agrarwissenschaftler Julius Kühn (1825 bis 1910), einem Mitbegründer eines universitären Studiums und langjährigen Professor an der Universität Halle (Saale). Die Zitate stammen aus einem Interview von Nicole Silbermann mit Lukas Beule im Magazin »forschungsfelder« (Ausgabe 1/24, S. 16).

8 https://www.mccain.de/unsere-verpflichtungen/intelligente-nachhaltige-landwirtschaft

9 https://www.nestle.de/verantwortung/nachhaltigkeit-weiterdenken

10 https://www.klim.eco

11 K. J. Hülsbergen, H. Schmid, L. Chmelikova, G. Rahmann, H. M. Paulsen, U. Köpke (2023): *Umwelt- und Klimawirkungen des ökologischen Landbaus, Weihenstephaner Schriften Ökologischer Landbau und Pflanzenbausysteme*, Bd. 16. Die Studie ist im Internet verfügbar: https://literatur.thuenen.de/digbib_extern/dn065968.pdf

12 https://de.statista.com/statistik/daten/studie/659012/umfrage/selbstversorgungsgrad-mit-nahrungsmitteln-in-deutschland/

13 https://news.un.org/en/story/2013/09/448652

14 https://www.bmel.de/DE/themen/ernaehrung/lebensmittelverschwendung/lebensmittelverschwendung_node.html#:~:text=Circa%2011%20Millionen%20Tonnen%20Lebensmittelabfälle,weitere%20Verluste%20entlang%20der%20Lebensmittelversorgungskette.

15 https://www.bmel.de/DE/themen/ernaehrung/lebensmittelverschwendung/studie-lebensmittelabfaelle-deutschland.html#:~:text=Der%20Großteil%20der%20Lebensmittelabfälle%20entsteht,Kilogramm%20Lebensmittel%20im%20Jahr%20weg

16 J. Poore, T. Nemecek (2018): »Reducing food's environmental impacts through producers and consumers. *Science (New York, N.Y.)*, 360(6392), S. 987–992. https://doi.org/10.1126/science.aaq0216
17 M. C. Parlasca, M. Qaim (2022): »Meat Consumption and Sustainability«, *Annual Review of Resource Economics*, 14(1), S. 17–41, http://dx.doi.org/10.1146/annurev-resource-111820-032340
18 Die Angaben zum durchschnittlichen Fleischverbrauch beziehen sich auf das Jahr 2023 und stammen von der Bundesanstalt für Landwirtschaft und Ernährung. https://www.ble.de/SharedDocs/Pressemitteilungen/DE/2024/240404_Fleischbilanz.html
19 Poore/Nemecek, a. a. O.
20 Eine gute Übersicht zur Planetary Health Diet gibt es auf der Seite des Bundeszentrums für Ernährung: https://www.bzfe.de/nachhaltiger-konsum/lagern-kochen-essen-teilen/planetary-health-diet/
21 L. P. Bui, T. T. Pham, F. Wang, B. Chai, Q. Sun, F. B. Hu, K. H. Lee, M. Guasch-Ferre, W. C. Willett (2024): »Planetary Health Diet Index and risk of total and cause-specific mortality in three prospective cohorts«, *The American Journal of Clinical Nutrition*, 120(1), S. 80–91. https://doi.org/10.1016/j.ajcnut.2024.03.019

Fazit

1 S. Banerjee, M. G. H. van der Heijden (2023): »Soil microbiomes and one health«, *Nature reviews. Microbiology*, 21(1), S. 6–20. https://doi.org/10.1038/s41579-022-00779-w
2 B. K. Singh, Z. Z. Yan, M. Whittaker et al. (2023): »Soil microbiomes must be explicitly included in One Health policy«, *Nature Microbiology* 8, S. 1367–1372. https://doi.org/10.1038/s41564-023-01386-y. Zit. n. https://www.atb-potsdam.de/de/aktuelles-und-presse/news/news-detailseite/one-health-forschende-plaedieren-fuer-die-einbeziehung-des-boden-mikrobioms-als-bestandteil-eines-ganzheitlichen-ansatzes
3 J. Lehmann, D. A. Bossio, I. Kögel-Knabner, M. C. Rillig (2020): »The

concept and future prospects of soil health«, *Nature Reviews Earth & Environment*, 1(10), S. 544–553. https://doi.org/10.1038/s43017-020-0080-8

4 M. C. Rillig, A. Lehmann, J. Lehmann, T. Camenzind, C. Rauh (2018): »Soil Biodiversity Effects from Field to Fork. *Trends in Plant Science*, 23(1), 17–24. https://doi.org/10.1016/j.tplants.2017.10.003

5 Lehmann/Bossio/Kögel-Knabner/Rillig, a. a. O.

6 Banerjee/van der Heijden, a. a. O.

7 Die Angabe stammt aus dem Pestizidatlas 2022 der Heinrich-Böll-Stiftung. Er ist im Internet verfügbar: https://www.bund.net/fileadmin/user_upload_bund/publikationen/umweltgifte/umweltgifte_pestizidatlas_2022.pdf

8 C. Honert, K. Mauser, U. Jäger et al. (2025): »Exposure of insects to current use pesticide residues in soil and vegetation along spatial and temporal distribution in agricultural sites«, *Scientific Reports* 15, S. 1817. https://doi.org/10.1038/s41598-024-84811-4

9 Banerjee/van der Heijden, a. a. O.

10 C. Averill, M. A. Anthony, P. Baldrian et al. (2022): »Defending Earth's terrestrial microbiome«. *Nature Microbiology*, 7, S. 1717–1725. https://doi.org/10.1038/s41564-022-01228-3

11 Mitteilung der Universitätsmedizin Mainz vom 29. 9. 2024

12 T. Münzel, O. Hahad, J. Lelieveld et al. (2025): »Soil and water pollution and cardiovascular disease«, *Nature Reviews Cardiology* 22, S. 71–89. https://doi.org/10.1038/s41569-024-01068-0

13 M. Siniscalchi, F. Spinetti, G. Vigliotti, C. Vecchione, A. Carrizzo, G. Accarino, A. Squillante, G. Spaziano, …, G. Paolisso (2024): »Microplastics and Nanoplastics in Atheromas and Cardiovascular Events«, *The New England Journal of Medicine*, 390(10), S. 900–910. https://doi.org/10.1056/NEJMoa2309822

14 M. C. Rillig, M. G. A. van der Heijden, M. Berdugo, Y. R. Liu, J. Riedo, C. Sanz-Lazaro, E. Moreno-Jiménez, F. Romero, L. Tedersoo, M. Delgado-Baquerizo (2023): »Increasing the number of stressors reduces

soil ecosystem services worldwide«, *Nature Climate Change*, 13(5), S. 478–483. https://doi.org/10.1038/s41558-023-01627-2

15 https://www.reuters.com/article/business/environment/only-60-years-of-farming-left-if-soil-degradation-continues-idUSKCN0JJ1R8/

16 D. L. Evans, J. N. Quinton, J. A. C. Davies, J. Zhao, G. Govers (2020): »Soil lifespans and how they can be extended by land use and management change«, *Environmental Research Letters*, 15(9), 0940b2. https://doi.org/10.1088/1748-9326/aba2fd

17 R. Zeiss, N. Eisenhauer, A. Orgiazzi, M. C. Rillig, F. Buscot, A. Jones, A. Lehmann, T. Reitz, L. Smith, C. A. Guerra (2022): »Challenges of and opportunities for protecting European soil biodiversity«, *Conservation biology: the journal of the Society for Conservation Biology*, 36(5), e13930. https://doi.org/10.1111/cobi.13930

18 Die Europäische Kommission hat am 17. November 2021 die EU-Bodenstrategie für 2030 vorgelegt: https://eur-lex.europa.eu/legal-content/DE/TXT/PDF/?uri=CELEX:52021DC0699&from=EN

Register